Mathematikdidaktik im Fokus

Reihe herausgegeben von

Rita Borromeo Ferri, FB 10 Mathematik, Universität Kassel, Kassel, Deutschland

Andreas Eichler, Institut für Mathematik, Universität Kassel, Kassel, Deutschland

Elisabeth Rathgeb-Schnierer, Institut für Mathematik, Universität Kassel, Kassel, Deutschland

In dieser Reihe werden theoretische und empirische Arbeiten zum Lehren und Lernen von Mathematik publiziert. Dazu gehören auch qualitative, quantitative und erkenntnistheoretische Arbeiten aus den Bezugsdisziplinen der Mathematikdidaktik, wie der Pädagogischen Psychologie, der Erziehungswissenschaft und hier insbesondere aus dem Bereich der Schul- und Unterrichtsforschung, wenn der Forschungsgegenstand die Mathematik ist.

Die Reihe bietet damit ein Forum für wissenschaftliche Erkenntnisse mit einem Fokus auf aktuelle theoretische oder empirische Fragen der Mathematikdidaktik.

Silke Friedrich

Natürliche Differenzierung im Arithmetikunterricht

Angebot und Nutzung von Lernangeboten in heterogenen Grundschulklassen

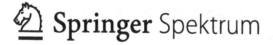

Silke Friedrich
Niestetal, Deutschland

Dissertation an der Universität Kassel, Fachbereich 10 Mathematik und Naturwissenschaften, u.d.T.: Silke Friedrich, Angebot und Nutzung eines natürlich differenzierenden Lernangebots im Arithmetikunterricht heterogener Grundschulklassen, Tag der Disputation: 21.03.2023
Erstgutachterin: Prof'in Dr. Elisabeth Rathgeb-Schnierer, Universität Kassel
Zweitgutachter: Prof. Dr. Andreas Eichler, Universität Kassel

ISSN 2946-0174   ISSN 2946-0182   (electronic)
Mathematikdidaktik im Fokus
ISBN 978-3-658-42848-8   ISBN 978-3-658-42849-5   (eBook)
https://doi.org/10.1007/978-3-658-42849-5

Die Deutsche Nationalbibliothek verzeichnet diese Publikation in der Deutschen Nationalbibliografie; detaillierte bibliografische Daten sind im Internet über http://dnb.d-nb.de abrufbar.

Planung/Lektorat: Marija Kojic
Springer Spektrum ist ein Imprint der eingetragenen Gesellschaft Springer Fachmedien Wiesbaden GmbH und ist ein Teil von Springer Nature.
Die Anschrift der Gesellschaft ist: Abraham-Lincoln-Str. 46, 65189 Wiesbaden, Germany

Das Papier dieses Produkts ist recyclebar.

Für Lexi

Vorwort

In diesem Dissertationsprojekt vereinigen sich langjährige Erfahrungen in der Schulpraxis im Umgang mit heterogenen Lerngruppen und spannende Erkenntnisse aus der mathematikdidaktischen Forschung. Mein besonderes Interesse im schulischen Kontext galt seit meiner Ausbildungszeit einem Mathematikunterricht, der bei allen Kindern eine Begeisterung für das Fach auslöst. In der Zeit als Lehrerin in einer Schule mit Förderschwerpunkt Lernen und einer Jahrgangsmischung der Klassen 1 bis 4 in der Stadt Kassel, konnte ich feststellen, dass Kinder trotz geringer Lernvoraussetzungen und Schwierigkeiten in Mathematik ein Interesse am Fach entwickelten. Maßgebliche Auslöser waren Situationen, in denen mathematische Probleme gemeinsam gelöst wurden. Zu beobachten, dass sich Kinder mit diversen Schwierigkeiten im kognitiven Bereich aus vier verschiedenen Schuljahren über mathematische Zusammenhänge austauschten, zeigte wie motivierend das Arbeiten an einem gemeinsamen Lerngegenstand ist.

Der erste Einblick in den mathematikdidaktischen Forschungsbereich zog mich sofort in seinen Bann. Die praktischen Erfahrungen aus der Schulpraxis vor dem wissenschaftlichen Hintergrund zu betrachten, weckten bei mir das Interesse, ein Dissertationsprojekt zum Thema Umgang mit Heterogenität umzusetzen.

Dieser Einblick und damit mein Eintritt in die mathematikdidaktische Forschung war nur durch das Aufeinandertreffen mit Frau Prof. Dr. Elisabeth Rathgeb-Schnierer möglich. Sie eröffnete mir die Forschungswelt. Ohne sie wäre ich nicht auf die Idee gekommen, in die Forschung einzusteigen. Das entgegengebrachte Vertrauen und die motivierende sowie fachliche Unterstützung waren grenzenlos. Vielen Dank für die Betreuung meiner Dissertation!

Meinem Zweitgutachter, Herrn Prof. Dr. Andreas Eichler, danke ich für die vielen Anregungen und Diskussionen zu meinem Projekt. Sein großes Interesse an meiner Arbeit und seine geduldige Beantwortung insbesondere meiner statistischen Fragestellungen, brachten dieses Vorhaben entscheidend voran.

Meiner Kollegin Leonie Brumm danke ich ganz besonders für das geduldige Korrekturlesen meiner Arbeit und ihre konstruktiven Rückmeldungen, welche die Entwicklung der Arbeit sehr bereicherten.

Bei meinen Kolleginnen und Kollegen bedanke ich mich für die mathematische, statistische und kreative Unterstützung in vielen erfrischenden Diskussionen. Danke an Katharina Bata für erste Kodierungen und an Jan-Phillip Volkmer und Thorsten Weber für die gemeinsame Sichtung der ersten statistischen Ergebnisse und an alle anderen für die große Hilfsbereitschaft, das Interesse an meinem Projekt und besonders für das ausgiebige Erproben der Kombi-Gleichungen. Hervorheben möchte ich noch Nora Benz und Vanessa May, die mich freundschaftlich und produktiv unterstützten.

Ebenso möchte ich den Teilnehmerinnen und Teilnehmern unseres hochschulübergreifenden Forschungskolloquiums danken, die durch anregende Debatten das Projekt von unterschiedlichen Seiten beleuchteten. Insbesondere danke ich stellvertretend für diese Gruppe Frau Prof. Dr. Charlotte Rechtsteiner.

Den beiden studentischen Hilfskräften Elsa Joppich und Ines Walk möchte ich für ihr grandioses Engagement danken. Vielen Dank an Elsa für die zuverlässige Unterstützung während der Untersuchung in der Schule! Und ein großes Dankeschön an Elsa und Ines für die Eingabe der Daten und die gemeinsamen Kodiersessions.

Vielen Dank an alle beteiligten Kolleginnen aus den Grundschulen für Offenheit, Flexibilität und das Interesse an mathematikdidaktischer Forschung. Allen Schülerinnen und Schülern möchte ich für ihr neugieriges, interessiertes und aktiv-entdeckendes Arbeiten danken.

Mein persönlicher Dank gilt meiner wunderbaren Familie, die mich durch die intensive Zeit der Promotion begleiteten. Ein ganz besonderer Dank geht an meinen Mann Alexander Friedrich, der mir während der gesamten Zeit den Rücken freihielt, mir immer wieder Mut machte und unermüdlich alle Teile der Arbeit als Erster las. Bei meinen Kindern Antonia, Jonathan und Emilia bedanke ich mich für ihr großes Interesse, viel Verständnis und das Zurückstellen der eigenen Bedürfnisse. Meinen Eltern Renate und Klaus Fischer und meiner Schwester Wibke Schneider danke ich für den starken Glauben an mich und die kleinen Aufmunterungen besonders in der Schreibphase der Promotionszeit.

Silke Friedrich

Einleitung

„Abhängig von den jeweiligen fachlichen und überfachlichen kognitiven, den motivationalen und den verhaltensbezogenen Lernausgangslagen kommen … unterschiedliche Unterstützungsstrategien zur Anwendung, die entsprechend dem Lernfortschritt laufend angepasst werden müssen. Dies erfordert den Einsatz … wirkungsgeprüfter Lernmaterialien im Rahmen eines kognitiv und sprachlich aktivierenden, strukturierten und motivierenden Unterrichts." (SWK[1], 2022, S. 14)

Das grundsätzliche Ziel von Unterricht liegt darin, dass alle Schülerinnen und Schüler entsprechend ihren Lernausgangslagen gefördert und gefordert werden (vgl. Zitat, SWK, 2022, S. 14). Die Ständige Wissenschaftliche Kommission der Kultusministerkonferenz empfiehlt dazu wirkungsgeprüfte Lernmaterialien, die an die verschiedenen Lernausgangslagen angepasst werden können (vgl. Zitat, SWK, 2022, S. 14). Der Mathematikunterricht in der Grundschule steht damit vor der Herausforderung, Kindern mit den verschiedensten Leistungsvoraussetzungen entsprechende Lernmöglichkeiten anzubieten. Der Heterogenität und damit den verschiedenen Leistungsniveaus von Kindern einer Lerngruppe gerecht zu werden, ist ein Anliegen, das schon seit vielen Jahren in der grundschuldidaktischen und mathematikdidaktischen Forschung diskutiert wird (Prengel, 1993; Bönsch, 2004; Heinzel, 2008; Freudenthal, 1973; Wittmann, 1996; Lorenz, 2000). Da die Grundschulen ihre Schülerschaft nach Wohngebieten zugewiesen bekommen, entsteht nach Lorenz (2000) allein aus dieser sozioökonomischen Facette von Heterogenität ein großes Spektrum an Leistungsvermögen. Für die Facette des Alters stellte Lorenz (2000) fest, dass die Entwicklungsvarianz in einer

---

[1] Ständige Wissenschaftliche Kommission der Kultusministerkonferenz (SWK)

Klasse bis zu fünf[2] Jahren betragen kann. Unabhängig von den Gründen für Heterogenität, die beispielsweise in leistungsbezogenen, körperlichen, motivationalen, emotionalen, kulturellen und ethnischen Unterschieden gesehen werden, ist der Umgang mit Heterogenität für diese Arbeit bedeutsam. Dabei wird hier von den fünf Dimensionen nach Heinzel (2008), die sich in den sozioökonomischen Status, die Ethnizität und Kultur, das Geschlecht, das Leistungsvermögen und die Generationendifferenz aufteilen, die Dimension des Leistungsvermögens betrachtet.

Bezogen auf die Dimension des Leistungsvermögens weisen die Ergebnisse aktueller umfangreicher nationaler und internationaler Untersuchungen für die deutschen Grundschülerinnen und Grundschüler eine starke Besetzung der beiden Extremgruppen am unteren und oberen Ende der Kompetenzstufen nach (Schwippert et al., 2020; Wendt et al., 2016; Bos et al., 2012). Allerdings können nur wenige der leistungsstärksten Schülerinnen und Schüler auf die insgesamt höchste Kompetenzstufe eingeordnet werden (Schwippert et al., 2020; Wendt et al., 2016; Bos et al., 2012). Resultierend aus diesen Ergebnissen empfehlen Stanat et al. (2022), den Blick besonders auf Schülerinnen und Schüler im niedrigen sowie im besonders hohen Leistungsspektrum zu richten, da in diesen Bereichen in den aktuellen Studien keine Verbesserungen festgestellt werden konnten (Wendt et al., 2016; Stanat et al., 2017; Schwippert et al., 2020; Stanat et al., 2022).

Zum Umgang mit Heterogenität in der Grundschule sind Unterrichtskonzepte erforderlich, die eine Förderung aller Kinder ermöglichen. Bereits in den siebziger Jahren stellte Freudenthal (1973) die Verschiedenheit und Vielfalt in einer Klasse als vorteilhaft dar. Lässt man die Kinder an einem Lerngegenstand auf verschiedenen Schwierigkeitsstufen arbeiten und nicht nebeneinanderher, können laut Freudenthal (1973) sehr effektive Lernmöglichkeiten entstehen. Das Thema „Differenzierung" ist für einen adäquaten Umgang mit Heterogenität seit den siebziger Jahren sehr gegenwärtig und wird hinsichtlich der Umsetzung im Unterricht unterschiedlich diskutiert. Es wurden in diesem Zusammenhang konkrete mathematikdidaktische Konzepte entwickelt, die vom individualisierten Arbeiten, z. B. in selbsterklärenden Arbeitsheften (z. B. „Einstern 1", Bauer und Maurach, 2014), bis zum Arbeiten am gleichen Unterrichtsgegenstand auf verschiedenen Leistungsniveaus reichen (z. B. Rathgeb-Schnierer und Feindt, 2014; Rathgeb-Schnierer und Rechtsteiner, 2018; Fetzer, 2019). Allerdings zeigen u. a. Korff (2015) und Oechsle (2020) in ihren Studien, dass die Realisierung gemeinsamer

---

[2] Zahlen bis zwölf werden in der gesamten Arbeit als Zahlwort geschrieben. Ausnahmen ergeben sich, wenn Zahlen in Verbindung mit Zahlensätzen (z. B. Termen), als Größenangaben, in Tabellen stehen oder der Nummerierung dienen. In diesen Ausnahmefällen werden Zahlzeichen verwendet.

Lernsituationen, die Differenzierungsmöglichkeiten beinhalten, aufgrund fachlicher Besonderheiten noch immer eine Herausforderung für Lehrkräfte darstellt (Jütte und Lüken, 2021). Demnach besteht u. a. nach Jütte und Lüken (2021) weiterhin Forschungs- und Entwicklungsbedarf zur Gestaltung von gemeinschaftlichem Mathematikunterricht auf inhaltlicher Ebene für heterogene Lerngruppen (Korff, 2015; Oechsle, 2020).

Das Konzept der natürlichen Differenzierung wird in der mathematikdidaktischen Diskussion als eine Möglichkeit des Umgangs mit der Heterogenität angesehen (u. a. Wittmann, 1996; Krauthausen und Scherer, 2016; Nührenbörger und Pust, 2016; Häsel-Weide und Nührenbörger, 2017; Rathgeb-Schnierer und Rechtsteiner, 2018; Weskamp, 2019). In der aktuellen Diskussion wird davon ausgegangen, dass Kinder mithilfe von natürlich differenzierenden Lernangeboten entsprechend ihrer Lernausgangslage gefördert werden können (Krauthausen und Scherer 2016; Häsel-Weide und Nührenbörger, 2017; Weskamp, 2019; Korten, 2020; Jütte und Lüken, 2021). Diese Lernangebote bieten u. a. nach Selter et al. (2016), Weskamp (2019) und Korten (2020) Kindern die Möglichkeit, am gleichen Lerngegenstand auf unterschiedlichen Schwierigkeitsstufen, ihrem individuellen Lernpotenzial entsprechend, gemeinsam zu arbeiten. Das gemeinsame Arbeiten und die dadurch angeregte gleichzeitige inhaltliche Auseinandersetzung eröffnen u. a. nach Peter-Koop und Lüken (2017), Schindler (2017) und Fetzer (2019) die Aufnahme neuen mathematischen Wissens für alle Lernenden. Das Lernen von- und miteinander in gemeinsamen Arbeitsphasen ermöglicht nach Rathgeb-Schnierer und Feindt (2014) die Förderung sowie Forderung der Lernenden im hohen und niedrigen Leistungsbereich und damit auch in den beiden Extremgruppen des Leistungsspektrums (Stanat et al., 2022).

In der mathematikdidaktischen Literatur existieren viele Anregungen, um mit natürlich differenzierenden Lernangeboten bzw. substanziellen Lernumgebungen die Inhalte des Mathematikunterrichts zu bearbeiten (z. B. Rathgeb-Schnierer und Rechtsteiner-Merz, 2010; Nührenbörger und Pust, 2016; Häsel-Weide und Nührenbörger, 2017; Wittmann und Müller, 2017). Sie alle zeichnen sich dadurch aus, dass sie über eine ausreichende Komplexität verfügen, um das Arbeiten auf unterschiedlichen Schwierigkeitsstufen überhaupt zu ermöglichen (Wittmann, 1996; Schütte, 2008; Selter et al., 2016; Schindler, 2017; Rathgeb-Schnierer und Rechtsteiner, 2018). Außerdem darf nach Schütte (2008), Krauthausen und Scherer (2016) sowie Rathgeb-Schnierer und Rechtsteiner (2018) keine zu hohe fachliche Hürde für den Einstieg vorliegen, damit alle Kinder gemeinsam beginnen können, aber auch für leistungsstarke Lernende passende Herausforderungen geschaffen werden.

Um einen Unterricht anbieten zu können, der die Vorgabe der Bildungsstandards einhalten kann, sind nach Krauthausen und Scherer (2016), KMK
(2022) und Hardy (2019) eine Weiterentwicklung über traditionelle Differenzie-
rungsmethoden hinaus und eine genaue Planung von Unterricht notwendig. Die
Planung und Durchführung dieser Art des Unterrichts erweist sich nach Wittmann
(1996), Brunner (2017), Oechsle (2020) und Sonnleitner (2021) allerdings als
sehr voraussetzungsreich und stellt die Lehrkräfte vor pädagogische und didaktische Herausforderungen. Eine besondere Herausforderung stellen nach KMK
(2022) und Korff (2015) dabei arithmetische Inhalte dar. Die Arithmetik, als
ein aufeinander aufbauendes Themengebiet, wird aktuellen Studien zufolge als
schwieriger für den Einsatz natürlich differenzierender Lernangebote angesehen
als beispielsweise die Geometrie (Korff, 2015; Stöckli, 2019; KMK, 2022).

Aus den genannten Forschungsarbeiten folgt also, dass das Arbeiten mit
natürlich differenzierenden Lernangeboten eine Möglichkeit zum Mathematiklernen in heterogenen Lerngruppen darstellt. In den Forschungsarbeiten wird
allerdings ohne konkrete Belege davon ausgegangen, dass die Lernenden ihrem
Lernpotenzial entsprechend auf ihrem individuellen Schwierigkeitsniveau arbeiten. Allerdings fehlen in der Forschungslandschaft empirische Untersuchungen,
die zeigen, ob Lernende natürlich differenzierende arithmetische Lernangebote
tatsächlich entsprechend ihrem persönlichen Lernpotenzial nutzen. An dieses
Forschungsdesiderat wird in der vorliegenden Arbeit angeknüpft:

> Das Ziel besteht darin, empirisch festzustellen, ob Lernende einer heterogenen Lern-
> gruppe ein natürlich differenzierendes arithmetisches Lernangebot ihrem Lernpoten-
> zial entsprechend nutzen.

Zur theoretischen Einordnung des Forschungsprojekts in die Unterrichtsabläufe
dient das Angebots-Nutzungs-Modell von Helmke (2012). Das Modell stellt die
komplexen Prozesse und Einflussfaktoren im Unterricht sehr übersichtlich dar und
bildet mit ausgewählten Schwerpunkten die theoretische Rahmung der Studie.
Im Modell wird der Unterricht als ein von Lehrpersonen geschaffenes Angebot verstanden, das von Schülerinnen und Schülern genutzt werden kann. Das
Lernpotenzial wird als entscheidender Faktor für erfolgreiches Lernen dargestellt, welcher der Angebotsnutzung zugrunde liegt. Insbesondere werden in der
Studie Unterricht (Angebot), Lernpotenzial und die Lernaktivitäten (Angebotsnutzung) betrachtet (Helmke, 2012). Dieses Modell unterstützt die Beantwortung
der Forschungsfragen, indem es die Zusammenhänge zwischen den gewählten
Schwerpunkten verdeutlicht und diese definiert. Das methodische Vorgehen der
vorliegenden Studie wird anhand des Angebots-Nutzungs-Modells entwickelt.

In heterogenen dritten Klassen wird empirisch untersucht, ob natürlich differenzierende Lernangebote tatsächlich ein Arbeiten auf unterschiedlichen Niveaus ermöglichen und ob dieses Niveau dem individuellen Lernpotenzial der Schülerinnen und Schüler entspricht. Zur Verfolgung dieses Forschungsziels wird ein natürlich differenzierendes Lernangebot ausgewählt. Das Lernangebot „Kombi-Gleichungen" steht nach der Auswahl stellvertretend für ein natürlich differenzierendes arithmetisches Lernangebot (Baireuther und Kucharz, 2007; Rechtsteiner, 2017), das für den Einsatz in der Studie weiterentwickelt wurde. Neben den Bearbeitungsformen, die sich bei der Nutzung des Lernangebots zeigen, wird das Lernpotenzial durch verschiedene Komponenten ermittelt. Hierzu gehören ein standardisierter Kompetenztest (KEKS[3] Kompetenztest Mathematik 3; May et al., 2018) und ein Fragebogen zu lern- und leistungsrelevanten Einstellungen, der auf etablierten Schulleistungsstudien basiert (Bos et al., 2008; Bos et al., 2008a; Bos et al., 2012; Bos et al., 2005; de Moll et al., 2016). Die Ergebnisse der Analysen zum Lernpotenzials und zur Angebotsnutzung und werden anschließend im Zusammenhang betrachtet und ausgewertet. Die Resultate geben Aufschluss darüber, ob Lernende ein natürlich differenzierendes Lernangebot entsprechend ihrem Lernpotenzial nutzen.

Die Arbeit ist in vier Teile gegliedert:

Der erste Teil umfasst fünf Kapitel (1 bis 5), in denen theoretische Aspekte und empirische Befunde thematisiert werden, die für die vorliegende Arbeit grundlegend sind.

Im ersten Kapitel wird zunächst auf die Existenz und die Formen von Heterogenität im Mathematikunterricht der Grundschule eingegangen, bevor die Leistungsheterogenität in den Fokus gestellt wird. Die Leistung im Mathematikunterricht spielt für die vorliegende Arbeit eine zentrale Rolle und wird aufgrund dessen aus verschiedenen Blickwinkeln betrachtet. Unter Berücksichtigung von Schulleistungsstudien werden die auftretenden unterschiedlichen Leistungsniveaus bei Grundschülerinnen und Grundschülern mit den Konsequenzen für den Mathematikunterricht betrachtet.

Im zweiten Kapitel findet zunächst eine kritische theoriebasierte Auseinandersetzung zur Differenzierung als Möglichkeit zum Umgang mit Heterogenität im Mathematikunterricht der Grundschule statt. Im Anschluss wird das Konzept der natürlichen Differenzierung genauer betrachtet. Beginnend mit einem Überblick über die lerntheoretische Rahmung und Begriffe, die mit der natürlichen Differenzierung in Zusammenhang stehen, werden anschließend grundlegende Konzepte und konstituierende Merkmale natürlicher Differenzierung dargestellt und anhand

---

[3] Kompetenzerfassung in Kindergarten und Schule (KEKS)

von Forschungsbefunden beleuchtet. Ebenso werden Kriterien herausgearbeitet, die für die Entwicklung eines natürlich differenzierenden Lernangebots handlungsweisend sind.

Im dritten Kapitel wird der arithmetische Inhalt des Mathematikunterrichts der Grundschule erläutert und die darauf beruhende Auswahl des natürlich differenzierenden Lernangebots begründet. Unter Berücksichtigung didaktischer Richtlinien für den Mathematikunterricht (KMK, 2022) und der Forschungsbefunde werden am Ende des Kapitels Kriterien für die Auswahl eines exemplarischen arithmetischen Lernangebots aufgestellt, das die Umsetzung einer natürlichen Differenzierung zulässt.

Im vierten Kapitel bildet das Angebots-Nutzungs-Modell den Rahmen, um Unterrichtsqualität in der Grundschule in heterogenen Lerngruppen zu beschreiben. Außerdem wird dessen Rolle für die vorliegende Studie erläutert. Hier werden drei Schwerpunkte des Modells hervorgehoben, die das Lernpotenzial, das Angebot und die Nutzung fokussieren.

Im fünften Kapitel werden aus den theoretischen Grundlagen das Forschungsdesiderat und daraus folgend das Forschungsinteresse sowie die konkreten Forschungsfragen hergeleitet.

Im zweiten Teil der Arbeit werden die methodischen Hintergründe in fünf Kapiteln (6 bis 10) dargelegt.

Das sechste Kapitel gibt einen Einblick in den Aufbau der Studie. In Anlehnung an das Angebots-Nutzungs-Modell (Helmke, 2012) wird das Zusammenspiel von Unterrichtsangebot, Lernaktivitäten und Lernpotenzial im Rahmen einer explorativen Feldstudie untersucht. Für den Aufbau ergeben sich drei zentrale methodische Bausteine, die erläutert werden: die Erfassung der Lernausgangslage, die Entwicklung des natürlich differenzierenden Lernangebots und die Erfassung und Analyse der Lernaktivitäten.

Im siebten Kapitel wird die Stichprobe beschrieben, die neun Klassen aus der dritten Jahrgangsstufe umfasst.

Daran anschließend wird in Kapitel acht das entwickelte arithmetische Lernangebot vorgestellt. Hier wird die Durchführung des Lernangebots detailliert erläutert und das Potenzial der Angebotsnutzung dargestellt.

In Kapitel neun werden die eingesetzten Erhebungsinstrumente zur Ermittlung des Lernpotenzials und die Gestaltung des natürlich differenzierenden Lernangebots „Kombi-Gleichungen" als exemplarisches Untersuchungsfeld dieser Studie vorgestellt. Für die Erfassung des Lernpotenzials, das sich aus kognitiven, motivationalen und volitionalen Voraussetzungen zusammensetzt (Helmke, 2012), ist dies zum einen ein standardisierter Test (KEKS-Kompetenztest Mathematik,

May et al., 2018), der das kognitive Vorwissen erfasst, und zum anderen ein Fragebogen zu lern- und leistungsrelevanten Einstellungen (u.a. Bos et al., 2005; Bos et al., 2008; Bos et al., 2012; de Moll et al., 2016).

Die für diese Arbeit relevanten Datenaufbereitungs- und Datenauswertungsmethoden werden theoriebasiert in Kapitel zehn erläutert. Zunächst wird die Aufbereitung der Daten zum Lernpotenzial dargelegt. Anschließend wird auf die Aufbereitung der Daten zur Angebotsnutzung eingegangen, die die Entwicklung eines Kategoriensystems beinhaltet. Es folgen Erläuterungen zu den verschiedenen statistischen Analyseverfahren.

Im dritten Teil werden die Ergebnisse für die einzelnen Forschungsbereiche in drei Kapiteln (11 bis 13) vorgestellt und im Zusammenhang betrachtet. Damit einhergehend werden die Forschungsfragen der verschiedenen Forschungsbereiche beantwortet.

In Kapitel elf werden die Ergebnisse zu Forschungsfragen im Bereich des Lernpotenzials mithilfe deskriptiver Statistiken aufgezeigt. Ebenso wird auf Zusammenhänge innerhalb des Lernpotenzials eingegangen und genderspezifische Untersuchungen vorgenommen. Abschließend wird in diesem Kapitel die Ermittlung eines Wertes stellvertretend für das gesamte Lernpotenzial dargestellt.

In Kapitel zwölf werden auf theoretischer Ebene die Ergebnisse zum Angebot vorgestellt.

Im dreizehnten Kapitel findet die Darstellung von Zusammenhängen zwischen dem Lernpotenzial und der Angebotsnutzung statt. Diese Ergebnisse gründen auf Korrelations- und Clusteranalysen sowie auf Mittelwertvergleichen. Zur gemeinsamen Betrachtung aller Forschungsbereiche wurden Clusteranalysen durchgeführt und die entstandenen Gruppen mit dem Lernpotenzial im Zusammenhang betrachtet.

Im vierten Teil der Arbeit werden in drei Kapiteln (14 bis 16) die Ergebnisse diskutiert, das Vorgehen reflektiert und ein Ausblick gegeben.

Im vierzehnten Kapitel findet die Zusammenfassung und Diskussion der Ergebnisse zum Lernpotenzial, zur Angebotsnutzung und der Gesamtbetrachtung von Lernpotenzial und Angebotsnutzung statt.

Im fünfzehnten Kapitel wird die Reflexion des Vorgehens thematisiert. Diese beinhaltet die Stichprobe, die Erhebungsinstrumente, die Auswertungsverfahren und die Studiendurchführung. Am Ende dieses Kapitels werden Limitationen dieser Studie aufgezeigt.

Mit einem Fazit und einem Ausblick wird im sechzehnten Kapitel die Arbeit abgeschlossen. Dabei wird auf die Bedeutung der Arbeit für die mathematikdidaktische Forschung und die Unterrichtspraxis eingegangen.

Inhaltsverzeichnis

Abbildungsverzeichnis

Tabellenverzeichnis

Teil I

Theoretische und empirische Hintergründe

In diesem Teil werden theoretische Hintergründe dargestellt, die zur Einordnung der vorliegenden Studie relevant sind. Das Hauptaugenmerk liegt auf dem Umgang mit heterogenen Lerngruppen im Mathematikunterricht der Grundschule. Dabei wird insbesondere die natürliche Differenzierung fokussiert, die als mögliches Konzept für einen adäquaten Umgang mit heterogenen Lerngruppen gilt, wobei diese sehr unterschiedliche Voraussetzungen zum Lernen mitbringen.

Im ersten Kapitel wird die Heterogenität im Mathematikunterricht der Grundschule betrachtet. Dabei spielt der Bezug zur Leistung eine bedeutende Rolle, da die mathematische Leistung im Rahmen dieser Studie betrachtet wird. Das Konzept der natürlichen Differenzierung wird in Kapitel 2 thematisiert. Hierbei werden Erwartungen sowie Umsetzungsansprüche an dieses Konzept dargestellt. Für die empirische Untersuchung, bei der die Nutzung eines natürlich differenzierenden Lernangebots erforscht wird, wurde ein natürlich differenzierendes Lernangebot aus dem arithmetischen Bereich ausgewählt. Aus diesem Grund wird der arithmetische Inhaltsbereich des Mathematikunterrichts in Kapitel 3 näher betrachtet und die Auswahl begründet. Nach der Auseinandersetzung mit den zentralen theoretischen Inhalten der Studie wird im vierten Kapitel das Angebots-Nutzungs-Modell von Helmke (2012) als die theoretische Rahmung vorgestellt und dessen Rolle für die vorliegende Arbeit erläutert. Hierbei sind das natürlich differenzierende arithmetische Lernangebot als Angebot und die individuelle Bearbeitung innerhalb der heterogenen Lerngruppe als Nutzung zu verstehen. Am Ende der theoretischen Einordnung werden das Erkenntnisinteresse und die Forschungsfragen (Kapitel 5) aus den theoretischen Grundlagen und dem aktuellen Forschungsstand hergeleitet.

Heterogenität im Mathematikunterricht der Grundschule

„Hinsichtlich elementarer Bedürfnisse und Rechte sind Kinder gleich, während sie hinsichtlich individueller Einzigartigkeit und vielfältiger Gruppenzugehörigkeiten heterogen sind." (Heinzel, 2008, S. 137)

Die im Zitat von Heinzel dargestellte, individuelle Einzigartigkeit und vielfältige Gruppenzugehörigkeit zeigt, in welchem umfangreichen Spektrum Heterogenität betrachtet werden muss. Die Schülerschaft an Grundschulen ist hinsichtlich ihrer Zusammensetzung sehr heterogen, da alle Kinder ihrem Wohnort entsprechend einer Grundschule zugewiesen werden. Die Grundschulen sind Gesamtschulen, wodurch nach Krauthausen und Scherer (2016) bereits ein großes Spektrum an Leistungsvermögen entsteht. Diese Zusammensetzung der Schülerschaft beinhalte eine große Vielfalt einzigartiger Individuen, die sich in unterschiedlichen Facetten zeige. Die Vielfalt bilde sich einerseits durch leistungsbezogene, aber auch durch körperliche, motivationale, emotionale, familiäre, soziale, ethnische und auch religiöse Unterschiede (Krauthausen und Scherer, 2016).

Im folgenden Abschnitt wird zunächst die Existenz von Heterogenität in der Grundschule thematisiert und unterschiedliche Formen des Auftretens dargestellt. Danach wird Heterogenität als mögliche Lernchance aufgezeigt und anschließend auf Leistungsheterogenität im Mathematikunterricht der Grundschule eingegangen.

S. Friedrich, *Natürliche Differenzierung im Arithmetikunterricht*, Mathematikdidaktik im Fokus, https://doi.org/10.1007/978-3-658-42849-5_1

1.1   Existenz und Formen

Die ursprüngliche Bedeutung des Wortes „Heterogenität" lässt sich aus dem Altgriechischen von heteros (Verschiedenheit) und genos (in Bezug auf Klasse oder Art) herleiten (Kluge, 1995). Grundsätzlich hat Heterogenität keine wertende Funktion und wird im Allgemeinen als Ungleichheit der Elemente einer Menge hinsichtlich eines oder mehrerer Merkmale definiert (Kramer, 2014). Nach Prammer-Semmler (2017) bedarf Heterogenität, genauso wie Homogenität (Gleichheit), einer Bezugsnorm und entsteht als Produkt einer sozialen Konstruktion. So kann Heterogenität hergestellt werden, indem dies im schulischen Kontext von bestimmten Standpunkten betrachtet wird. Laut Prammer-Semmler (2017) stellen die Kinder zunächst eine homogene Einheit dar, in der sie alle als Schülerinnen und Schüler gesehen werden. In Bezug auf ein oder mehrere Merkmale kann nach Prammer-Semmler (2017) aber eine Lerngruppe zu einer heterogenen Einheit werden. Sowohl in theoretischen als auch praktischen pädagogischen Diskussionen hat sich nach Prammer-Semmler (2017) der Begriff „Heterogenität" als Schlüsselwort etabliert. Gegenstand dieser Diskussionen ist es, festzulegen, was Heterogenität im schulischen Kontext ausmacht, aber auch die Entwicklung von Konzepten zum Umgang mit dieser (Prammer-Semmler, 2017).

Wie schon in der Einleitung ausgeführt wurde, fand Lorenz (2000) bereits zu Beginn der 2000er Jahre heraus, dass die Entwicklungsvarianz in einer Grundschulklasse bis zu fünf Jahren betragen kann. Durch Sitzenbleiben, Früheinschulungen, Überspringen einer Klasse, Zurückstellen von Schulanfängerinnen und Schulanfängern oder freiwilliges Wiederholen ist sogar in homogenen Jahrgangsklassen ein Altersunterschied von fünf Jahren möglich. Diese Befundlage ist nach mehr als 20 Jahren immer noch unverändert (Erhardt und Senn, 2019; Hurrelmann, 2021; Sonnleitner, 2021). Erkenntnisse aus der Entwicklungspsychologie u. a. über die Divergenz von biologischem Alter und Entwicklungsalter ergänzen die Befundlage zu großen Altersunterschieden in einer Lerngruppe (Largo und Beglinger, 2009; Tillmann, 2017; Walgenbach, 2017).

Seit dem Übereinkommen der Vereinten Nationen von 2006, das unter anderem besagt, dass Kinder mit Behinderungen nicht aufgrund einer Behinderung vom unentgeltlichen und obligatorischen Grundschulunterricht oder vom Besuch weiterführender Schulen ausgeschlossen werden sollen, erweiterte sich das Spektrum der Heterogenität in den Grundschulklassen zusätzlich (Beauftragte der Bundesregierung für die Belange von Menschen mit Behinderungen, 2017). Damit stellt der Begriff der Inklusion laut Weskamp (2019) u. a. eine Erweiterung des Begriffes Heterogenität dar, weil auch der sonderpädagogische Förderbedarf miteinbezogen werden muss (u. a. Werner, 2018; Oechsle, 2020). Im Zusammenhang mit der Umsetzung von Inklusion nennt Werner (2018) als Ziel schulischer Ausbildung, allen Schülerinnen und Schülern eine barriere- und diskriminierungsfreie Teilhabe am Unterricht allgemein und damit auch am Mathematikunterricht zu sichern. Darunter versteht Werner (2018) nicht die alleinige körperliche Anwesenheit (das Teilnehmen), sondern vielmehr ein aktives Mitwirken an Unterrichtsprozessen.

Schon seit der Gründung der Grundschule als Gesamt- und Gemeinschaftsschule ist die Schülerschaft an Grundschulen in Bezug auf verschiedene Merkmale sehr heterogen und die Lehrkräfte stehen vor der Aufgabe, der Heterogenität innerhalb einer Lerngruppe gerecht zu werden. Insgesamt stellt nach Tillmann und Wischer (2006) eine Grundschulklasse ein Abbild der sozialen Zusammensetzung des Wohngebietes dar und weist eine hohe Heterogenität auf, die aber durch die lokale Sozialstruktur begrenzt wird.

Zu der großen Vielfalt kommen laut Skorsetz und Bonanati (2020) aktuelle Anforderungen wie die Beschulung von Kindern mit Fluchterfahrung und die Herausforderung des inklusiven Unterrichts hinzu. Außerdem macht sich das Lernen unter Pandemiebedingungen nach Stanat et al. (2022), das seit dem Frühjahr 2020 mit teilweisen Schulschließungen einherging, bemerkbar. Durchschnittlich fand nach Stanat et al. (2022) zwischen März 2020 und Sommer 2021 für acht Monate Distanz- oder Wechselunterricht in den deutschen Grundschulen statt. Ein Teil der Schülerinnen und Schüler verfügte in dieser Zeit nicht über die relevante Ausstattung für Distanzunterricht und nicht über ausreichend Unterstützung seitens der Eltern. Weiterhin stellten Stanat et al. (2022) fest, dass die Motivierung der Schülerinnen und Schüler sowie die technische Umsetzung des Distanzunterrichts von Seiten der Schule teilweise zu Defiziten führten. Nach Stanat et al. (2022) und der Ständigen Wissenschaftlichen Kommission (SWK, 2022) sind die Lernleistungen der Schülerinnen und Schüler von 2016 bis 2021, gemessen am üblichen Lernzuwachs, um ein Viertel zurückgegangen.

Lerngruppen können sich dementsprechend hinsichtlich verschiedener Merkmale unterscheiden. Diese Merkmale einer Lerngruppe finden sich in verschiedenen Heterogenitätsdimensionen wieder. Heinzel (2008) unterscheidet fünf verschiedene Dimensionen, die wechselseitig miteinander verflochten sind. Der sozioökonomische Status, der die Lebensmöglichkeiten der Schülerinnen und Schüler benennt, hat einen großen Einfluss auf deren Lebens- und Bildungschancen. Die Ethnizität bzw. die Kultur der Kinder ist eine weitere Dimension, die in der deutschen Schullandschaft u. a. durch monolinguale und geringe interkulturelle Kompetenz zu Bildungsbenachteiligung mehrsprachig aufwachsender Kinder führen kann. Auch im Bereich der Geschlechterdifferenz zeigen sich unterschiedliche Schulleistungen, Motive und Interessen (Heinzel, 2008; Bos et al., 2003). Unter die Dimension des Leistungsvermögens fallen nach Heinzel (2008) Fähigkeiten, Behinderungen und Begabungen von Kindern. Die Unterschiedlichkeit der Voraussetzungen und die Bedingungen des Lernens stehen in dieser Dimension im Mittelpunkt. Als fünfte Heterogenitätsdimension nennt Heinzel (2008) die Generationendifferenz, wobei zwischen der vermittelnden und der aneignenden Generation unterschieden wird. Die Lerngemeinschaft in einer Grundschulklasse besteht demnach aus einer Ansammlung von Individuen, die sich aus vielfältigen Gründen voneinander unterscheiden.

Obwohl der Begriff „Heterogenität" hinsichtlich der Wortherkunft neutral ist, wird beim Blick auf die verschiedenen Dimensionen und Facetten deutlich, dass Unterschiedlichkeiten in diesen Bereichen zu sehr verschiedenen Lernchancen führen können (Heinzel, 2008).

Diese vielfältigen Unterschiede zeigen, wie unrealistisch es ist, die Arbeit mit den Grundschülerinnen und Grundschülern auf die Annahme von homogenen Jahrgangsklassen auszulegen. Die Überzeugung, dass Lernen in homogenen Gruppen besser zu organisieren ist, ist jedoch tief verwurzelt und nach Tillmann und Wischer (2006) die dominierende Strategie im allgemeinen Schulsystem. Entscheidend für den produktiven Umgang mit Heterogenität sind nach Tillmann und Wischer (2006) und Sahan (2021) sowohl die Einstellungen der Lehrkräfte als auch andere Unterrichtsformen als die immer noch weit verbreiteten, die heterogenen Lerngruppen nicht gerecht werden, weil sie auf homogene Lerngruppen ausgerichtet sind.

In den USA brachten Googlad und Anderson bereits 1959 das Thema Heterogenität mit Begriffen wie „Nongraded" oder „Ungraded Gouping" in die pädagogische Diskussion ein (Goodlad und Anderson, 1987 zuerst 1959). Die Begriffe „Nongraded" und „Ungraded Gouping" beziehen sich nach Goodlad und Anderson (1987) auf jahrgangsübergreifende Lerngruppen. Anhand bereits existierender Programme in amerikanischen Schulen konnten Daten zum Umgang mit jahrgansübergreifendem Lernen erhoben werden. Die Ergebnisse dieser Studie zeigen, dass homogene Lerngruppen nach Alter und Leistung zwar gebildet werden können, jedoch die Vorstellung, dass Unterricht in Jahrgangsklassen zu homogenen Lerngruppen führt, überwunden werden muss. Neben der Entwicklung und Evaluierung von Konzepten und Programmen für den Umgang mit Heterogenität liegt der Fokus im nationalen und internationalen Kontext ebenso auf den Anforderungen, die bei der Umsetzung dieser Konzepte und Programme an die Lehrkräfte gestellt werden (u. a. Maheady und Gard, 2010; Jones, 2020; Sahan, 2021).

1.2 Heterogenität als Lernchance

Die Heterogenität in Lerngruppen muss nach Freudenthal (1973) jedoch nicht als Nachteil angesehen werden. So stellte Freudenthal (1973) bereits in den siebziger Jahren die Verschiedenheit und Vielfalt in einer Klasse als vorteilhaft dar, was bereits in der Einleitung angesprochen wurde. Er empfahl, diese heterogene Situation als „normal" anzunehmen und nicht als Hindernis. So könne die Diversität sogar als Vorteil genutzt werden, wenn die Kinder an einem Lerngegenstand auf verschiedenen Stufen arbeiten und nicht nebeneinanderher. Dabei entstehen nach Freudenthal (1973) sehr effektive Lernmöglichkeiten. Auch Faust-Siehl und Kollegen (1996) sprechen von Lernchancen in heterogenen Lerngruppen im Hinblick auf kognitives und soziales Lernen.

Insgesamt bilden das Thema Heterogenität und die Art und Weise, wie die Vielfalt als Chance genutzt werden kann, national und international einen zentralen Bereich in der grundschuldidaktischen bzw. der mathematikdidaktischen Forschung (u. a. Weskamp, 2019; Korten, 2020; Oldenburg, 2021; Maheady und Gard, 2010; Lütje-Klose und Miller, 2015; Sahan, 2021). In der allgemeinen Grundschuldidaktik findet der Umgang mit heterogenen Lerngruppen schon seit langer Zeit große Beachtung (Klafki, 1985). Hier wird der Verlust der Homogenität in den Lerngruppen inzwischen als Lernchance im Hinblick auf kognitives und soziales Lernen gesehen, der mit Differenzierungen begegnet werden kann (vgl. Kapitel 2; Carle und Metzen, 2014; König et al., 2017; Walgenbach, 2017; Hurrelmann, 2021). Doch auch fachspezifische Differenzierungsansätze und fachdidaktische Kategorien wurden entwickelt, um eine Planung und Reflexion in heterogenen Lerngruppen zu ermöglichen (u. a. Krippner, 1992; Wittmann, 1995; Peter-Koop und Lüken 2017; Stabler, 2020).

So besteht ebenfalls in der Mathematikdidaktik Einigkeit darüber, dass ein großes Leistungsspektrum in einer Grundschulklasse eine Herausforderung darstellt. Es wird allerdings auch hier darauf hingewiesen, dass die Heterogenität nicht nur problematisch, sondern auch interessant und diskursiv sein kann (Lorenz, 2000; Freudenthal, 1973; Hirt und Wälti, 2010; Nührenbörger und Pust, 2016).

Um der Heterogenität gerecht werden zu können und demzufolge Lernchancen zu eröffnen, müssen nach Häsel-Weide und Nührenbörger (2017) Lehrende bei der Gestaltung und Begleitung von Fördermaßnahmen im Kontext der unterrichtlichen Lernumgebung[1] sensibel für Lernvoraussetzungen und Lernprozesse sein. Ein Mathematikunterricht, der allen Lernenden gerecht wird, steht laut Häsel-Weide und Nührenbörger (2017) stets vor der Herausforderung, Differenzierungs- und Fördermaßnahmen zu entwerfen und diese in die Gestaltung des Unterrichts zu integrieren (vgl. Abschnitt 2.1).

Im Folgenden wird die Leistungsheterogenität im Mathematikunterricht in den Blick genommen, bei der die unterschiedlichen kognitiven Leistungsfähigkeiten zum Tragen kommen. Dabei darf nach Krauthausen und Scherer (2016) nicht außer Acht gelassen werden, dass die Leistungsfähigkeit im mathematischen Bereich mit anderen Merkmalen korreliert und ebenfalls Beachtung finden muss (z. B. mit persönlichen Einstellungen zum Lernen, Alter und Geschlecht). Die mathematische Leistung spielt im Hinblick auf die vorliegende Arbeit eine zentrale Rolle, da unterschiedliche Bearbeitungen eines arithmetischen Unterrichtsinhalts untersucht werden (vgl. Forschungsziel in der Einleitung).

1.3 Leistungsheterogenität

In der empirischen Bildungsforschung wurden die Ausprägungen von heterogenen Lerngruppen für den Lern- und Sozialisationsprozess national sowie international umfangreich thematisiert. Neben den kognitiven Leistungsfähigkeiten der Schülerinnen und Schüler wurden ebenfalls Merkmale wie Alter, Geschlecht, ethnische Herkunft und Beeinträchtigungen in Bezug auf den Lern- und Sozialisationsprozess untersucht (u. a. Tarim und Akdeniz, 2008; Buholzer

---

[1] In der mathematikdidaktischen Literatur finden sich zahlreiche unterschiedliche Begriffsbestimmungen zu Lernangeboten, Lernumgebungen und Aufgaben, die von unterschiedlichen Autoren geprägt wurden. In der vorliegenden Arbeit wird ein inhaltliches Verständnis zugrunde gelegt. Bei den genannten Begriffen geht es um gehaltvolle Unterrichtsinhalte für alle Schülerinnen und Schüler und die angemessene Begleitung dieser (Krauthausen und Scherer, 2014).

et al., 2010; Steinbring, 2015; Jones, 2020). Die Ergebnisse der Schulleistungsstudien von IQB[2], PISA[3], TIMSS[4] und IGLU[5] aus den vergangenen Jahren belegen diese Ungleichheiten und weisen auf die aktuelle Anforderung an die Inklusionsleistung der Grundschulen hin (Stanat et al., 2017; Reiss et al., 2019; Bos et al., 2012; Hußmann et al., 2017).

In der öffentlichen Diskussion um Bildung wird nach Spiegel und Walter (2005) hauptsächlich die Dimension der Leistungsheterogenität wahrgenommen. Die leistungsbezogenen Unterschiede im Mathematikunterricht werden laut Spiegel und Walter (2005) innerhalb eines Spektrums meist zwischen sehr leistungsschwach und sehr leistungsstark eingeordnet. Welche unterschiedlichen Faktoren bei der Betrachtung von Leistung im Mathematikunterricht berücksichtigt werden müssen und in welchem Spektrum sie auftreten, wurde in den letzten Jahren von verschiedenen Schulleistungsstudien ermittelt. Seit den Ergebnissen der TIMS-, PISA-, IGLU- und IQB-Studien (aus den Jahren 2001 bis 2021) wurden zu diesen Aspekten in der Mathematikdidaktik viele Beiträge veröffentlicht. In diesen wird sich mit den Faktoren beschäftigt, die diese Unterschiede bedingen, aber auch mit konkreten Vorschlägen, wie mit der Heterogenität lernförderlich für alle Lernenden umgegangen werden kann (u. a. Krauthausen und Scherer, 2016; Wittmann und Müller, 2017; Guder, 2011; Hirt und Wälti, 2010; Häsel-Weide und Nührenbörger, 2017; Rathgeb-Schnierer und Rechtsteiner, 2018).

Bei der Betrachtung der Ergebnisse der nationalen und internationalen Vergleichsstudien lassen sich vergleichbare empirische Befunde zur Leistungsheterogenität ableiten. Im Folgenden werden Ergebnisse der TIMS-, IGLU- und IQB-Studien, die die Leistung im Mathematikunterricht der Grundschule betreffen, dargestellt. Die TIMS-Studie (Third International Mathematics and Science Study) verläuft in einem vierjährigen Turnus und mit ihr wird das Ziel verfolgt,

---

[2] IQB steht für *Institut zur Qualitätsentwicklung im Bildungswesen*. Das Ziel des IQB-Bildungstrends besteht darin, festzustellen, inwieweit Schülerinnen und Schüler in Deutschland die nationalen Bildungsstandards erfüllen (u. a. Stanat et al., 2017).

[3] PISA steht für *Program for International Student Assessment* und wurde von der Organisation für wirtschaftliche Zusammenarbeit und Entwicklung (OECD) initiiert. Es evaluiert Fähigkeiten und Kenntnisse von Schülerinnen und Schülern, die für eine volle Teilhabe am gesellschaftlichen Leben notwendig sind (u. a. Reiss et al., 2019).

[4] TIMSS steht für *Trends in International Mathematics and Science Study*. Diese Studie erfasst und vergleicht alle vier Jahre internationale mathematische und naturwissenschaftliche Kompetenzen (u. a. Wendt et al., 2016).

[5] IGLU steht für *Internationale Grundschul-Lese-Untersuchung* und untersucht die Leseleistung von Grundschülerinnen und Grundschülern am Ende der vierten Klasse (u. a. Hußmann et al., 2017).

international vergleichende Indikatoren herauszufiltern, die für mathematische und naturwissenschaftliche Leistungen ausschlaggebend sind. Hierzu wurden neben Leistung auch Motivation, Selbstkonzept und weitere Faktoren gemessen, die Leistung beeinflussen. Durchgeführt wurde die Studie u. a. in einer Kohorte neunjähriger Grundschülerinnen und Grundschüler (TIMSS 2007, Bos et al., 2008; TIMSS 2011: Bos et al., 2012; TIMSS 2015: Wendt et al., 2016; TIMSS 2019: Schwippert et al., 2020). Die IGLU-Studie (Internationale Grundschul-Lese-Untersuchung) wurde im Schuljahr 2000/2001, im Jahr 2001 in einer Erweiterungsstudie, die Mathematik beinhaltete (IGLU-E), und im Jahr 2006 erhoben. Getestet wurde die Leistung von Viertklässlerinnen und Viertklässlern in den Fächern Deutsch und 2006 auch in Mathematik sowie weitere leistungsrelevante Faktoren, wie beispielsweise Leistungsangst und das Selbstkonzept Leistung (IGLU 2000/2001: Bos et al., 2005; IGLU-E 2001: Bos et al., 2003; IGLU 2006: Bos et al., 2010). Durch die IQB-Bildungstrendstudien wurde in den Jahren 2011, 2016 und 2021 das Erreichen der Kompetenzziele für die von der Kultusministerkonferenz (KMK) festgelegten Bildungsstandards für den Primarbereich in den Fächern Mathematik und Deutsch überprüft. Es wurden Viertklässlerinnen und Viertklässler getestet. Im Jahr 2021 wurden zusätzlich Fragen zum Fernunterricht gestellt, der während der Beschulung unter Pandemie-Bedingungen stattfand[6] (IQB-Studie 2011: Stanat et al., 2012; IQB-Studie 2016: Stanat et al., 2017; IQB-Studie 2021: Stanat et al., 2022).

Für den deutschen Mathematikunterricht in Grundschulen wurden in verschiedenen Studien eine breite Streuung der Lernendenleistungen, ein hoher Anteil an Risikoschülerinnen und -schülern[7] sowie ein starker Einfluss des sozialen Hintergrundes festgestellt (TIMSS 2007; IQB-Studie 2016). Die breite Streuung der mathematischen Leistung wurde bereits durch die SCHOLASTIK-Studie belegt, die von 1987 bis 1997 als Längsschnittuntersuchung die kognitive und motivationale Entwicklung von Grundschulkindern in den Mittelpunkt stellte. Dabei wurden lern- und leistungsrelevante Merkmale in Abhängigkeit von unterrichtlichen und schulischen Kontextbedingungen untersucht (Weinert und Helmke, 1997).

---

[6] Bei der Betrachtung der Ergebnisse von IQB 2021 muss die besondere Zeit der Erhebung von 2021 berücksichtigt werden. Diese fand während der Coronapandemie statt und fiel in eine Zeit, in der Schulen zeitweilig geschlossen waren. Es fand Fern- und Präsenzunterricht statt sowie Unterricht mit geteilten und vollständigen Klassen.

[7] Laut IQB 2021 sind mit Risikoschülerinnen und -schülern diejenigen gemeint, „… die aufgrund ungünstigerer Lernausgangslagen und Lernbedingungen einem besonderen Risiko ausgesetzt sind, abgehängt zu werden" (Stanat et al., 2022, S. 282).

Die mathematischen Leistungen zeigen in den nationalen IQB-Bildungstrend-Studien von 2011, 2016 und 2021 ebenfalls eine große Streuung. Es wurden alle fünf Kompetenzbereiche der Bildungsstandards aus dem Bereich der Mathematik untersucht. Dazu gehören „Muster und Strukturen", „Zahlen und Operationen", „Raum und Form", „Größen und Messen" und „Daten, Häufigkeit, Wahrscheinlichkeit". Im Vergleich zu vorangegangenen Studien von 2011 und 2016 ist für 2021 weiterhin ein negativer Trend für die mathematische Leistung besonders in den Randbereichen der Leistungsskala erkennbar. Bereits zwischen 2011 und 2016 reduzierte sich der Anteil der Schülerinnen und Schüler, die den Regelstandard erreichten, während sich der Anteil der Lernenden, die den Mindeststandard verfehlten, erhöhte. Neben der schulischen Leistung wurden Faktoren untersucht, die die Leistung nach Stanat et al. (2022) ebenfalls bedingen. Dabei wurde eine große soziale Heterogenität in den einzelnen Bundesländern und Gesamtdeutschland durch den sozioökonomischen Status erfasst und sogar ein Anstieg der Heterogenität in diesem Bereich festgestellt. Die mit dem sozioökonomischen Status verbundenen Disparitäten waren nach Stanat et al. (2022) im Jahr 2021 stärker ausgeprägt als in den Erhebungen von 2011 und 2016. Im motivationalen Bereich und bei der Betrachtung des Selbstkonzepts zeigten sich verstärkt Disparitäten zwischen Jungen und Mädchen, wobei die Vorteile für das Fach Mathematik bei den Jungen lagen. Dieser Trend setzte sich auch 2021 fort. Die Jungen erzielten im Fach Mathematik höhere Kompetenzwerte als die Mädchen. Der Kompetenzrückgang fiel nach Stanat et al. (2022) bei den Mädchen sogar tendenziell etwas stärker aus als bei den Jungen. Zum fachbezogenen Selbstkonzept zeigten sich die Werte für die Gesamtgruppe im Trend geringer und die Werte für Ängstlichkeit erhöhten sich. Bei diesen motivational-emotionalen Merkmalen schnitten laut Stanat et al. (2017) und Stanat et al. (2022) die Jungen für das Fach Mathematik besser ab als die Mädchen. Zudem wurden für Kinder mit Zuwanderungshintergrund Nachteile besonders in Teilbereichen des Faches Mathematik sichtbar, die auf textbasierten Aufgaben aufbauten und in der Erhebung von 2021 noch stärker auftraten (Stanat et al., 2017; Stanat et al., 2022).

Im internationalen Vergleich der TIMS-Studien der letzten Jahre (2007, 2011, 2015, 2019) zeigte sich, dass die deutschen Grundschülerinnen und Grundschüler in den Naturwissenschaften im oberen Leistungsdrittel aller Teilnehmerstaaten liegen. Ein erheblicher Abstand in der mittleren Leistung zeigte sich in der TIMS-Studie von 2007 zu den Staaten mit den höchsten Kompetenzwerten wie Japan, Singapur und England. Die Leistungsstreuung war bei TIMSS 2007 im internationalen Vergleich nach Walther et al. (2008) eher gering. Bei der Betrachtung der einzelnen Kompetenzstufen konnten ca. 20 % der deutschen Schülerinnen und Schüler nur auf den ersten beiden niedrigsten Stufen zugeordnet werden.

Das bedeutet, dass diese Kinder höchstens über ein elementares mathematisches Wissen sowie Fähigkeiten und Fertigkeiten verfügten. Auf den mittleren beiden Kompetenzstufen befanden sich nach Walther et al. (2008) ca. 75 % der Schülerinnen und Schüler. Das heißt, dass sie über die Kompetenz verfügten, elementares mathematisches Wissen, Fertigkeiten und Fähigkeiten in einfachen Situationen und bei der Lösung von mehrschrittigen Aufgaben mit inner- oder außermathematischem Kontextbezug anzuwenden. Auf der fünften und damit höchsten Kompetenzstufe befanden sich ca. 6 % der Schülerinnen und Schüler. Sie nutzten ihre mathematischen Fertigkeiten und Fähigkeiten vollständig zur Lösung verhältnismäßig komplexer Probleme und konnten ihr Vorgehen erläutern (Walther et al., 2008). In den Resultaten zeigte sich, dass die Anzahl der Schülerinnen und Schüler, die komplexe Probleme vollständig lösen und erläutern konnten, in den Staaten der Spitzengruppe bis zu viermal so groß war wie in Deutschland. Hieraus wurde nach Walther et al. (2008) das Ziel für die deutschen Grundschulen gesetzt, dass die Förderung von leistungsschwachen und leistungsstarken Kindern besser in Einklang gebracht werden muss.

Wie die bereits erläuterten Befunde der IQB-Bildungstrendstudie ergaben sich im Vergleich zwischen Mädchen und Jungen für die TIMS-Studien ähnliche Befunde. Es zeigte sich, dass Deutschland zu den Staaten gehört, bei denen Jungen im mathematischen Bereich einen signifikanten Vorsprung vor den Mädchen haben. In sämtlichen kognitiven Anforderungsbereichen und in zwei der drei Inhaltsbereiche (Arithmetik und Umgang mit Daten) war ein besseres Abschneiden der Jungen feststellbar. Keinen signifikanten Unterschied gab es nach Walther et al. (2008) im Inhaltsbereich Geometrie/Messen. Bei der Betrachtung des mathematischen Fähigkeitsselbstkonzepts zählt Deutschland ebenfalls zu den Staaten mit den höchsten Differenzen zugunsten der Jungen. Ebenfalls zeigten die Ergebnisse für deutsche Grundschülerinnen und Grundschüler in Bezug auf die soziale Herkunft eine besonders hohe Diskrepanz der Leistung zwischen Schülerinnen und Schülern an Schulen mit mehr und mit weniger als 50 % Kindern aus wirtschaftlich benachteiligten Familien. Schülerinnen und Schüler, deren Eltern beide im Testland geboren wurden, erreichten national und international die höchsten Kompetenzstufen (Walther et al., 2008).

Auch in den folgenden TIMS-Studien (TIMSS 2011, TIMSS 2015 und TIMSS 2019) wurde noch ein hoher Anteil an Schülerinnen und Schülern am Ende der Grundschulzeit festgestellt, die lediglich über elementare mathematische Fertigkeiten und Fähigkeiten verfügen und damit einen schwierigen Übergang in die weiterführenden Schulen befürchten müssen (OECD, 2010; Weskamp, 2019). Obwohl die Leistungen im internationalen Vergleich gleichbleibend gut sind, ist festzustellen, dass die Förderung besonders leistungsschwacher und auch leistungsstarker Schülerinnen und Schüler keine positive Entwicklung nahm. Insgesamt gehört Deutschland zu den Staaten, bei denen sich nach der TIMS-Studie von 2007 keine bedeutsamen Verbesserungen zeigten. Der Vergleich der Ergebnisse der TIMS-Studie von 2019 mit denen aus 2007 und 2011 ergab sogar negative Entwicklungen. Bei anderen Staaten (z. B. Singapur, Hongkong) konnte eine positive Entwicklung in Bezug auf die Förderung der beiden Extremgruppen konstatiert werden (Schwippert et al., 2020; Wendt et al., 2016; Bos et al., 2012). Im Bereich der Leistungsstreuung zeigte sich in den internationalen Vergleichen, wie bei der ersten deutschen Teilnahme an der TIMS-Studie (2007) der Grundschulen, eine vergleichsweise geringe Streuung. Die Gründe liegen darin, dass die Viertklässlerinnen und Viertklässler in der niedrigsten Leistungsgruppe (5 % der schwächsten Leistungen) vergleichsweise hohe Werte aufwiesen, d. h. im oberen Bereich der niedrigsten Leistungsgruppe lagen und in der höchsten Leistungsgruppe (5 % der stärksten Leistungen) im unteren Bereich. Dies führte zu einer geringeren Streuung insgesamt, aber weiterhin zu einer starken Besetzung der beiden Extremgruppen, die jeweils mehr als 5 % betrug. Insgesamt wird ein Handlungsbedarf an beiden Enden festgestellt. Besonders bemerkenswert ist, dass die Leistungen nur sehr weniger Schülerinnen und Schüler, die zu den 5 % der leistungsstärksten gehören, in die höchste Kompetenzstufe (V) einzuordnen waren, wie bereits in der Einleitung angesprochen wurde (Schwippert et al., 2020; Wendt et al., 2016; Bos et al., 2012).

Bei der Betrachtung von TIMSS 2015 liegen die Ergebnisse im Vergleich zur Untersuchung von 2007 auf einem ähnlichen Niveau, fallen im Vergleich zu TIMSS 2011 jedoch schlechter aus. Im internationalen Vergleich von 2015 lassen sich für die deutschen Grundschülerinnen und Grundschüler keine signifikante Steigerung im Bereich der höchsten Kompetenzstufe und keine Reduzierung auf der niedrigsten Kompetenzstufe feststellen. Im Bereich der mathematikbezogenen Einstellung und des Selbstkonzepts wurde nach Wendt et al. (2016) eine negative Entwicklung konstatiert. Zwischen 2015 und 2019 weisen die Befunde auf eine stabile Mathematikleistung hin. Nach den Ergebnissen von TIMSS 2019 liegt Deutschland im internationalen Vergleich leicht über dem Mittelwert, beim Vergleich mit den EU- und OECD-Staaten allerdings etwas darunter. Der Anteil der Schülerinnen und Schüler, die lediglich rudimentäre oder niedrige mathematische Kompetenzen zeigen, ist nach Schwippert et al. (2020) mit einem Viertel weiterhin substanziell, während der Anteil in der höchsten Kompetenzstufe mit 6 % im internationalen Vergleich gering ist. Relative Schwächen zeigen die Schülerinnen und Schüler in den beiden Inhaltsbereichen Arithmetik und Daten. Die Anteile der Viertklässlerinnen und Viertklässler mit einer positiven Einstellung zur Mathematik und einem hohen mathematischen Selbstkonzept sind weiterhin vergleichsweise hoch, haben sich allerdings im Vergleich zur letzten Studie (2015) leicht verringert (Schwippert et al., 2020).

Die Leistungsunterschiede zwischen Mädchen und Jungen sind ebenfalls unverändert deutlich vorhanden. Die ermittelte mathematische Kompetenz ist bei den Jungen höher als bei den Mädchen. Im oberen Leistungsbereich überwiegt der Anteil der Jungen, im unteren Leistungsbereich der Anteil der Mädchen. Verglichen mit den anderen an TIMSS 2015 teilnehmenden Staaten (OECD-Staaten) wurde für Deutschland eine große Diskrepanz der mathematischen Kompetenzen zwischen den Geschlechtern festgestellt. Ein weiteres zentrales Ergebnis dieser Studie ist laut Wendt et al. (2016) außerdem, dass der Anteil leistungsschwacher Lernender gegenüber der letzten Erhebung nicht reduziert werden konnte.

Die Ergebnisse dieser umfangreichen nationalen und internationalen Untersuchungen der Mathematikleistungen deutscher Grundschülerinnen und Grundschüler untermauern die Forderung nach weiteren intensiven Maßnahmen zur Weiterentwicklung des Mathematikunterrichts in der Primarstufe. Insbesondere muss nach Wendt et al. (2016) und Schwippert et al. (2020) der Blick auf die Schülerinnen und Schüler im niedrigen sowie im besonders hohen Leistungsspektrum gerichtet werden, da sich in diesen beiden Extremgruppen keine Verbesserungen zeigten.

In der Auseinandersetzung mit der Leistungsheterogenität im Mathematikunterricht der Grundschule spielt Inklusion eine bedeutsame Rolle und wird aus diesem Grund ebenfalls angesprochen, wenngleich in der vorliegenden Arbeit Inklusion nicht explizit thematisiert wird. Durch die Bemühungen der Umsetzung von Inklusion, die sich durch die Aufnahme von Lernenden mit sonderpädagogischem Förderbedarf in Grundschulklassen zeigen, wurde das Heterogenitätsspektrum nach Pliquet et al. (2017), Weskamp (2019) u. a. erweitert (vgl. Abschnitt 1.1). Bei der Analyse von Heterogenität in der Grundschule müssen auch Kinder mit sonderpädagogischem Förderbedarf verschiedener Förderschwerpunkte (z. B. bei Beeinträchtigungen des Lernens oder der emotionalen und sozialen Entwicklung) berücksichtigt werden (Pliquet et al., 2017; Weskamp, 2019; Werner, 2018). Kinder mit sonderpädagogischem Förderbedarf weisen nach der IQB-Studie von 2016 in allgemeinen Schulen durchschnittlich höhere Kompetenzen auf, aber in Förderschulen eine höhere Motivation (Stanat et al., 2017). Diese gegenläufigen Zusammenhänge müssen nach Stanat et al. (2017) beim adäquaten Umgang mit heterogenen Lerngruppen berücksichtigt werden. Hierbei spielen besonders die motivationalen Faktoren bei Kindern mit sonderpädagogischem Förderbedarf eine Rolle (Stanat et al., 2017).

Den sozioökonomischen Status betreffend wurde ein starker Einfluss des sozialen Hintergrunds festgestellt. Damit verbunden stellten Stanat et al. (2022) eine große, ansteigende soziale Heterogenität bedingt durch den sozioökonomischen Status fest, der sich ebenfalls in Nachteilen für Kinder mit Zuwanderungshintergrund äußert.

Zudem dürfen nach Goldan et al. (2020) die entstandenen Defizite durch einen unregelmäßigen Unterrichtsbetrieb und emotionale Herausforderungen der Lernenden in Folge der Coronapandemie seit 2020 nicht außer Acht gelassen werden. In dieser Zeigt verstärkten sich die negativen Trends im kognitiven und motivationalen Kompetenzbereich nachweislich und müssen nach Goldan et al. (2020) und Stanat et al. (2022) zukünftig möglichst umgekehrt werden.

Bei der Interpretation der Vergleichsstudien ist allerdings kritisch zu betrachten, dass Deutschland im Vergleich zu anderen Staaten nur einen geringen Prozentsatz der Schülerschaft ausgeschlossen hat und damit größere Differenzen im Bereich der Leistung möglich sind (Bos et al., 2008; Walther et al., 2008). Außerdem stellen die Vergleichsstudien im Allgemeinen lediglich eine Momentaufnahme dar und überprüfen nur bestimmte Leistungen. Insgesamt lassen sich jedoch Trends im Hinblick auf die Leistungsheterogenität im Mathematikunterricht erkennen (Krauthausen und Scherer, 2016).

Zusammenfassend lassen sich für die Ergebnisse der nationalen und internationalen Vergleichsstudien zur Leistungsheterogenität deutscher Grundschülerinnen und Grundschüler bezogen auf den Mathematikunterricht folgende Aussagen festhalten: Der allgemeine negative Trend, der in vorangegangenen Studien festgestellt wurde, verstärkte sich weiter bis zur aktuellen IQB-Bildungstrend-Studie von 2021 (Stanat et al., 2022). Eine Streuung der Schülerinnen- und Schülerleistungen war vorhanden, ebenso ein hoher Anteil von Risikoschülerinnen und -schülern. Neben den kognitiven und sozialen Einflüssen auf die Leistung wurde der Einfluss des motivationalen Bereichs und des Selbstkonzepts festgestellt. Außerdem zeigten die Befunde Disparitäten zwischen Jungen und Mädchen im Leistungsbereich. Es herrscht Konsens darüber, dass eine Steigerung der Förderung von besonders leistungsschwachen und leistungsstarken Kindern besonders fokussiert werden muss.

Neben den genannten Studien, in denen verschiedene Faktoren der Leistungsbeeinflussung betrachtet wurden, weisen auch Spiegel und Walter (2005) darauf hin, dass die Leistungsheterogenität nicht nur in der „vertikalen Dimension" wahrgenommen werden darf, sondern auch in der „horizontalen". Sie sprechen von vertikaler Heterogenität, die zwischen sehr leistungsschwach und sehr leistungsstark unterscheidet, also unten und oben. Allerdings zeigen sich nach Spiegel und Walter (2005) auch Unterschiede in der Vorgehensweise der

Kinder. Die Tatsache, dass Kinder unterschiedlich denken, müsse bei den Überlegungen zum adäquaten Umgang mit Heterogenität ebenso Beachtung finden wie die Leistungsstärke. Ein unangemessener Umgang mit diesem Aspekt der Leistungsheterogenität könne die Ursache für die Vergrößerung von Leistungsunterschieden auf vertikaler Ebene sein (Spiegel und Walter, 2005; Decristan et al., 2014; Stöckli, 2019).

Basierend auf den Studienbefunden der umfangreichen nationalen und internationalen Vergleichsstudien wird in der Mathematikdidaktik überlegt, wie ein Unterricht für Schülerinnen und Schüler mit den unterschiedlichsten Lernausgangslagen gestaltet werden kann. Einigkeit herrscht darüber, dass Lerngegenstände jedem Kind, unabhängig vom individuellen Entwicklungsstand, den kognitiven, motivationalen und motorischen Fähigkeiten, angemessen und verständlich zugänglich gemacht werden müssen (u. a. Decristan et al., 2014; Stöckli, 2019; Häsel-Weide, 2016; Spiegel und Walter, 2005).

Differenzierung als Umgang mit Heterogenität

2

Die Art und Weise, wie mit den individuellen Entwicklungsständen und Fähigkeiten einer heterogenen Lerngruppe angemessen umgegangen werden kann, wird in diesem Kapitel thematisiert. Da sich die Fragestellung der vorliegenden Forschungsarbeit auf eine heterogene Lerngruppe und den adäquaten Umgang mit dieser bezieht, werden im Folgenden die Möglichkeiten von Differenzierung genauer betrachtet (vgl. Forschungsziel in der Einleitung).

Nach Winkeler (1978) bezeichnet Differenzierung ein breites Spektrum an schul- und unterrichtsorganisatorischen Maßnahmen, um den sehr unterschiedlichen Fähigkeiten und Interessen der Schülerinnen und Schüler einerseits und den Anforderungen der Gesellschaft andererseits gerecht zu werden.

Der Frage nach dem geeigneten Umgang mit den Anforderungen, die eine heterogene Lerngruppe birgt, wird schon seit Mitte des 20. Jahrhunderts nachgegangen. Die damaligen Argumente für oder gegen Leistungsgruppierungen unterscheiden sich kaum von den heutigen. Nach Faust-Siehl et al. (1996) wird in der Öffentlichkeit vielfach die Meinung vertreten, dass die Bildung von homogenen Leistungsklassen erforderlich ist, um angemessen auf die Verschiedenartigkeit der Schülerinnen und Schüler reagieren zu können. Da die Grundschule aber seit ihrer Gründung als gemeinsame Schule existiere und damit über eine sehr heterogene Schülerschaft verfüge, müsse sie mit dieser Aufgabe angemessen umgehen (Faust-Siehl et al., 1996; vgl. Abschnitt 1.1).

2.1 Differenzierung im Mathematikunterricht der Grundschule

Auf Grundlage der Erkenntnisse aus den Leistungsstudien (vgl. Abschnitt 1.3) und der aktuellen heterogenen Situation in den Grundschulen ergibt sich für die Mathematikdidaktik die Notwendigkeit der Entwicklung von Differenzierungs- konzepten, um alle Kinder auf ihrem individuellen Leistungsniveau entsprechend zu fördern. Die Ergebnisse der vorgestellten Studien weisen darauf hin, dass ins- besondere die Lernenden im sehr niedrigen und sehr hohen Leistungsspektrum in den Blick genommen werden müssen (vgl. Abschnitt 1.3).

Fachspezifisch herrscht Konsens darüber, dass das Mathematiklernen auf den Austausch und das Aushandeln von Sichtweisen über Prozesse und Pro- dukte angewiesen ist. Individuelle Denkwege, Vorgehensweisen, Interessen und Darstellungen geben nach Rathgeb-Schnierer und Rechtsteiner (2018) den unter- schiedlichen Leistungsmöglichkeiten Raum und fördern diese. Diese Art des gemeinsamen Mathematikunterrichts wird nach Wittman (1996) durch eine Öff- nung des Unterrichts vom Fach her ermöglicht. Ein besonderes Augenmerk liegt bei der fachspezifischen Differenzierung auf dem Schwierigkeitsgrad und der Individualisierung. Einigkeit herrscht in der Mathematikdidaktik darüber, dass diese nicht in einer Vereinzelung der Lernenden münden darf (Wittmann, 1996; Rathgeb-Schnierer und Rechtsteiner, 2018; Rathgeb-Schnierer, 2006; Hirt und Wälti, 2010). Dabei ist nach Brügelmann (2011) besonders zu berücksichtigen, dass die „Individualisierungsfalle" vermieden wird (Selter et al., 2016). Dies bedeutet, dass das gemeinsame und soziale Lernen nicht vernachlässigt wer- den darf, indem ein individuelles Leben und Lernen nebeneinanderher angestrebt werden (Brügelmann, 2011; Pape, 2016; Brunner et al., 2019; Korten, 2020).

In der mathematikdidaktischen Diskussion herrscht Konsens darüber, dass eine Balance zwischen individueller Auseinandersetzung mit dem Unterrichts- gegenstand und dem sozialen Austausch eine Chance für den Umgang mit Heterogenität im Mathematikunterricht der Grundschule bietet (Nührenbörger und Pust, 2006; Rathgeb-Schnierer und Rechtsteiner-Merz, 2010). Nach Rathgeb- Schnierer und Feindt (2014) ist das miteinander und eigenständige Lernen eine Verbindung zwischen individualisiertem und gemeinsamem Lernen. Jedes Kind arbeitet auf seinem Niveau, aber an einem gemeinsamen Gegenstand. Die Chance auf Lernprozesse liegt nach Rathgeb-Schnierer und Feindt (2014) in der Ver- bindung der Phasen des gemeinsamen und des eigenständigen Lernens. Nach Schütte (2004) ist die Balance aus eigenständigem und miteinander Lernen eine zentrale Leitidee der Mathematikdidaktik und darf nicht nur auf das Helferprin- zip ausgerichtet sein. Vielmehr geht es um den Austausch vielfältiger Gedanken und Überlegungen, die ein Lernangebot initiiert. Ziel des Austauschs sei es, sich wechselseitig die eigenen Ideen, Lösungswege und Entdeckungen verständlich mitzuteilen und die Gedanken der anderen nachzuvollziehen. Hierdurch kann nach Schütte (2004) eine intensive Auseinandersetzung mit mathematischem Sachverhalten stattfinden (Schütte, 2004; Korff, 2015; Brunner, 2019). Kooperative Aktivitäten, wie der Austausch über mathematische Inhalte, können laut Schütte (2008) das Arbeitsniveau der Lernenden heben, indem sie versuchen, neue Erkenntnisse zu verstehen, eine Gegenposition einnehmen oder ganz konkrete Nachfragen stellen. Kamii (1989) formuliert in diesem Zusammenhang vier Prinzipien, die das eigenständige und gemeinsame Lernen unterstützen und für den Umgang mit Heterogenität demzufolge von Bedeutung sind:

1. Die Kinder sollen ermutigt werden, ihr eigenes Vorgehen zu erfinden, statt ihnen die Lösung zu präsentieren.
2. Es sollen viele verschiedene Lösungswege für dasselbe Problem gefunden werden.
3. Die Kinder sollen im Austausch ihre Versuche und Ansichten formulieren, statt richtige Lösungen von Seiten der Lehrkraft zu verstärken und falsche Lösungen zu korrigieren.
4. Außerdem soll die Lehrkraft die Kinder unterstützen, indem sie ihre Gedanken an die Tafel schreibt und nicht von den Kindern verlangt, alles selbst aufzuschreiben.

Es wird davon ausgegangen, dass mithilfe von Differenzierung heterogenen Lerngruppen auf konstruktive, sachgerechte Weise mathematische Inhalte vermittelt werden können. Verschiedene Formen von Differenzierung, wie die äußere und innere, die methodische, mediale, quantitative, qualitative und inhaltliche, sind laut Krauthausen und Scherer (2016) für einen erfolgreichen Mathematikunterricht relevant und müssen betrachtet werden.

Zur äußeren Differenzierung gehören unter anderem Einteilungen von Gruppen aufgrund von Schul- oder Klassenstrukturen. Beispielsweise werden Fördergruppen gebildet, deren Teilnehmerinnen und Teilnehmer ein ähnliches Leistungsniveau für bestimmte Inhalte aufweisen. Nach Inckemann (2014) wird bei der Anwendung der äußeren Differenzierung eine heterogene Lernendengruppe nach bestimmten Kriterien in möglichst homogene Kleingruppen eingeteilt. Zu den Auswahlkriterien könne neben der Leistungsstärke beispielsweise das Interesse am Unterrichtsgegenstand gehören. Die gebildeten Kleingruppen können räumlich getrennt, auch zu unterschiedlichen Zeiten, von verschiedenen Lehrpersonen unterrichtet werden (Inckemann, 2014). Diese Einteilung in homogene

Kleingruppen geschieht auf der Bezugsebene der Schulsystemdifferenzierung (Schulstufen, Schularten, Schultypen, Schulzweige) und der Schuldifferenzierung, die sich nach Grunder (2009) auf die Einteilung der Lernenden innerhalb einer Schulart bezieht. Nach Tillmann und Wischer (2006) besteht das Ziel dieser Art der Differenzierung darin, eine möglichst homogene Lerngruppe herzustellen.

Den Aspekt, dass sich äußere und innere Differenzierung keineswegs ausschließen, betonten Klafki und Stöcker bereits 1976. Demnach kann nach Klafki und Stöcker (1976) eine Lerngruppe aufgrund äußerer Differenzierungskriterien gebildet worden sein, aber nach Prinzipien der inneren Differenzierung unterrichtet werden.

Die Binnendifferenzierung, auch als innere Differenzierung bezeichnet, wird in der Mathematikdidaktik für die Grundschule als angemessen erachtet (Bönsch, 2004; Walgenbach, 2017; Erhardt und Senn, 2019), denn es bleibt der heterogen zusammengesetzte Klassenverband erhalten. Es wird davon ausgegangen, dass bei der Binnendifferenzierung, im Gegensatz zur äußeren Differenzierung, im Sinne des sozialen Lernens ein wechselseitiges von- und miteinander Lernen zum Erreichen der Lernziele führt (vgl. Abschnitt 1.2; Rathgeb-Schnierer und Rechtsteiner, 2018; Weskamp, 2019; Korten, 2020; Oechsle, 2020). Die Binnendifferenzierung gehört nach Krauthausen und Scherer (2007) besonders in der Grundschule zum grundlegenden mathematikdidaktischen Repertoire.

In der Unterrichtspraxis findet nach Schäfer (2011) u. a. die Binnendifferenzierung innerhalb der Lerngruppe in unterschiedlichen Formen Anwendung (Krauthausen und Scherer, 2016; Häsel-Weide, 2016; Nührenbörger und Pust, 2016). Bezugnehmend auf Schäfer (2011) werden die verschiedenen Formen auf unterschiedlichen Ebenen mit ihren möglichen didaktischen Umsetzungen dargestellt. Auf der qualitativ-inhaltlichen Ebene wird nach Schäfer (2011) ein Fundament für alle Schülerinnen und Schüler geschaffen. Es werden dabei differenzierte Ziele und Schwierigkeiten eingeplant sowie die Komplexität der Aufgaben unterschieden. Auf dieser Ebene können die Lehr- und Lernziele sowie auch die Auswahl und Reihenfolge der Aufgaben variieren. Es findet nach Schäfer (2011) eine inhaltliche Differenzierung statt.

Die quantitative Differenzierung als weitere Ebene bezieht sich auf den Zeitaufwand. Der zeitliche Umfang kann nach Schäfer (2011) und Krauthausen und Scherer (2016) verändert werden, sodass die gleiche Zeit für einen unterschiedlichen Inhaltsumfang oder unterschiedliche Zeit für den gleichen Inhaltsumfang angeboten wird.

Die Differenzierung der Arbeitsmittel und Medien (z. B. Schulbücher, Arbeitsblätter, Tablets) wird von Schäfer (2011) u. a. als mediale Differenzierung

bezeichnet und ermöglicht das Lernen auf verschiedenen Ebenen beispielsweise bei Handlungen, Spielen, Darstellungen, Veranschaulichungen, Sprache,
Symbolen, Zeichen und mit diversem Material (Moser Opitz, 2010).

Die soziale Differenzierung kann im Bereich der Arbeits- und Sozialformen
stattfinden, unter anderem in der Einzel-, Partner- oder Gruppenarbeit, beim
Helfereinsatz und auch bei der Sitz- und Raumgestaltung (Schäfer, 2011; Krauthausen und Scherer, 2016). Um die didaktisch-methodische Differenzierung im
Mathematikunterricht umzusetzen, können nach Schäfer (2011) unterschiedliche Anforderungen an Vorwissen, an mathematische Beziehungen und logische
Strukturen gestellt werden. Auf dieser Ebene befinden sich Variationen der Lernschritte, Lernhilfen, Lehrerhilfen und Partnerhilfen. Der methodische Zugang und
das didaktische Modell (z. B. Lehrgang, Projektarbeit) können ebenfalls eine Art
der didaktisch-methodischen Differenzierung bedeuten sowie die Art und Form
der Verbalisierung und die Variation der Aufgabengestaltung (Schäfer, 2011;
Krauthausen und Scherer, 2016).

Zur Analyse von Binnendifferenzierung geben Leuders und Prediger (2017)
vier Entscheidungsfelder an. Neben den bereits dargestellten Differenzierungsebenen werden drei weitere Bereiche genannt, die nach Leuders und Prediger (2017)
betrachtet werden müssen: die Differenzierungsziele, -aspekte und -formate
(ZAFE-Entscheidungsfelder für das Differenzieren; Leuders und Prediger, 2017,
S. 3–6). Nach Leuders und Prediger (2017) gehören zu einer systematischen
Analyse und reflektierenden Gestaltung von differenzierendem Mathematikunter-
richt der Blick auf die Unterrichtsphase, aber auch auf die Voraussetzungen der
konkreten Lerngruppe und die Lernziele in dieser Phase. Die Gestaltung einer
Lernsituation für eine heterogene Lerngruppe hängt demnach von verschiedenen
Faktoren ab. Diese vier Felder teilen sich nach Leuders und Prediger (2017) in die
Lernziele und die Voraussetzungen der Lerngruppe auf. Zu den Lernzielen gehört
das Entscheidungsfeld der Differenzierungsziele, die den Unterschieden in der
Lerngruppe gerecht werden, und das Differenzierungsformat, mit dem Adaptivi-
tät hergestellt wird (gesteuert durch die Lehrkraft oder durch die Lernenden). Die
Voraussetzungen werden durch die Frage nach den Differenzierungsaspekten und
damit nach der Auflösung des Gleichschritts beachtet. Außerdem umfasst dieser
Bereich das Entscheidungsfeld der Differenzierungsebene, zu dem die Auswahl
der Aufgaben, Methoden und Strukturen gehört.

Bei allen didaktischen Möglichkeiten, die sich für Differenzierung im Mathe-
matikunterricht der Grundschule anbieten, darf nach Käpnick (2016) sowie
Krauthausen und Scherer (2016) nicht vergessen werden, dass die Ziele des
Unterrichts häufig von extern festgelegt werden (u. a. Schulbuch, Arbeitsmaterial,

Lehrperson) und damit eine Einschränkung gegeben ist. Die Empfehlung vieler Publikationen, ein Lernangebot mit unterschiedlichen Schwierigkeitsstufen zu schaffen, gestaltet sich laut Käpnick (2016) und Krauthausen und Scherer (2016) unter den gegebenen Voraussetzungen oft schwierig. Hinzu kommt, dass es meist nicht einfach ist, den Schwierigkeitsgrad an bestimmten Kriterien festzumachen. Es kann sich nach Schäfer (2011) dabei um formal-syntaktische Kriterien handeln, die Bearbeitungszeit oder die zu bearbeitende Menge betreffend oder um inhaltliche. Die inhaltlichen Schwierigkeitsstufen zur Adaption von Aufgabenstellungen sind nach Schäfer (2011) und Korff (2015) schwieriger festzulegen, da sie subjektiv sind und mit Personen, Lernzeit und Inhalt variieren.

Ein weiterer kritischer Aspekt bei der Umsetzung binnendifferenzierender Konzepte ist die Frage nach der fachlichen Substanz. Diese wird nach Wittmann (1995) in allgemeindidaktischen Ansätzen kaum berücksichtigt. Meist verkörpern Materialien für „freie Arbeit" das Gegenteil. Nach Wittmann (1995) ist es keine Freiheit, wenn es nur darum geht, frei in ein Regal zu greifen und im Weiteren mit kleinschrittigen Aufgabenfolgen vollkommen festgelegt zu sein. Das Gleiche gilt für die „Selbstkontrolle", die meist in das eine Material eingebaut wurde (Wittmann, 1995, S. 159). Das zur Differenzierung in offenen Unterrichtssituationen genutzte Material sollte nicht dem Selbstzweck dienen, sondern vielmehr die Lernenden auf ihrem Leistungsniveau unterstützen und fordern (Fetzer, 2015; Zerrenner und Lindmeier, 2016; Krauthausen und Scherer, 2016). Methodisch-didaktische Fragestellungen werden laut Wittmann (1996) häufig vernachlässigt und allgemein-pädagogische sowie organisatorisch-methodische Fragen in den Mittelpunkt gestellt. Im Zentrum der Überlegungen stehen nicht die fachlichen Inhalte und die Spezifika der Lerngegenstände. In Wittmanns „Plädoyer für die Öffnung des Unterrichts vom FACH" (Wittmann, 1996; Großschreibung im Original) spricht er von einem gut überlegten fachlichen Rahmen. Dieser wird durch die Herausarbeitung fundamentaler Ideen der wichtigen Stoffgebiete und durch die Formulierung fachlich ergiebiger Probleme und Aufgaben gebildet und kann dann zu produktiveren Leistungen der Kinder führen (Wittman, 1996). Dabei darf nach Klafki (2007) ein individualistisch-wettbewerbsorientiertes Leistungsverständnis anstelle einer aufgaben- und problembezogenen, intrinsischen Leistungsmotivation nicht das Ziel sein. Vielmehr gehe es darum, den demokratisch verstandenen Leistungsbegriff zu fördern, indem sich an der Lösung gemeinsamer Aufgaben und am Prinzip der Solidarität einer lernenden Gruppe orientiert wird.

„Die individuelle Leistung sollte primär an ihrem Beitrag zur Lösung gemeinsamer Aufgaben gemessen werden und zugleich an ihrem Beitrag zum Lernfortschritt aller

Mitglieder einer Gruppe. Anderen helfen zu können; einen methodischen Schritt bei einer Problemlösung so erklären zu können, dass alle in der Gruppe ihn mitvollziehen und gemeinsam an der Weiterarbeit teilnehmen können; Kritik üben zu können, ohne zu dominieren, vielmehr als produktiven Beitrag zur gemeinsamen Bewältigung eines Problems" (Klafki, 2007, S. 230 f.).

Resümierend kann festgehalten werden, dass der Einsatz von Lernangeboten wünschenswert ist, die ein von- und miteinander Lernen sowie unterschiedliche Schwierigkeitsniveaus in natürlicher Weise ermöglichen. Die Leistungsniveaus werden dabei bestenfalls nicht im Voraus festgelegt, sondern ergeben sich bei der Bearbeitung. Die Schülerinnen und Schüler erhalten dadurch die Möglichkeit, auf ihrem individuellen Leistungsniveau zu arbeiten. Diese Art der Lernange-bote wird in verschiedenen mathematikdidaktischen Werken thematisiert und ihre Durchführung erläutert (u. a. Rathgeb-Schnierer und Feindt, 2014; Krauthausen und Scherer, 2016; Nührenbörger und Pust, 2016). Die Tatsache, dass diese Lern-angebote zu Lernerfolg bei Kindern mit unterschiedlichen Lernvoraussetzungen führen können, stützen Befunde aktueller empirischer Studien, die im Folgenden vorgestellt werden (u. a. Korten, 2020; Korff, 2015; Brunner et al., 2019; Oechsle, 2020; Gysin, 2017; Weskamp, 2019; Stöckli, 2019).

2.2 Natürliche Differenzierung im Mathematikunterricht der Grundschule

„[...] eine Differenzierung vom Kind aus [...]: Die gesamte Lerngruppe erhält einen Arbeitsauftrag, der den Kindern Wahlmöglichkeit bietet. Da diese Form der Differen-zierung beim ‚natürlichen Lernen' außerhalb der Schule eine Selbstverständlichkeit ist, spricht man von ‚natürlicher Differenzierung'." (Wittmann, 2004, *S. 15)*

Der Begriff „natürliche Differenzierung" geht auf Wittmann (1990, S. 159) zurück, der damit auf eine ganzheitliche Erarbeitung von Themen und auf ein Lernen in Sinnzusammenhängen zielte. Wie im Zitat dargestellt, findet dabei die Differenzierung auf natürliche Art und Weise statt (Wittmann, 2004). Im Umgang mit der Leistungsheterogenität im Mathematikunterricht der Grund-schule wird die natürliche Differenzierung schon seit vielen Jahren als ange-messene Methode diskutiert (u. a. Wittmann und Müller, 1996; Wittmann, 1996; Krauthausen und Scherer, 2016; Nührenbörger und Pust, 2016). Die Einigkeit in der mathematikdidaktischen Forschung, die natürliche Differenzierung als adäquate Möglichkeit zum Umgang mit Heterogenität anzusehen, schreibt die-sem Konzept eine hohe Relevanz für den aktuellen Mathematikunterricht in der

Grundschule zu. Aufgrund dieser Relevanz und verschiedener Forschungsdeside-
rate (vgl. Abschnitt 5.1) findet die natürliche Differenzierung in der vorliegenden
Forschung Verwendung und wird als ein zentraler Schwerpunkt der Arbeit analysiert. In diesem Abschnitt wird zunächst auf die Definition, die Begriffsklärung
und die Merkmale des Konzepts der natürlichen Differenzierung eingegangen.
Anschließend wird das Konzept in einem lerntheoretischen Rahmen verortet,
um abschließend auf die didaktischen Grundannahmen und empirischen Befunde
im Zusammenhang mit natürlicher Differenzierung und hieraus resultierenden
Ansprüchen an die Umsetzung im Unterricht einzugehen.

2.2.1 Definition und Begriffsklärung

In der mathematikdidaktischen Diskussion wird davon ausgegangen, dass das
Konzept der natürlichen Differenzierung im Mathematikunterricht die Öffnung
für Lösungswege, Darstellungsformen, Sozialformen, Hilfsmittel und Bearbeitungsniveaus unterstützt und damit ein angemessenes Angebot für heterogene
Lerngruppen darstellt (Schütte, 2008; Krauthausen und Scherer, 2010; Nührenbörger und Pust, 2016; Rathgeb-Schnierer und Rechtsteiner, 2018; Jütte und
Lüken, 2021). Der gemeinsame Lerngegenstand, wie er bei den natürlich differenzierenden Lernangeboten vorgesehen ist, bildet laut Rathgeb-Schnierer und
Rechtsteiner-Merz (2010) die Grundlage für ein eigenverantwortliches, selbstständiges und zugleich kooperativ-kommunikatives Mathematiklernen. Dies bedeutet
nach Hirt und Wälti (2010), dass die Konstruktion mathematischen Wissens
in Wechselwirkung mit den sozialen Lernprozessen der Kinder sowie der
gemeinsamen Kooperation und Kommunikation steht.

In einer Kurzdefinition fassen Krauthausen und Scherer (2010) das Konzept
der natürlichen Differenzierung zusammen:

> „Natürliche Differenzierung bezeichnet im schulischen Kontext ein Konzept für Auf-
> gabenstellungen im Fach Mathematik. Konstitutiv ist, dass alle Kinder das gleiche
> Lernangebot erhalten, dieses ausreichend komplex ist, eine fachliche Rahmung gege-
> ben ist, Schwierigkeitsgrad, Wege, Hilfsmittel und Darstellungsweisen frei vom Kind
> gewählt werden dürfen und gemeinsames Lernen möglich ist" (Krauthausen und
> Scherer, 2010a, S. 5 f.).

Der Begriff der natürlichen Differenzierung impliziert zwei Aspekte: einerseits,
dass eine Differenzierung vorliegt (d. h. Lernende können unterschiedlich an
Unterrichtsinhalte herangehen); andererseits, dass diese Herangehensweise natürlich stattfindet (d. h. nicht vorbestimmt oder verordnet ist) (Berlinger und Dexel,

2017). Diese beiden Begriffe stehen zusammen für ein Konzept, das in der Literatur wiederum mit unterschiedlichen Begriffen in Verbindung gebracht wird. Für natürlich differenzierende Aufgaben existieren in der deutschsprachigen Mathematikdidaktik unterschiedliche Begriffe, wie beispielsweise substanzielle Lernumgebungen (Wittmann, 1995; Krauthausen und Scherer, 2016), gute Aufgaben (Selter, 2007; Leuders, 2009), Parallelisierung von Inhalten (Nührenbörger und Pust, 2016), mathematisch-ergiebige Lernangebote (Schütte, 2008; Rathgeb-Schnierer und Rechtsteiner, 2018) und offene Lernangebote (Schütte, 2008). Wenngleich die Bezeichnung unterschiedlich ist, sind die konstituierenden Merkmale gleich. Nach Krauthausen und Scherer (2016, S. 50 f.) kennzeichnen vier konstituierende Merkmale natürliche Differenzierung: Das erste Merkmal bezieht sich auf das gemeinsame Lernangebot, das für die gesamte Lerngruppe konzipiert wird. Es wird eine Aufgabe mit einer Problemstellung für die gesamte Lerngruppe gestellt und nicht, wie in anderen Formen qualitativer innerer Differenzierung, mehrere Arbeitsaufträge auf unterschiedlichen Schwierigkeitsstufen angepasst an ein niedriges, mittleres und hohes Leistungsniveau. Für das Arbeiten an einem gemeinsamen Lerngegenstand werden keine verschiedenen Arbeitsblätter und Materialien benötigt. Ein weiteres Merkmal ist eine inhaltliche ganzheitliche und hinreichende Komplexität des Lernangebots. Dieses zweite Merkmal bedeutet nicht, dass das Lernangebot besonders kompliziert sein muss. Vielmehr benötigt es nach Wittmann und Müller (2004) eine mathematische Tiefe, damit auf unterschiedlichen Schwierigkeitsstufen gearbeitet werden kann. Bei der Auswahl des Lernangebots bildet demnach die fachliche Rahmung ein wichtiges Kriterium. Das Ziel einer gut überlegten fachlichen Rahmung liegt darin, eine Fragestellung mit unterschiedlichen Schwierigkeitsgraden zu bieten. Erst durch die Planung der fachkompetenten Lehrkraft kann nach Krauthausen und Scherer (2016) das dritte Merkmal zum Tragen kommen, indem die Lernenden die gewünschten Freiheitsgrade im Hinblick auf die Durchdringungstiefe, die Dokumentationsformen, die genutzten Hilfsmittel und die Lösungswege nutzen können. Das vierte Merkmal bezieht sich auf das soziale Lernen, das durch einen Austausch stattfindet und damit nach Rathgeb-Schnierer und Feindt (2014) ein von- und miteinander Lernen ermöglicht (Krauthausen und Scherer, 2016).

Im internationalen Kontext wird der Begriff der natürlichen Differenzierung nicht genutzt. Dennoch gibt es vielfältige Ansätze zum Umgang mit Leistungsheterogenität, bei denen ebenfalls die Idee der natürlichen (von selbst entstehenden) Differenzierung verfolgt wird. Flewelling und Higginson (2001, S. 5) sowie Griffin (2009, S. 32) sprechen von „rich (learning) tasks", die disziplinbezogenes, aber auch fächerübergreifendes Lernen sowie das Anwenden alternativer

Strategien, Vorgehensweisen und die Bearbeitung auf unterschiedlichen Niveaus ermöglichen. Grabinger und Dunlap (1995, S. 5) beschrieben Kriterien für „rich environments for active learning" (kurz: REALs). Das Fundament dieses Aufgabenkonzepts bilden konstruktivistische Theorien. Es zeichnet sich u. a. durch Merkmale wie Komplexität, Herausforderung von Denkprozessen und Auseinandersetzung mit Themen unter verschiedenen Perspektiven zur Vernetzung von bereits vorhandenem und neuem Wissen aus. Die von Small (2017, S. 25) beschriebenen „open tasks" besitzen Parallelen mit „offenen Lernangeboten" (Schütte, 2008, S. 89). Nach Small (2017) ist das bedeutendste Ziel in Bezug auf Differenzierung das Eingehen auf die unterschiedlichen Bedürfnisse der Lernenden einer Lerngruppe und das damit verbundene Vorhaben, ihnen damit unterschiedliche Vorgehensweisen, Lösungsprozesse und Strategien zu ermöglichen. Begleitet wird dies durch sogenannte „open questions" (Small, 2017, S. 7). „A question is open when it is framed in such a way that a variety of responses or approaches are possible" (Small, 2017, S. 7). Hiermit werden ebenfalls unterschiedliche Antworten und Herangehensweisen ermöglicht. Das Format der „parallel tasks" (Small, 2017, S. 11) weist Ähnlichkeiten mit „strukturgleichen Aufgaben" (Walter und Dexel, 2020, S. 72) und der „Parallelisierung" von Aufgaben auf (Nührenbörger und Pust, 2016, S. 22). Eine weitere Gemeinsamkeit liegt im zentralen Aspekt des Aufgabeninhalts, den Small (2917, S. 4) als „big ideas" bezeichnet, die für die fundamentalen Ideen der Mathematik stehen.

Natürliche Differenzierung wird international und national diskutiert und mit unterschiedlichen Begriffen gefasst. Allerdings verfügen alle über gemeinsame Gesichtspunkte, die für das Konzept der natürlichen Differenzierung zentral sind. Dazu gehört das Vorhandensein unterschiedlicher Anspruchsniveaus, die sich natürlich bilden lassen. In der vorliegenden Arbeit dienen die genannten Merkmale der Definition von natürlicher Differenzierung und entsprechen den vier konstituierenden Merkmalen, die Krauthausen und Scherer (2016) für das Vorhandensein von natürlicher Differenzierung aufstellten.

2.2.2 Der lerntheoretische Rahmen

Das Konzept der natürlichen Differenzierung basiert auf aktiv-entdeckendem Lernen, das auf Wittmann (1995) zurückgeht und auf einem Verständnis von konstruktivistischem Lehren und Lernen gründet. Der Begriff Konstruktivismus wird in einer Vielzahl erkenntnistheoretischer, lerntheoretischer und didaktischer Ansätze diskutiert (u. a. von Glasersfeld, 1998; Gerstenmayer und Mandl, 1995;

Carpenter, 1999; Reusser, 2006). Nach Reusser (2006) werden drei Ansätze unterschieden, die im Bezug zum pädagogisch-didaktischen Konstruktivismus stehen: der philosophische, der erkenntnispsychologische und der soziale bzw. soziokulturelle Konstruktivismus (Reusser, 2006; Gerstenmayer und Mandl, 1995). Ein gemeinsames zentrales Merkmal der verschiedenen lerntheoretischen Perspektiven ist ein Wissenserwerb, der nicht als passiver Vorgang verstanden wird. Vielmehr ist Lernen ein „kumulative[r] [...] Aufbau von immer komplexer werdenden Wissens- und Denkstrukturen" (Reusser, 2006, S. 154). Der verstehensbezogene Aufbau von Wissensstrukturen entsteht durch ein multiples, vernetztes bereichsspezifisches Vorwissen. Diese Wissensstrukturen lassen sich nach Reusser (2006) auf neue Situationen am besten anwenden, wenn sie durch ein eigenständiges Problemlösen durchgearbeitet und konsolidiert wurden. Alle Konstruktionsschritte, die zu neuem Wissen führen, werden nach Siebert (1999) von den Lernenden individuell in sozialen Bezügen eigenständig vollzogen. Eine Erweiterung des kognitiv-konstruktivistischen Lernverständnisses um die soziale Perspektive geschieht laut Reusser (2006) durch das Lernen in sozialen Rahmungen und Einbettungen.

Die lerntheoretische Grundlage der natürlichen Differenzierung bildet der kognitions- und entwicklungspsychologische Kostruktivismus, erweitert durch die sozial-konstruktivistische Perspektive (Reusser, 2006). In diesem Sinne werden die Lernenden nicht als passives Objekt angesehen, sondern als aktives Subjekt, das Wissen selbstständig konstruiert. Die zu verarbeitenden Informationen aus der Umwelt werden von den Lernenden selbst hergestellt und sind nicht objektiv (u. a. Konrad, 2014; Mietzel, 2007). Informationen werden von Lernenden aus der Umwelt aufgenommen und auf der Grundlage des eigenen Vorwissens gedeutet und verarbeitet. Nach Wittmann (2006) ist Wissenskonstruktion immer abhängig von bereits vorhandenem Wissen, aktiver Beteiligung und von der Umwelt. Skorsetz et al. (2021) bestätigen in ihrer Analyse zu Fachlichkeit im Sachunterricht, dass Lernprozesse (auch außerhalb der Mathematik) durch Aushandeln, Begründen und das Überprüfen eigener Vorstellungen angebahnt und nicht durch träges Wissen, das ungenutzt bleibt, aufgebaut werden (Renkl, 1996). In einem Mathematikunterricht, der in diesem Sinne das Lernen fördert, sind nach Korten (2020) eine aktive Beteiligung aller Kinder und die Berücksichtigung ihrer individuellen Lernvoraussetzungen erforderlich.

Im Mathematikunterricht einer heterogenen Lerngruppe spielen laut Korten (2020) die Vorerfahrungen, das kognitive Potenzial, die Motivation und das Interesse eine große Rolle, um auf individuelle und zieldifferente Weise Inhalte zu erkunden und zu entdecken. Ausgehend von den Aspekten des konstruktivistischen Lernens entwickelte sich das Konzept des aktiv-entdeckenden Lernens

(u. a. Wittmann, 1995, 2006). Dieses Konzept ist tief in der Grundschulmathe-matik verwurzelt und im Einklang mit Erkenntnis- und Problemlöseprozessen (Wittmann, 1995). Grundsätzlich werden Unterrichtsinhalte entsprechend dem konstruktivistischen Grundgedanken den Lernenden nicht beigebracht, sondern diese werden von den Schülerinnen und Schülern selbst erworben. Mathema-tik entsteht laut Wittmann (1995) nur in der eigenen Auseinandersetzung mit mathematischen und außermathematischen Problemen und Aufgaben. Das aktiv-entdeckende Mathematiklernen wird demnach als konstruktiver entdeckender Prozess aufgefasst. Für den Kompetenzerwerb im Mathematikunterricht sind nach diesem Ansatz nicht nur vorgegebene logische Begriffsstrukturen maßgebend, sondern vielmehr mathematische Erkenntnisprozesse in sinnvollen Problemsitua-tionen. Die Schülerinnen und Schüler stehen vor der Aufgabe, selbst die Initiative zu ergreifen und sich aktiv mit dem Stoff auseinanderzusetzen. Für die Lehren-den besteht nach Wittmann (2006) die Aufgabe darin, die Lernendenaktivitäten zu organisieren und moderieren und nicht den Stoff zu vermitteln. Das Lernen in Sinnzusammenhängen ist für einen bewussten und aktiven Konstruktionsprozess notwendig.

Unter den Ansätzen der sozial-konstruktivistischen Lerntheorie wird eben-falls der Begriff der adaptiven Lernumgebungen verortet (Parsons et al., 2018). Ein zentrales Ziel ist hier die Herstellung einer Passung zwischen dem Lern-angebot und den individuellen Voraussetzungen der Lernenden, wie dies auch für die natürliche Differenzierung verfolgt wird (Corno, 2008; Hardy et al., 2019; Hardy et al., 2020). Adaptiver Unterricht wird als „socially constructed as teachers metacognitively reflect on students' needs before, during, and after instruction" dargestellt (Parsons et al., 2018, S. 209). Parsons et al. (2018) heben damit die Wichtigkeit der Kenntnis über individuelle Lernvoraussetzungen in jeder Unterrichtsphase und über Lernprozesse hervor.

Nach Corno (2008) werden adaptive Lernumgebungen auf zwei Ebenen betrachtet. Einerseits wird die Makroebene, die das Curriculum umfasst und auch Differenzierungsmaßnahmen beinhaltet, in den Blick genommen. Andererseits ist die Mikroebene von Interesse, die für die prozessbezogene Anpassung der Lehrkraft-Lernenden-Interaktion steht (Hardy et al., 2019; Hardy et al., 2020). Eine weitere Unterscheidung nehmen Hardy et al. (2019) vor, indem sie inten-dierte und implementierte Adaptivität unterscheiden. Die Unterrichtsplanung, die an die Lernvoraussetzungen und daraus resultierenden Differenzierungsmaß-nahmen angepasst wird, erlangt intendierte Adaptivität. Das Aufgreifen von Lernaktivitäten, bei denen sich eine Übereinstimmung von Intention und situativer Umsetzung ergibt, bezeichnen Hardy et al. (2019) als implementierte Adaptivität.

Beim Blick auf die Makroebene lassen sich verschiedene Differenzierungsebenen unterscheiden, die ebenso bei der natürlichen Differenzierung vorhanden sind (Hardy et al., 2020; vgl. Abschnitt 2.2.1). Das Spannungsfeld zwischen Individualisierung und sozialem Kontext zeigt sich im adaptiven Unterricht wie auch bei der natürlichen Differenzierung. Der Blick muss auf die individuellen Lernvoraussetzungen gelegt werden, ohne dass die soziale Komponente verloren geht und der Wissensaufbau durch weniger Austausch leidet (Hardy et al., 2020; Reusser, 2006). Die Differenzierungsangebote verfolgen das Ziel, die Bearbeitungsprozesse der Lernenden angemessen zu unterstützen, was eine Herausforderung für adaptiven Unterricht darstellt. Eine weitere Herausforderung entsteht nach Hardy et al. (2020) durch das Bilden angemessener Lernniveaus, um eine Unter- oder Überforderung zu vermeiden. Außerdem spiele ein motivierendes und wertschätzendes Unterrichtsklima eine entscheidende Rolle. Auf der Mikroebene stellt sich nach Hardy et al. (2020) der ständige Überblick über das Verständnis- und Motivationsniveau der Lernenden dar. Während des Unterrichts kann dieser durch die Diagnose von Lernendenäußerungen oder -verhalten sowie Einblicke in Arbeitsergebnisse erzielt werden, um mit adäquater Unterstützung zu reagieren.

Hardy et al. (2019) stellten fest, dass eine größere Präzision und Abstimmung der konzeptionellen und methodischen Ansätze erforderlich ist, um die Herausforderungen eines adaptiven Unterrichts zu erfüllen.

Für den Umgang mit heterogenen Lerngruppen zeigen sich Parallelen zwischen dem adaptiven Unterrichtskonzept und dem Konzept der natürlichen Differenzierung. Zentral sind die beiden Ebenen, die explizit betrachtet werden: die Ebene der Differenzierungsmöglichkeiten mit angemessenem Lernniveau (Makroebene) und die Ebene der prozessbezogenen (natürlich differenzierenden) Anpassung (Mikroebene). Im Unterschied zum adaptiven Unterricht findet die Anpassung des Schwierigkeitsniveaus bei der natürlichen Differenzierung durch eine entsprechende Aufgabenstellung „natürlich" statt (Wittmann, 2004).

2.2.3 Didaktische Ansprüche

Grundsätzlich entspricht die Gestaltung eines natürlich differenzierenden Unterrichts den Anforderungen an guten Unterricht (Helmke, 2012; Meyer, 2011; Reusser et al., 2010). Die weiteren Ansprüche an ein Lernangebot, das eine natürliche Differenzierung beinhaltet, leiten sich aus den genannten Merkmalen für natürliche Differenzierung ab (vgl. Abschnitt 2.2.1). Guter Unterricht im Allgemeinen beinhaltet nach Helmke (2012) und Meyer (2011) eine klare Strukturierung. Dazu gehören die Einteilung in sinnvolle Unterrichtsschritte, klare

Zielvorstellungen und Aufgabenformulierungen. Ebenso stellt die inhaltliche Klarheit ein wichtiges Kriterium dar. Hier spielen die Vernetzung mit dem Vorwissen und die Verständlichkeit der Aufgabenstellung eine große Rolle. Die Basis guten Unterrichts ist nach Meyer (2011) und Helmke (2012) ein lernförderliches Klima, das sich durch gegenseitiges Respektieren, Verlässlichkeit, Hilfsbereitschaft und Verantwortungsübernahme auszeichnet. Dies bestätigen Ergebnisse einer internationalen und schweizerischen Videostudie zum Mathematikunterricht von Reusser et al. (2010). Befunde dieser Studie zeigen, dass sich das positive Unterrichtserleben ebenfalls positiv auf das Lernen auswirkt. Das selbstständige Lernen, individuelle Förderung und damit einhergehend auch ein intelligentes Üben sind nach Helmke (2012) und Meyer (2011) weitere Merkmale guten Unterrichts. Die Sicherung der Ergebnisse und zügige Rückmeldungen gehören zum Abschluss des Unterrichts und sind unverzichtbar (Meyer, 2011; Helmke, 2012). Nach Reusser et al. (2010) zeigen Schülerinnen- und Schülerorientierung, Individualisierung und autonomieunterstützende Unterrichtsorganisation einen sichtbaren Erfolg im Lernprozess. Deshalb sollte im Sinne der Unterrichtsqualität nicht auf diese Organisationsformen verzichtet werden (Reusser et al., 2010). Die Schülerinnen- und Schülerorientierung stellen ebenfalls Krauthausen und Scherer (2014) sowie Rathgeb-Schnierer und Rechtsteiner-Merz (2010) durch das Einbeziehen von Interessen und Vorerfahrungen der Kinder heraus, was ebenfalls für guten Unterricht im Allgemeinen gilt und einen zentralen Aspekt im adaptiven Unterricht darstellt (Hardy et al., 2019; Hardy et al., 2020). Außerdem werden das mathematische Denken und Arbeiten sowie die Kommunikation über mathematische Inhalte angeregt. Der Fokus der Unterrichtsqualität bei natürlicher Differenzierung im Mathematikunterricht liegt auf der Fachdidaktik, ist allerdings mit den Merkmalen für guten Unterricht zu verbinden (Meyer, 2011; Helmke, 2012) und weiteren Merkmalen zu ergänzen (Krauthausen und Scherer, 2016). Das Arbeiten auf verschiedenen Schwierigkeitsniveaus, worauf ebenfalls abgezielt wird, kann nach dem Konzept der natürlichen Differenzierung durch Aufgaben mit mathematischer Ergiebigkeit umgesetzt werden (u. a. Krauthausen und Scherer, 2014; Rathgeb-Schnierer und Rechtsteiner-Merz, 2010; vgl. Abschnitt 2.2.1). In der Mathematikdidaktik herrscht Konsens darüber, dass Lernangebote, die über mathematische Ergiebigkeit und Offenheit in der Bearbeitungsweise verfügen, zur Gestaltung von Unterricht in heterogenen Lerngruppen eingesetzt werden können und ein Arbeiten auf verschiedenen Schwierigkeitsniveaus ermöglichen (vgl. Abschnitt 2.2.1; Krauthausen und Scherer, 2016; Schütte, 2008; Rathgeb-Schnierer und Rechtsteiner, 2018).

Der gleiche Lerngegenstand beinhaltet unterschiedliche Anspruchsniveaus und ist von einer Offenheit der Inhalte geprägt. Die zentralen Ziele, fundamentalen Ideen und Prinzipien des Mathematiklernens bieten laut Wittmann (1996) dazu reichhaltige Möglichkeiten. Mathematische Aktivitäten können nach Krauthausen und Scherer (2016) bei diesem aufgabenbezogenen Ansatz didaktisch flexibel an die Bedürfnisse der Lernenden angepasst werden. Die Gefahr, leistungsschwache Schülerinnen und Schüler zu über- und leistungsstarke zu unterfordern, entfällt, wenn laut Wittmann (1996) auf ein gleichschrittiges Vorgehen auf mittlerem Niveau verzichtet wird. Alle Lernenden, unabhängig von ihrem Leistungsniveau, können sich nach Wittmann (1995) bei der ganzheitlichen Erarbeitung mathematischer Themen nach ihren Möglichkeiten beteiligen, da Aufgaben mit unterschiedlichen Schwierigkeitsniveaus vorhanden sind. Dabei findet eine Differenzierung während der Bearbeitung des Lernangebots automatisch statt (Wittmann, 1995).

Peter-Koop et al. (2015) weisen darauf hin, dass in der Planung herauszuarbeiten ist, was das „fachlich Gemeinsame" für ein Lernangebot ist, um dann zu ermitteln, welche Bearbeitungsniveaus der Sache zugänglich sind. Außerdem muss im Voraus überlegt werden, wie Differenzierungsmaßnahmen methodisch gestützt werden können. Damit keine ungewollten Schwierigkeiten auftreten, werden wesentliche Begriffe und Grundregeln transparent festgehalten (Schütte, 2008; Peter-Koop et al., 2015). Ebenfalls muss nach Peter-Koop et al. (2015) über die Sozialformen in den verschiedenen Unterrichtsphasen nachgedacht werden, beispielsweise worin eine kooperative Arbeitsform bestehen kann und inwiefern diese sinnvoll ist (z. B. ein Austausch im Anschluss an die individuelle Arbeitsphase). Weiterhin müssen mediale und organisatorische Unterstützungsmaßnahmen vorbereitet und bereitgestellt werden (Peter-Koop et al., 2015). Speziell Kinder mit Förderbedarf im Lernen oder in der geistigen Entwicklung benötigen nach Gaidoschik et al. (2021) materielle Zugänge, die zur Verfügung gestellt werden müssen. Mit diesem Material wird die Anforderung verbunden, durch einen handelnden Umgang die mathematischen Zusammenhänge nachvollziehen zu können (Wittmann, 1994; Wittmann und Müller, 2017; Gaidoschik et al., 2021).

Um das Potenzial eines natürlich differenzierenden Lernangebots umfänglich auszunutzen, bedarf es nach Schütte (2008) nicht nur einer umfassenden Planung, sondern auch einer entsprechenden Unterrichtskultur, die durch eine Balance zwischen dem Lernen auf eigenen Wegen (Eigenkonstruktion) und dem Austausch von Lösungswegen, Vorgehensweisen und Entdeckungen gekennzeichnet ist (Rathgeb-Schnierer und Rechtsteiner-Merz, 2010). Diese Unterrichtskultur ist mit Ansprüchen an Lernende und Lehrende verknüpft, die sich gegenseitig bedingen. Das Lernen auf eigenen Wegen im Rahmen natürlich differenzierter Lernangebote erfordert zunächst Kreativität, um eigene Lösungswege zu entwickeln. Kreativität entsteht allerdings nicht automatisch, sondern erfordert eine gezielte Anbahnung und Ermutigung durch die Lehrperson (Krauthausen und Scherer, 2016). Des Weiteren sind laut Krauthausen und Scherer (2016) Ausdauer und Durchhaltevermögen entscheidende Faktoren für das erfolgreiche Bearbeiten eines natürlich differenzierenden Lernangebots (vgl. Abschnitt 4.2.1).

Die weiteren, speziellen Anforderungen an natürlich differenzierende Lernangebote beinhalten nach Wittmann (2004) u. a. eine niedrige Eingangsschwelle, durch die alle Kinder einen ersten Zugang in die Thematik finden. Ebenso müssen Herausforderungen für Leistungsstarke geboten werden, indem sich das Anspruchsniveau möglichst stufenlos regeln lässt (Wittmann, 2004; Hengartner, 2010; vgl. Abschnitt 2.2.1). Ein natürlich differenzierendes Lernangebot findet nach Rathgeb-Schnierer und Rechtsteiner-Merz (2010) u. a. in gemeinsamen Phasen als eigenverantwortliches, selbstständiges und kooperativ-kommunikatives Mathematiklernen statt (u. a. Nührenbörger und Pust, 2016; Gaidoschik et al., 2021; vgl. Abschnitt 2.2.5). In diesem Sinne schafft das Lernangebot nach Schütte (2008) sowie Rathgeb-Schnierer und Rechtsteiner (2018) die gewünschten inhaltlichen Diskussionsgrundlagen über Bearbeitungswege und Lösungen zur Begründung von Mustern und Strukturen und über Gültigkeitsbereiche.

Spiegel und Walter (2005, S. 235) sprechen von einer „Heterogenitätskompetenz", die aus individuellen Fähigkeiten besteht. Diese gibt den Lernenden die Möglichkeit, ihre eigenen, auf unterschiedlichem Niveau liegenden Denk- und Lösungswege zu gehen. Innerhalb der Unterrichtskultur unterstützen laut Krauthausen und Scherer (2016) eine offene Fragehaltung und ein Begründungsbedürfnis die individuellen Fähigkeiten und bauen diese aus.

2.2.4 Empirische Befunde

Die Ergebnisse aktueller Studien stützen die didaktische Forderung nach gemeinsamen Lernsituationen und untermauern die zentrale Stellung des gemeinsamen Lerngegenstands im Mathematikunterricht (u. a. Weskamp, 2019; Stöckli, 2019; Korten, 2020; Oechsle 2020). Einige Studien, die für das vorliegende Forschungsinteresse relevant sind und sich auf Differenzierung im Mathematikunterricht der Grundschule beziehen, werden im Folgenden vorgestellt. Anschließend werden Studien betrachtet, in denen sich speziell auf natürliche Differenzierung bezogen wird.

Korten (2020) zeigte in ihrer Studie zu gemeinsamen Lernsituationen im inklusiven Mathematikunterricht, dass ein mit- und voneinander Lernen in inklusiven Settings möglich ist. Dabei konnte eine individuelle zieldifferente Weiterentwicklung in interaktiv-kooperativen Lernsituationen nachgewiesen werden. Ergebnisse dieser Studie zeigen, dass aufgabenbezogene Interaktionen durch interaktive Impulse unterstützt werden. Diese Impulse müssen nach Korten (2020) nicht unbedingt von der Lehrkraft ausgehen, bedürfen aber einer Beachtung für die Unterrichtsplanung. Korten (2020) arbeitete in ihrer Untersuchung zu zieldifferentem Lernen am gemeinsamen Lerngegenstand des flexiblen Rechnens als ein zielführendes Gestaltungsmerkmal die „aufgabenbezogene Interaktionsanregung" (Korten, 2020, S. 348) heraus. Eine sogenannte „vorgeschaltete individuelle Phase" (Korten, 2020, S. 350) unterstützt die Anknüpfung an die jeweilige Lernausgangslage und trägt damit zu einem „Sich-Einbringen-Können" (Korten, 2020, S. 350) bei. Nach Korten wird im sich anschließenden Austausch mit heterogenen Partnern am gemeinsamen Lerngegenstand mit- und voneinander gelernt (Korten, 2020). Ebenfalls zeigen Befunde von Korten (2020), dass sich Kinder unterschiedlicher Lernausgangslagen in gemeinsamen Lernsituationen im inklusiven Mathematikunterricht in ihrem persönlichen Lernprozess weiterentwickelten.

Ebenso stellen Riegert und Rink (2016) in ihren Überlegungen zur Gestaltung von mathematischen Lernumgebungen in inklusiven Settings die zentrale Rolle des eigenständigen Erarbeitens und des miteinander Austauschens heraus.

Den Aspekt, dass das von- und miteinander Lernen in heterogenen Lerngruppen Chancen zur Verbesserung des Sozialverhaltens und der Ausbildung und Reifung kognitiver Strukturen und mathematischer Fähigkeiten birgt, stellten Gysin (2017), Weskamp (2019) und Korten (2020) in verschiedenen Studien zum Umgang mit Heterogenität fest. Beispielsweise weist Weskamp (2019) darauf hin, dass es im Rahmen von inhaltlich komplexen Lernumgebungen möglich ist, Lernenden Raum zu geben, um Vermutungen zu entwickeln und Folgerungen abzuleiten. Nach Oechsle (2020) stellt die Kooperation zwischen den Lernenden ein wichtiges didaktisches Element dar, das zur Realisierung eines Unterrichts am gemeinsamen Gegenstand benötigt wird.

Es wurden vielfach Studien durchgeführt, deren Befunde die Lernförderlichkeit kooperativer Aktivitäten stützen (u. a. Scherres, 2013; Gysin, 2017; Weskamp, 2019; Oechsle, 2020; Jütte und Lüken, 2021). In der mathematikdidaktischen Forschung werden der Austausch und das Aushandeln von Sichtweisen über Prozesse und Produkte als entscheidend zur Förderung mathematischer Fähigkeiten angesehen, da das Mathematiklernen auf diesen Austausch angewiesen ist (u. a. Scherres, 2013; Gysin, 2017; Weskamp, 2019; Oechsle, 2020; Jütte und Lüken, 2021).

Die Ergebnisse von Korff (2015) aus ihrer Interviewstudie zu inklusivem Mathematikunterricht in der Primarstufe zeigen, dass eine Weiterentwicklung des Mathematikunterrichts nur denkbar ist, wenn möglichst häufig ein von- und miteinander Lernen stattfindet, also eine Balance aus eigenem Handeln und sozialem Austausch ermöglicht wird. Die Planung der Lerninhalte stellt dabei allerdings große Herausforderungen an die Lehrkräfte, wie Korff (2015) in ihrer Interviewstudie mit Lehrkräften herausfand. Als schwierig kristallisierte sich u. a. heraus, dass eine Mitentscheidung der Lernenden über Inhalte zwar gewollt ist, die Auswahl der Inhalte allerdings nicht ausschließlich in Eigenverantwortung der Lernenden geschehen kann. Denn hierbei besteht nach Korff (2015) u. a. die Gefahr, dass keine Zusammenhänge zwischen den Lerninhalten hergestellt werden und die inhaltliche fachliche Substanz verloren geht. Nach Befunden von Korff (2015) und Brunner et al. (2019) ist die qualitativ-inhaltliche Ebene zentral, aber in ihrer Umsetzung sehr herausfordernd für Lehrkräfte.

Weitere Studien zeigen, dass auf dem Gebiet der Differenzierung im Mathematikunterricht der Grundschule noch Forschungsbedarf hinsichtlich der Inhaltsauswahl und -vorbereitung sowie der Partizipation der Lernenden besteht (Brunner et al., 2019; Oechsle, 2020). Beispielsweise wiesen Brunner et al. (2019) in ihrer ländervergleichenden Studie nach, dass Differenzierung vielmehr als organisatorische und weniger als inhaltlich differenzierende Aufgabe wahrgenommen wird. Methodische Formen der Differenzierung werden nach Brunner et al. (2019) und Stöckli (2019) häufiger praktiziert und der inhaltlichen Differenzierung vorgezogen. Ergebnisse von Brunner et al. (2019) zeigen, dass deutsche Lehrkräfte, im Vergleich zu den schweizerischen Kolleginnen und Kollegen, häufiger inhaltlich offen und in diskursiver Form im Unterricht agieren. Beide Teilgruppen schätzen jedoch den Aufwand für diese Art des Unterrichts deutlich höher ein als für herkömmlichen Unterricht. Nach Brunner et al. (2019) ist die Qualität des Unterrichts von der Planung und Durchführung der Lehrkraft abhängig. Da deren Interesse am Unterricht mit heterogenen Lerngruppen nach eigenen Angaben nicht größer ist, fehlt die Motivationsquelle für den deutlichen Mehraufwand. Hieraus könnte laut Brunner et al. (2019) längerfristig ein Absinken der Unterrichtsqualität in jahrgangsübergreifenden Klassen resultieren.

In der mathematikdidaktischen Diskussion herrscht Konsens darüber, dass natürliche Differenzierung einen möglichen Ansatz im Umgang mit Heterogenität darstellt. Die Forschungsbefunde hierzu sind vielfältig. Im Folgenden wird auf einige empirische Befunde eingegangen, die sich auf die Ansprüche an natürlich differenzierende Lernangebote und deren Gestaltung beziehen.

In der aktuellen Unterrichtspraxis tritt häufig die Form von Differenzierung auf, die zur Einteilung von homogenen Kleingruppen führt. Diese Beobachtung wird durch verschiedene empirische Studien gestützt, die auf einen Handlungsbedarf in der aktuellen Unterrichtspraxis hindeuten. Sonnleitner (2021) untersuchte in ihrer Studie die pragmatisch bedingte Initiierung und Implementierung von Jahrgangsmischung. Die in ihrer Interviewstudie befragten Lehrkräfte sehen besonders in sukzessiv aufgebauten Fächern, wie Mathematik, nur gelegentlich Möglichkeiten, mit der Gesamtgruppe am gemeinsamen Gegenstand zu arbeiten. Ähnliche Befunde zeigte die qualitative Studie zur inneren Differenzierung und zur Anleitung des Lernens von Pape (2016). Diese nahm didaktisches Handeln in jahrgangsheterogenen Grundschulklassen in den Fokus. Die Ergebnisse spiegeln eine Differenzierungssituation wider, die häufig über Abteilungsbildung erfolgt. Jedoch konnte ein einsetzender Einstellungswandel bei den Lehrkräften festgestellt werden, bei dem die Wahl des Unterrichtsinhalts für die Schulanfängerinnen und Schulanfänger auf komplexe Themen fiel. Damit wurde eine Selbstdifferenzierung für die Lernenden möglich.

Oechsle (2020) stellte bei der Analyse ihrer Fallstudien fest, dass Lehrkräfte natürliche Differenzierung mit einer höheren Klassenstufe als schwieriger, aber nicht als unmöglich erachten. Umso breiter das kognitive Leistungsspektrum einer Lerngruppe ist, desto eher müssen nach Meinung der Lehrkräfte die gemeinsamen Lernsituationen losgelöst von sonstigen Unterrichtsinhalten sein (Oechsle, 2020). Die gebildeten Kleingruppen bzw. Abteilungen erhalten zur Differenzierung häufig verschiedene Arbeitsaufträge mit unterschiedlichen Bearbeitungsniveaus und dürfen diese eventuell mit differenten Mitteln lösen (Pape, 2016; Sonnleitner, 2021; Moser Opitz, 2014). Diese Art der Aufgaben wird allerdings von der Lehrkraft zugewiesen und steht damit nicht im Zusammenhang mit einem aktiventdeckenden und sozialen Lernen nach konstruktivistischen Grundsätzen (vgl. Abschnitt 2.2.2). Die Differenzierung findet nach Wittmann (2004) in dieser Form von der Lehrkraft aus statt. Bei der Differenzierung vom Kind aus erhält die Gesamtgruppe einen Arbeitsauftrag, der verschiedene Wahlmöglichkeiten für die Vorgehensweise und Darstellungsweise bietet. Wittmann (2004) spricht in diesem Fall von natürlicher Differenzierung, da sich das natürliche Lernen außerhalb der Schule auf ähnliche Weise gestaltet (Wittmann, 2004).

Im Projekt NaDiMa (Natural Differentiation in Mathematics; 2008–2010; Krauthausen und Scherer, 2010) wurden die unterrichtlichen Einsatzmöglichkeiten von natürlicher Differenzierung videobasiert erforscht. Ergänzend zur Videostudie erfolgten Erhebungen zur Motivation durch unterschiedliche Instrumente (u. a. halbstandardisierte Interviews, standardisierter Test, Items aus TIMSS 2007[1]). Substanzielle arithmetische Lernumgebungen wurden konzipiert

---

[1] Bonsen et al., 2009

und dahingehend untersucht, ob natürliche Differenzierung mit diesen Konzepten umsetzbar ist. Am Beispiel der Lernumgebung „Rechendreiecke" wurden einführende und offene Aufgaben sowie operative und problemlösende Übungen erprobt (Krauthausen und Scherer, 2010). Bei der Nutzung entstehen nach Krauthausen und Scherer (2010) zwei typische Probleme, die zu untersuchen sind: einerseits die grundsätzliche Unsicherheit beim Umgang mit offenen Aufgaben und andererseits die Wahl des angemessenen Schwierigkeitsgrads. Die Ergebnisse zeigen außerdem, dass neben der Entwicklung allgemeiner Lernstrategien und einem Verständnis von Mathematik eine ebenso hohe intrinsische Motivation erlangt werden kann. Weiterhin konnte gezeigt werden, dass eine Differenzierung hinsichtlich der Problemlösestrategien und auch bei der Wahl des Zahlenmaterials stattfand. Es wurde festgestellt, dass ein Arbeiten auf unterschiedlichen Niveaus von den Lernenden angenommen wurde, wenn die substanziellen Lernumgebungen dies angeboten haben (Krauthausen und Scherer, 2010a; Krauthausen und Scherer, 2010).

In einer weiteren Studie im Rahmen des schweizerischen Förderkonzepts PRiMa (Produktives Rechnen im integrativen Mathematikunterricht) wurden Unterrichtseinheiten für ein drittes Schuljahr zur Unterstützung rechenschwacher Kinder im arithmetischen Bereich entwickelt und evaluiert (Stöckli et al., 2014). In ihrer quasi-experimentellen Studie zum gezielten Fördern, Differenzieren und trotzdem gemeinsamen Lernen stellten Stöckli et al. (2014) Überlegungen zum inklusiven Mathematikunterricht an. Um innerhalb einer Lerngruppe differenzierte Förderung anzubieten, wurden paralleldifferenzierende Aufgaben sowie Anregungen und Ergänzungen zu verwendeten Schulbüchern gegeben. Der Fokus lag auf dem differenzierten Arbeiten am gleichen Unterrichtsgegenstand nach den individuellen Voraussetzungen der Kinder. Anschließend war ein individuelles Arbeiten in der Unterrichtseinheit vorgesehen. Die Erhebung fand anhand zweier Interventionsgruppen und einer Kontrollgruppe statt. Die Ergebnisse zeigten, dass die integrierten Fördermaßnahmen nur in einer Interventionsgruppe einen effektiven Einfluss auf die Leistungssteigerung hatten. Dafür können vielfältige Gründe vorliegen. Möglicherweise sind die unterschiedlichen Rahmenbedingungen und die Teilnahme verschiedener Lehrkräfte sowie unterschiedliche Heterogenitätsspektren (u. a. mit und ohne inklusiv beschulte Lernende) Erklärungen dafür (Stöckli, 2014).

In einer Design-Research-Studie im Rahmen substanzieller Lernumgebungen untersuchte Weskamp (2019) heterogene Lerngruppen im Mathematikunterricht der Grundschule. Neben der Analyse ablaufender Bearbeitungsprozesse liegt das Forschungsinteresse im Sinne von Educational Design Research auf der Entwicklung und Erforschung substanzieller Lernumgebungen (Weskamp, 2019).

Die Befunde zeigen, dass unterschiedliche Fälle hinsichtlich der Bearbeitungen beobachtet werden konnten. Weiterhin wurde deutlich, dass für alle Schülerinnen und Schüler ein Zugang im niedrigsten Anforderungsbereich (I) (KMK, 2005) möglich war. Ebenso konnte festgestellt werden, dass der höchste Anforderungsbereich (III) erreicht wurde, indem Begründungen und Verallgemeinerungen identifiziert wurden. Die unterschiedlichen Bearbeitungen boten ein breites Spektrum im jeweiligen Anforderungsbereich. Hinsichtlich diverser Bearbeitungsaspekte wurde deutlich, dass die Anforderungsbereiche keine abgeschlossenen Stufen darstellten, sondern fließende Übergänge und Überlappungen existieren (Weskamp, 2019). Nach den Erkenntnissen dieser Studie kann die Konstruktion von substanziellen Lernumgebungen nur durch ein Wechselspiel von Theorie und Praxis gelingen. Allerdings reicht eine adäquate Konstruktion einer substanziellen Lernumgebung nicht aus, um einer heterogenen Lerngruppe gerecht zu werden (Weskamp, 2019). Von Bedeutung ist ebenfalls die Lehrerinnen- bzw. Lehrerintervention. Zentral ist hier die Sensibilisierung der Lehrpersonen für die Komplexität der substanziellen Lernumgebungen, um ein Arbeiten auf unterschiedlichen Schwierigkeitsniveaus für die Lernenden zu ermöglichen. Eine weitere zu beachtende Ebene ist der Unterrichtsgegenstand. Dieser muss über ein reichhaltiges Potenzial verfügen, das ausgenutzt wird und durch mathematische Substanz gegeben ist (Weskamp, 2019). Die Ergebnisse zeigen außerdem, dass der Materialeinsatz Beachtung finden muss. Auf dieser Ebene ist ein breites Spektrum an Darstellungsformen wichtig, damit Schülerinnen und Schüler eine für sich selbst nachvollziehbare Darstellungsform auswählen können. Da Wechselwirkungen zwischen dem Bearbeitungsaspekt und der Darstellungsform nachgewiesen werden konnten, kann davon ausgegangen werden, dass Schülerinnen und Schüler Zusammenhänge teilweise nur nachvollziehen können, wenn sie die präsentierte Darstellungsform nutzen konnten (Weskamp, 2019).

2.2.5 Natürliche Differenzierung in der praktischen Umsetzung

In der Fachdidaktik gibt es schon seit längerer Zeit Bemühungen, Angebote für den Mathematikunterricht zu entwickeln, bei denen nicht nur die Leistungsheterogenität in Bezug auf schwache und starke mathematische Leistungen in den Blick genommen wird. Konzepte der natürlichen Differenzierung wurden so entwickelt, dass das unterschiedliche Vorgehen der Schülerinnen und Schüler im Mittelpunkt steht (Spiegel und Walter, 2005; Krauthausen und Scherer, 2016; Nührenbörger und Pust, 2016; Rathgeb-Schnierer und Rechtsteiner, 2018). Für die Unterrichtsgestaltung mit dem Fokus auf natürlicher Differenzierung stehen Modelle zur Verfügung, die als Gemeinsamkeit über die vier konstituierenden Merkmale für natürliche Differenzierung verfügen (vgl. Abschnitt 2.2.1, Krauthausen und Scherer, 2016). Für den Aufbau eines natürlich differenzierenden Lernangebots wird daher auf mathematikdidaktischer Ebene die Berücksichtigung der vier konstituierenden Merkmale (vgl. Abschnitt 2.2.1), aufbauend auf einem aufgabenbezogenen Ansatz mit fachlichem Kern, empfohlen (u. a. Krauthausen und Scherer, 2016; Wittmann, 2004; Nührenbörger und Pust, 2016). Die Bildungsstandards (KMK, 2022), die die didaktischen Richtlinien bilden, sprechen den natürlich differenzierenden Lernangeboten ein hohes kognitives Aktivierungspotenzial zu, die das Fördern und Fordern inhaltlicher sowie allgemeiner mathematischer Kompetenzen unterstützen (KMK, 2022). Zu den prozessbezogenen Kompetenzen gehört laut Bildungsstandards (KMK, 2022) das Lösen mathematischer Probleme. Diese Kompetenz spielt laut KMK (2022) für den Lernerfolg im Mathematikunterricht der Grundschule eine bedeutsame Rolle (vgl. Abschnitt 2.2.4).

Schon Polya (1949) vertrat in seiner „Schule des Denkens" den Standpunkt, bei mathematischen Problemen durch das Bearbeiten dieser zu einer Lösung zu kommen. Diese Überlegungen von Polya spiegeln sich im aktiv-entdeckenden Lernen wider, das ein Grundprinzip natürlich differenzierender Lernangebote ist (Wittmann, 1996). Nach dem Konzept „Schule des Denkens" wurden Lehrkräfte dazu aufgefordert, Probleme aufzuwerfen, zu deren Lösung ein Weg im Unterricht gefunden werden muss. Ein problemlösender Unterricht erforderte nach Polya (1949) vier aufeinander aufbauende Phasen (Tab. 2.1).

Tabelle 2.1 Problemlösephasen nach Polya (1949) mit Beispielleitfragen

	Wie sucht man die Lösung eines mathematischen Problems? (aus Polya 1949)			
Phasen	**1. Phase**	**2. Phase**	**3. Phase**	**4. Phase**
Arbeitsschritte	**Verstehen der Aufgabe**	**Ausdenken eines Plans**	**Ausführen des Plans**	**Rückschau**
Beispielleitfragen	Was ist unbekannt? Was ist gegeben? Wie lautet die Bedingung?	Kennst du eine verwandte Aufgabe? Kannst du die Aufgabe anders ausdrücken?	Kontrolliere jeden Schritt! Kannst du deutlich sehen, dass der Schritt richtig ist?	Kannst du das Resultat kontrollieren? Kannst du das Resultat für eine andere Aufgabe gebrauchen?

In der ersten Phase des Lösens mathematischer Probleme steht nach Polya (1949) das Verstehen der Aufgabe im Mittelpunkt (Tab. 2.1). Dazu wurden Fragen nach dem Unbekannten formuliert, aber auch nach dem Gegebenen und den Bedingungen. Das Problem musste auf diese Weise von allen Seiten untersucht werden. In der nächsten Phase wurde sich dem Ausdenken eines Plans gewidmet. Hier wurde überlegt, ob eine verwandte Aufgabe bekannt ist oder ob die Aufgabe vielleicht anders ausgedrückt werden kann. In der dritten Phase wurde der Plan ausgeführt. Begleitet wurde diese Phase mit Leitgedanken, wie der Kontrolle jeden Schrittes und woran zu erkennen ist, dass dieser Schritt richtig war. Abschließend fand eine Rückschau statt, in der das Resultat kontrolliert und überlegt wurde, ob dieses für eine andere Aufgabe nützlich sein kann (Polya, 1949).

In der Mathematikdidaktik wurden einige Modelle zum Aufbau eines natürlich differenzierenden Lernangebots angedacht. Als Gemeinsamkeit haben diese Modelle, dass in verschiedenen Phasen ein Handeln an gemeinsamen mathematischen Problemen durch Arbeitsaufträge oder Impulse unterstützt und damit zu deren Lösung beigetragen wird (vgl. Abschnitt 2.2.3: Winter, 1987; Wittmann, 2017; Krauthausen und Scherer, 2016; Nührenbörger und Pust, 2016, Rathgeb-Schnierer und Rechtsteiner, 2018 und Abschnitt 2.2.4: u. a. Scherres, 2013; Gysin, 2017; Weskamp, 2019; Oechsle, 2020; Korten, 2020). Beispielsweise entwickelte Rathgeb-Schnierer (2006) in Anlehnung an Winter (1987) ein Unterrichtsphasenmodell, in dem die vier Phasen nicht, wie bei Polya (1949), zwingend aufeinander aufbauen. Dieses Modell wird als eine Möglichkeit für den Aufbau eines natürlich differenzierenden Lernangebots im Folgenden vorgestellt. Die einzelnen Phasen sind nach Rathgeb-Schnierer (2006) eher als Unterrichtsbausteine anzusehen, die abgestimmt auf die Lerngruppe und den Inhalt in unterschiedlicher Reihenfolge stattfinden können. Rathgeb-Schnierer und Rechtsteiner (2018) entwickelten das Unterrichtsphasenmodell von Rathgeb-Schnierer (2006) weiter und sprechen von vier Bausteinen, die als „gemeinsamer Beginn", „Arbeitsphase", „Zwischenaustausch" sowie „Präsentation und Reflexion" bezeichnet werden. Das eigenständige von- und miteinander Lernen stellt nach Rathgeb-Schnierer und Feindt (2014) die Grundlage jeder Phase dar.

Der gemeinsame Beginn bildet mit der Phase der Präsentation und Reflexion nach Rathgeb-Schnierer und Rechtsteiner (2018) die Rahmung für die Arbeit mit dem Lernangebot. Die Phasen des Zwischenaustauschs und die Arbeitsphasen können sich laut Rathgeb-Schnierer und Rechtsteiner (2018) abwechseln. Das Ziel des gemeinsamen Beginns ist die Verständigung über den Lerngegenstand und die Arbeitstechniken, aber auch das Vorhaben, das Interesse der Kinder zu wecken und sich mit dem Unterrichtsgegenstand zu beschäftigen (Schütte,

2008; Rathgeb-Schnierer und Rechtsteiner, 2018). Einige Voraussetzungen für das eigenständige Arbeiten müssen an dieser Stelle getroffen werden. Dazu gehört, dass den Kindern klar wird, was die Problemstellung ist und wie der Arbeitsauftrag lautet, sodass alle uneingeschränkt in die Arbeitsphase einsteigen können. Wie bei Polya (1949) wird sich in dieser Phase dem Verstehen der Aufgabe gewidmet.

In der Arbeitsphase findet nach Rathgeb-Schnierer und Rechtsteiner (2018) eine eigenständige Beschäftigung mit dem natürlich differenzierenden Lernangebot statt. An dieser Stelle können bereits kooperative Arbeitsformen genutzt werden, wenn dies zur Problemstellung passt. Die Beschäftigung kann aus Forschen, dem Sammeln von Lösungsideen oder dem Entdecken von Zusammenhängen bestehen. Es ist wichtig, die Kinder auf die Dokumentation hinzuweisen, damit später anhand dieser argumentiert werden kann. In dieser Phase bestimmen die Kinder selbst, welches Schwierigkeitsniveau sie wählen. Die verschiedenen Schwierigkeitsniveaus können durch die Wahl des Komplexitätsgrads und die Intensität der Auseinandersetzung mit dem mathematischen Unterrichtsgegenstand entstehen und nicht durch die Vorgabe der Lehrperson (Rathgeb-Schnierer und Rechtsteiner, 2018; vgl. Abschnitt 2.2.1). Nach Polya (1949) wird in dieser Phase durch Erkunden und Ausprobieren ein Plan für die Problemlösung erstellt.

An die Arbeitsphase kann sich laut Rathgeb-Schnierer und Rechtsteiner (2018) ein Zwischenaustausch anschließen, in dem Entdeckungen und Vorgehensweisen ausgetauscht werden können. Dieser Austausch kann in Kleingruppen oder im Plenum stattfinden und hat als Ziel, Impulse zum Weiterdenken zu erhalten, Probleme zu klären und Fragen zu beantworten. Durch den Austausch von Gedanken und Ideen und den Versuch, diese in Verbindung miteinander zu bringen, können nach Rathgeb-Schnierer und Rechtsteiner (2018) individuelle Lernprozesse gefördert werden. Wenn Kinder ihre Lösungswege schildern, kann das nach Spiegel und Walter (2005) sehr bereichernd für den Unterricht sein und Anlass zu konstruktiven Gesprächen und Diskussionen bieten. Im Unterrichtsphasenmodell von Rathgeb-Schnierer und Rechtsteiner (2018) kann ein Zwischenaustausch die Arbeitsphasen mehrfach unterbrechen, wenn dies notwendig ist. Im Zwischenaustausch werden Arbeitsergebnisse vorgestellt und erläutert, was laut Schütte (2008) zu einem Bewusstwerden der eigenen Lösungsprozesse führt. Denn nur wenn das eigene Vorgehen verstanden wurde, können die Gedanken der anderen nachvollzogen werden.

In der nächsten Arbeitsphase wird daraufhin mit neuen Impulsen weitergearbeitet. Dies kann in einer anderen Sozialform stattfinden als in der ersten

Arbeitsphase. Abhängig ist die Sozialform von der Lerngruppenzusammensetzung und dem Ziel der Arbeitsphase (Schütte, 2008; Rathgeb-Schnierer und Rechtsteiner, 2018).

Abgeschlossen wird das Lernangebot nach Rathgeb-Schnierer und Rechtsteiner (2018) mit einer Präsentation und Reflexion. Diese Phase dient der Vertiefung der Lernprozesse durch den inhaltlichen Austausch und der Würdigung der Lösungsprozesse und -produkte der Lernenden (Rathgeb-Schnierer und Rechtsteiner, 2018). Schütte (2008) unterscheidet zwischen zwei verschiedenen Präsentationen. Der Austausch über mathematische Ideen und Lösungswege findet häufig in der Abschlussreflexion statt und ist nach Schütte (2008) von der Präsentation der Arbeitsergebnisse zu trennen. Es werden ausgewählte Ergebnisse vorgestellt und besprochen. Dabei werden die auftretenden Leistungsunterschiede nicht in den Mittelpunkt gestellt. Für einen konstruktiven Austausch bedarf es laut Schütte (2008) meist der Unterstützung der Lehrperson, die in den passenden Momenten weiterführende Impulse gibt. Die Diskussion über verschiedene Lösungswege und mögliche Einwände bei der Ergebniskontrolle fordert nach Peter-Koop (2002) die Kinder zu schlüssigen Erklärungen und Argumentationen heraus.

Auch bei Polya (1949) wird Wert auf eine Rückschau gelegt, vergleichbar mit der Präsentation und der Diskussion über die Ergebnisse im aktuellen Unterrichtsphasenmodell von Rathgeb-Schnierer (2006). Allerdings fehlt in der Planung der Arbeitsphasen von Polya (1949) der konkrete Hinweis auf einen Austausch der Lernenden untereinander. Heute wird in der mathematikdidaktischen Forschung davon ausgegangen, dass durch Kooperation und Austausch Lernprozesse gefördert werden können (Rathgeb-Schnierer und Rechtsteiner, 2018; Schütte, 2008; Nührenbörger und Pust, 2016). Durch den Austausch der Kinder untereinander sei eine Weiterentwicklung der eigenen Strategien möglich. Voraussetzung für einen anregenden konstruktiven Austausch ist nach Schütte (2008) das Interesse aller Beteiligten an dem Disskusionsgegenstand. Dies kann nur zustande kommen, wenn sich alle mit dem gleichen Problem beschäftigten. An dieser Stelle wird von Wittmann (1995) und Schütte (2008) nochmals auf die Abgrenzung zur freien Arbeit hingewiesen, bei der Kinder an ganz unterschiedlichen Unterrichtsgegenständen arbeiten können und dadurch keinen gemeinsamen Diskussionsgegenstand haben (vgl. Abschnitt 2.2.1).

Arithmetik in der Grundschule

3

In der vorliegenden Studie werden das Angebot und die Nutzung eines natürlich differenzierenden arithmetischen Lernangebots untersucht. Der Inhaltsbereich Arithmetik wurde aus zweierlei Gründen ausgewählt: Zum einen kommt ihm eine tragende Rolle im alltäglichen Mathematikunterricht der Grundschule zu und zum anderen zeigen empirische Befunde, dass natürliche Differenzierung insbesondere bei arithmetischen Inhalten eine große Herausforderung für die Lehrkräfte darstellt (vgl. Abschnitt 2.2.4; Korff, 2015; Brunner, 2017; Oechsle, 2020).

Im nachfolgenden Kapitel werden zunächst die Inhalte des Arithmetikunterrichts der Grundschule dargestellt. Zudem werden allgemeine prozessbezogene Kompetenzen, die für den Erwerb arithmetischer Inhalte relevant sind, erläutert. Die Analysen der inhaltlichen und prozessbezogenen Kompetenzen sind für die vorliegende Forschung relevant, um ein valides exemplarisches Lernangebot zu entwickeln, das dem Anspruch der aktuellen Mathematikdidaktik genügt (vgl. Forschungsziel in der Einleitung). Die daraus resultierenden zentralen arithmetischen inhaltlichen und prozessbezogenen Kompetenzen werden für verschiedene kognitive Anforderungsbereiche in den Blick genommen. Auf dieser Grundlage werden abschließend Kriterien für ein prototypisches arithmetisches Lernangebot vorgestellt.

Die Arithmetik umfasst ein Teilgebiet der Mathematik und beinhaltet das Rechnen mit natürlichen Zahlen und seine Rechengesetze (Padberg und Benz, 2021). Historisch ist das Rechnen auf ein gerechtes, sinnvolles Teilen von Gütern zurückzuführen (Wirsching, 2003). Im heutigen Alltag sind arithmetische Fähigkeiten zur gesellschaftlichen Teilhabe grundlegend. Schon in alltäglichen Einkaufssituationen werden ein sicheres Zahlenverständnis und das Beherrschen der Grundrechenarten zwingend benötigt (Werner, 2018). Im Grundschulbereich

S. Friedrich, *Natürliche Differenzierung im Arithmetikunterricht*, Mathematikdidaktik im Fokus, https://doi.org/10.1007/978-3-658-42849-5_3

stehen natürliche Zahlen (N) unter Verwendung der vier Grundrechenarten – Addition, Subtraktion, Multiplikation und Division – zum Rechnen zur Verfügung (Steinweg, 2013).

Der Begriff „Arithmetik" lässt sich auf die griechischen Begriffe Arithmos (Zahlen) und arithmetiké techné (Kunst der Zahlen) zurückführen. In der freien Übersetzung bedeutet Arithmetik demnach „die Kunst, Zahlen zu verstehen" oder „die zahlenmäßige Kunst" (Hoegel, 2022). Aus der Begriffsherleitung lässt sich bereits ein allgemeines Ziel erkennen, das die Arithmetik verfolgt, denn der Zusammenhang zwischen Zahlen und Kunst legt den Schluss nahe, den Umgang mit Zahlen oder das Verständnis von Zahlen untereinander zu betrachten (Hoegel, 2022). Die Arithmetik erforscht die Struktur von natürlichen Zahlen.

Der Arithmetikunterricht nimmt im Mathematikunterricht der Grundschule einen großen Raum ein und ist in mehreren Inhaltsfeldern der Bildungsstandards zu finden (KMK, 2022). Das Inhaltsfeld Muster und Strukturen, in das arithmetische Inhalte fallen, spielt eine zentrale Rolle, da die Fachdidaktik die Mathematik insgesamt als die Wissenschaft der Muster und Strukturen ansieht (KMK, 2022). Das Erkennen, Darstellen und Beschreiben von Gesetzmäßigkeiten und funktionalen Beziehungen basiert auf mathematischen Mustern und Strukturen und stellt wesentliche Aspekte des Arithmetikunterrichts dar (KMK, 2022). Außerdem bilden im Inhaltsfeld Zahlen und Operation arithmetische Inhalte den überwiegenden Unterrichtsstoff. Zahldarstellungen, Zahlbeziehungen, Rechenoperationen und das Rechnen in Zusammenhängen sind hier die Schwerpunkte und eng miteinander verbunden. Die arithmetischen Inhalte sind in beiden Inhaltsfeldern zu verorten und bilden die Basis der Rechenfähigkeit (Tab. 3.1; KMK, 2022).

Die Ziele und Inhalte des Arithmetikunterrichts in der Grundschule lassen sich in drei zentrale Bereiche gliedern: das Zahlverständnis, das dezimale Stellenwertverständnis und das Verständnis der Rechenoperationen (Gerster und Schultz, 2004; Gaidoschik et al., 2021).

Der Aufbau eines soliden Zahlverständnisses ist nach Gaidoschik et al. (2021) und Lorenz (2011) ein grundlegendes Ziel des Arithmetikunterrichts und umfasst die Entwicklung und Nutzung von Zahlvorstellungen sowie Zahlbeziehungen. Dazu gehört nach Padberg und Benz (2021) neben dem Verständnis von Zahlen ebenso das Verständnis ihrer Größenordnung, ihrer Eigenschaften, ihrer Beziehungen zu anderen Zahlen und ihres Auftretens im Alltag. Der Ausbildung der Zählkompetenz wird laut Gasteiger (2011) und Häsel-Weide (2016) für die Entwicklung des Zahlbegriffs und grundlegender mathematischer Fähigkeiten eine große Bedeutung zugeschrieben. Die Zählkompetenz umfasst zwei verschiedene Aspekte, einerseits das einfache Abzählen von Anzahlen zur Ordnungsstrukturierung und andererseits bildet sie die Grundlage für algebraische Vorstellungen

(Threlfall, 2008). Ein flexibles Zählen, das sich durch ein sicheres Vorwärts- und Rückwärtszählen in Einer- und Zweierschritten sowie Zählen von verschiedenen Startzahlen aus zeigt, stellt nach Rechtsteiner-Merz (2013) eine wichtige Grundlage für das spätere Ablösen vom zählenden Rechnen dar (Häsel-Weide, 2016; Rathgeb-Schnierer und Rechtsteiner, 2018). Neben der Zählkompetenz spielen die natürlichen Zahlen im täglichen Leben in den verschiedensten Situationen eine große Rolle und werden für vielfältige Zwecke eingesetzt. „Daher ist die Gewinnung von tragfähigen und vielfältigen Vorstellungen von Zahlen eine zentrale Zielsetzung des Arithmetikunterrichts der Grundschule" (Padberg und Benz, 2021, S. 13). Um ein solides Verständnis hinsichtlich der natürlichen Zahlen zu entwickeln, ist nach Lorenz (2011) außer dem ordinalen Zahlkonzept, bei dem die Zahlen als aufeinanderfolgende Positionen zu verstehen sind, ein kardinales Zahlkonzept grundlegend. Mit dem kardinalen Zahlverständnis geht die Erkenntnis einher, dass Zahlen eine Menge repräsentieren (Gaidoschik et al., 2021; Schipper, 2009). Dazu gehören u. a. laut Lorenz (2011) das Erfassen von Mengen, der Vergleich von Mengen, das Verständnis der Gleichmächtigkeit von Mengen und die Erkenntnis, dass Mengen in Teilmengen zerlegt werden können (Teile-Ganzes-Konzept; Benz et al., 2015; Schipper, 2009; Langhorst, 2011; Gaidoschik et al., 2021). Das Teile-Ganzes-Konzept umfasst nach Benz et al. (2015) und Langhorst (2011) die mathematische Vorstellung, dass eine Gesamtmenge immer erhalten bleibt, sich aber die Teilmengen unterschiedlich zusammensetzen können. Aufbauend auf diesem Konzept entwickelt sich ein relationales Zahlkonzept, mit dem Beziehungen zwischen Zahlen beschrieben werden können. Das Nutzen der Relationen zwischen Zahlen bildet nach Rechtsteiner-Merz (2013) u. a. die Grundlage für die Einsicht in das dezimale Stellenwertsystem, beispielsweise durch das kardinale Abzählen von Mengen beim Bündeln, und für die Ablösung des zählenden Rechnens (Rathgeb-Schnierer und Rechtsteiner, 2018; Häsel-Weide, 2016). Nicht zählendes Rechnen wird laut Benz et al. (2015) und Langhorst (2011) durch die Anwendung der Teile-Ganzes-Beziehung bei der Addition, Subtraktion und Multiplikation ermöglicht, indem Teile eines Ganzen in Relation zueinander und zum Ganzen gesetzt werden. Das Verständnis des Teile-Ganzes-Konzepts ermöglicht nach Rechtsteiner-Merz (2013) und Häsel-Weide (2016) schon in niedrigen Zahlenräumen ein Ablösen vom zählenden Rechnen und damit eine solide Grundlage für das Zahlverständnis in größeren Zahlenräumen. Ein verfestigtes zählendes Rechnen wirkt sich u. a. nach Rechtsteiner-Merz (2013) ungünstig auf die Einsicht in operative Zusammenhänge aus und ist fehleranfällig im Hinblick auf das Rechnen in größeren Zahlenräumen (Häsel-Weide, 2016; Gaidoschik et al., 2021). Um den Schwierigkeiten, die ein verfestigtes zählendes Rechnen mit sich bringt, zu begegnen, gehört nach Gaidoschik et al.

(2021) zu den zentralen Inhaltsbereichen des Arithmetikunterrichts das Zerlegen von Anzahlen in zwei oder mehrere Teilanzahlen, das Vergleichen von Anzahlen, die Quantifizierung des Unterschieds zwischen zwei Anzahlen, die Nachbarzahl- und Verdopplungsrelationen sowie Bezüge zu 5 und 10.

Um in größer werdenden Zahlenräumen sicher rechnen zu können, gewinnt das Verständnis des dezimalen Stellenwertsystems an Bedeutung. Dieses spielt nach Schipper (2009) u. a. für das operative Verständnis von Rechenwegen und -prozeduren eine große Rolle sowie auf basaler Ebene für den Ausbau der Zahlvorstellungen (Lorenz, 2011; Gaidoschik et al., 2021). Um ein umfassendes Stellenwertverständnis aufzubauen, werden laut Fromme (2017) vier arithmetische Bereiche angesprochen: das Zählen, das Strukturieren, das Nutzen der Teile-Ganzes-Beziehung und das Bündeln. Bereits in einem niedrigen Zahlenraum kann ein Stellenwertverständnis durch mathematische Aktivitäten in diesen vier Bereichen angebahnt werden. Dazu gehören laut Rathgeb-Schnierer und Rechtsteiner (2018) beispielsweise kardinale Tätigkeiten zum Bündeln und das Nutzen von Zahlbeziehungen zur Zehn, zur Hundert usw. Zur Entwicklung eines Stellenwertverständnisses, das für große Zahlenräume tragfähig ist, muss das grundlegende Teile-Ganzes-Verständnis auf dekadische Strukturzusammenhänge erweitert und vervielfältigt werden. Dies unterstützt nach Gerster, Schultz (2004) und Fromme (2017) das fortschreitende Zerlegen von Zahlen in Zehner-Bündel bzw. das Zusammensetzen von Zahlen aus Zehner-Bündeln. Die Vorstellung zum Stellenwertsystem kann nach Rathgeb-Schnierer und Rechtsteiner (2018) durch das Prinzip der Bündelung oder durch die Gliederung des Zahlenraums entwickelt werden. Durch das Prinzip des Bündelns werden Einsichten in die Struktur des Stellenwertsystems gewonnen und damit das kardinale Bündeln und die Notation im Prozess des Verständnisaufbaus genutzt (Gerster und Schultz, 2004; Lorenz, 2011; Rathgeb-Schnierer und Rechtsteiner, 2018). Neue Bündelungen oder Entbündelungen werden durch Veränderungen von Zahlen notwendig (Gaidoschik et al., 2021). Die Gliederung des Zahlenraums fördert nach Rathgeb-Schnierer und Rechtsteiner (2018) das Stellenwertverständnis, indem Zahlen in Relation zu bestimmten Ankerpunkten, wie beispielsweise Zehnern oder Hundertern, dargestellt werden. Einen weiteren wichtigen Aspekt stellt die Notation dar. Die verwendeten Ziffern informieren laut Fromme (2017) u. a. über einen bestimmten repräsentierten dekadischen Wert und geben die Anzahl der Elemente dieses Wertes in der Bündelungseinheit an (Rathgeb-Schnierer und Rechtsteiner, 2018; Benz et al., 2015; Padberg und Benz, 2021; Gaidoschik et al., 2021). Die Schreibweise der Zahlen weist nach Rathgeb-Schnierer und Rechtsteiner (2018) im deutschsprachigen Raum für die Lernenden einige Schwierigkeiten auf. Beispielsweise bedeutet die inverse Sprechweise der meisten Zahlen im Zahlenraum von 13 bis 99 ein Vertauschen der Einer- und der Zehnerziffer bei der Notation. Um dieser Problematik im Arithmetikunterricht entgegenzuwirken, sind nach Rathgeb-Schnierer und Rechtsteiner (2018) die Thematisierung der Notationsbesonderheit und die konsequente Verbindung von Handlung, Vorstellung sowie Sprech- und Schreibweise zentral.

Ein weiteres Ziel des Arithmetikunterrichts ist nach Gaidoschik et al. (2021) ein umfassendes Operationsverständnis. Dazu gehört laut Gaidoschik et al. (2021) und Schipper (2009) das Verständnis der Grundvorstellungen zur Addition, Subtraktion, Multiplikation und zur Division. Dabei spielen Verknüpfungen von Zahlen und Operationen im Mathematikunterricht der Grundschule eine wichtige Rolle (Schipper, 2009). Die operationale Vorstellung beruht nach Gaidoschik et al. (2021) u. a. auf kardinaler oder ordinaler Zahldeutung und kann auf verschiedenen Repräsentationsebenen abgebildet werden, abhängig von ihrer Relevanz und Bedeutung im entsprechenden Kontext (Gerster und Schultz, 2004; Kuhnke, 2013; Bönig, 1995; Royar, 2013). Die Darstellungen auf den verschiedenen Repräsentationsebenen können enaktiver, ikonischer oder symbolischer Art sein (Bruner, 1971; Lorenz, 2011; Padberg und Benz, 2021). Für den Aufbau der operationalen Vorstellungen spielen u. a. nach Bönig (1995) das Herstellen von Beziehungen innerhalb und zwischen den einzelnen Repräsentationsebenen sowie der flexible Wechsel zwischen diesen eine große Rolle (intra- und intermodaler Transfer; Götze et al., 2019; Kuhnke, 2013). Umfassende operative Vorstellungen ermöglichen laut Gaidoschik et al. (2021) das Rechnen auf unterschiedlichen Lösungswegen und bieten Einsichten in grundlegende Termbeziehungen und -umformungen. Arithmetische Kompetenzen sind nach Steinweg (2013) ein notwendiges Hintergrundwissen für Verallgemeinerungen und ebenfalls für das Verstehen von algebraischen Umformungen. Erstes algebraisches Denken wird durch das Herstellen von Beziehungen zwischen Zahlen und Verknüpfungen, wie diese im Arithmetikunterricht thematisiert werden, angebahnt. Der Blick auf die Beziehungen unterstützt laut Steinweg (2013) das bewusste Wahrnehmen und Thematisieren von Zahl- und Aufgabenzusammenhängen, wie beispielsweise von Gleichungsstrukturen. Demnach ist die Idee, Zahlen in ihren Beziehungen zu erfassen, für die arithmetische und die algebraische Denkentwicklung bedeutsam (Steinweg, 2013). Schipper (2011), Padberg und Benz (2021) u. a. nennen als weiteres Ziel des Arithmetikunterrichts das flexible und verständnisbasierte Rechnen, zu dem das Verständnis verschiedener Rechenstrategien zählt, das Erkennen und Nutzen verschiedener Aufgabenbeziehungen und das überschlagende Rechnen, das den Alltagsbezug integriert (Rathgeb-Schnierer, 2006; Rechtsteiner-Merz, 2013). Käpnick und Benölken (2020) stellen für die

Inhalte des Arithmetikunterrichts eine enge Verknüpfung untereinander sowie eine hierarchische Struktur heraus.

Die vorgestellten inhaltlichen Kompetenzen des Arithmetikunterrichts sind laut KMK (2022) untrennbar mit allgemeinen prozessbezogenen Kompetenzen für die Nutzung und Aneignung von arithmetischen Inhalten verknüpft. Die prozessbezogenen Kompetenzen, die die Art und Weise der Aneignung mathematischer Inhalte verdeutlichen, sind demnach ebenfalls von zentraler Bedeutung und für die Entwicklung einer mathematischen Grundbildung mitverantwortlich. In der Mathematikdidaktik herrscht Einigkeit darüber, dass die Entwicklung der mathematischen Grundbildung abhängig von Unterrichtsinhalten ist, aber ebenso von der Orientierung an Lernprozessen und den Lernergebnissen der Lernenden sowie vin der Art und Weise, wie Inhalte unterrichtet werden (Benz, 2018; Käpnick und Benölken, 2020; KMK, 2022). Zu diesen Kompetenzen gehören: mathematisch argumentieren, mathematisch kommunizieren, Probleme mathematisch lösen, mathematisch modellieren, mathematisch darstellen und mit mathematischen Objekten und Werkzeugen arbeiten (KMK, 2022).

Im arithmetischen Bereich wird das Problemlösen dann angesprochen, wenn arithmetische Fragestellungen auf der Basis der drei Anforderungsbereiche mit natürlichen Zahlen und den vier Grundrechenarten bearbeitet werden können. Dies ist nach Käpnick und Benölken (2020) dann möglich, wenn es sich um ein komplexes, offenes Lernangebot mit mathematischer Substanz handelt. Ein einfacher Einstieg und ein Arbeiten auf unterschiedlichen Niveaustufen sind nach Käpnick und Benölken (2020) notwendig, damit das problemhaltige Lernangebot von allen Kindern als motivierende Herausforderung angenommen wird. Die Problempräsentation im Einstieg kann nach Käpnick und Benölken (2020) auf verschiedenen Darstellungsebenen stattfinden, beispielsweise der ikonischen oder der enaktiven Ebene, sodass alle Lernenden einen individuellen Zugang wählen und motiviert beginnen können. Im weiteren Verlauf sind die Lösungswege frei zu wählen, dabei können verschiedene heuristische Strategien angewendet werden. Vielfältige mathematische Tätigkeiten führen zur Lösung des Problems und können nach Käpnick und Benölken (2020) in Verallgemeinerungen oder der Weiterarbeit an einem Anschlussproblem münden. Die Überprüfung auf Plausibilität der einzelnen Lösungsschritte findet laut KMK (2011) dabei immer wieder im Problemlöseprozess auf die Fragestellung bezogen statt (vgl. Abschnitt 2.2.1). Lösungen können demnach durch Probieren oder systematisches Vorgehen sowie durch das flexible Anwenden der vier Grundrechenarten unter der Nutzung von Rechengesetzen und Rechenvorteilen gefunden werden (KMK; 2011).

Auch die prozessbezogene Kompetenz des Kommunizierens kann laut KMK (2022) und Bezold (2012) im Arithmetikunterricht gefördert werden. Die Voraussetzungen hierfür sind die Möglichkeit der Bearbeitung arithmetischer Inhalte auf mehreren Schwierigkeitsniveaus und der daraus entstehende Austausch verschiedener Lösungswege. Die Reflexion von Gemeinsamkeiten, Unterschieden und besonders günstigen Lösungsstrategien impliziert ein sachliches Argumentieren und die Begründung der Korrektheit von Rechenschritten. Die Verallgemeinerung von Lösungsschritten in Algorithmen stellt nach KMK (2022) und Bezold (2012) neben einer hohen prozessbezogenen Kompetenz ebenfalls ein sehr hohes Niveau im fachlichen Bereich dar.

Im Zusammenhang mit dem Austausch von Lösungswegen wird auch die prozessbezogene Kompetenz des mathematischen Argumentierens angesprochen. Diese ist nach Winter (1975) auf natürliche Weise mit der Kompetenz des Problemlösens verbunden. Beispielhaft nennt Winter (1975) die Äußerungen zu Entdeckungen von Besonderheiten. Hier liegt nach Winter (1975) eine problemlösende Aktivität vor, da ein mathematischer Sachverhalt entdeckt und geäußert wurde. Weitere Vermutungen können nach Bezold (2012) bereits zu einem Problemlöseprozess führen und damit zu ersten Argumentationsschritten. Zum Argumentieren gehören weitere Schritte, wie Aussagen zu hinterfragen und auf Korrektheit zu überprüfen, mathematische Zusammenhänge zu erkennen und Vermutungen anzustellen sowie Begründungen zu suchen und nachzuvollziehen (KMK, 2022; Bezold, 2012; Winter, 1975).

Für die Bearbeitung arithmetischer Inhalte kommt laut KMK (2022) ebenfalls die prozessbezogene Kompetenz des mathematischen Darstellens zum Tragen. Die Lernenden werden durch Aufgabenstellungen dazu motiviert, geeignete Darstellungsformen zu entwickeln, ggfs. eine Darstellungsform in eine andere zu übertragen oder Darstellungen miteinander zu vergleichen und zu bewerten. Die verschiedenen Niveaustufen der Darstellungsformen reichen hier von der Darstellung arithmetischer Sachverhalte mit Material über Zeichnungen, Skizzen, Tabellen bis hin zur Nutzung von Symbolen (KMK, 2022; Kuhnke, 2013; Käpnick und Benölken, 2020). Das Nutzen von mathematischen Objekten und Werkzeugen bei der Bearbeitung eines arithmetischen Lernangebots fördert in Form des Umgangs mit Gleichungen, Termen, mathematischen Hilfsmitteln, fachspezifischen Zeichen und Sprechweisen eine weitere prozessbezogene Kompetenz (KMK, 2022; Kuhnke, 2013).

Tabelle 3.1 Übersicht zu den Kompetenzbereichen eines arithmetischen Lerngegenstands (KMK, 2022)

Kompetenzbereiche		Arithmetische Aktivitäten
Inhaltliche Kompetenzen (Leitideen)	Muster und Strukturen	• Zahlenraumerweiterung • Nutzen des dezimalen Stellenwertsystems • Flexibles Rechnen, Rechenstrategien • usw.
	Zahlen und Operationen	• Zahlenraumerweiterung • Nutzen des dezimalen Stellenwertsystems • Zahlbegriff (u. a. algebraische und algorithmische Aspekte) • Anwenden von Rechenoperationen (Grundvorstellungen bei Addition, Subtraktion, Multiplikation, Division festigen und Beziehungen untereinander nutzen) • Rechnen (Rechengesetze zur Anbahnung der Algebra, Rechenstrategien, Überschlag) • Flexibles und verständnisbasiertes Rechnen und Rechenstrategien (Erfassen von Zahlen und Aufgaben in ihren Beziehungen z. B. Nachbaraufgabe, Tauschaufgabe, gegensinniges oder gleichsinniges Verändern, Teile-Ganzes-Beziehung, Analogieaufgaben)
Prozessbezogene Kompetenzen	Probleme mathematisch lösen	• Erkunden eines gemeinsamen komplexen Lerngegenstands • Nutzen verschiedener Lösungswege auf verschiedenen Schwierigkeitsstufen
	mathematisch kommunizieren	• Austausch über Vorgehensweisen, Lösungswege • Gemeinsames Reflektieren

(Fortsetzung)

Tabelle 3.1 (Fortsetzung)

Kompetenzbereiche		Arithmetische Aktivitäten
	mathematisch argumentieren	• Begründen von Vorgehensweisen • Begründungen von Verallgemeinerungen • Überprüfung auf Korrektheit • Hinterfragen von Aussagen
	mathematisch darstellen	• Vergleich von Darstellungsformen • Nutzung verschiedener Darstellungsformen (enaktiv, ikonisch, symbolisch)
	mit mathematischen Objekten und Werkzeugen arbeiten	• Umgang mit Hilfsmitteln • Umgang mit arithmetischen Ausdrücken

Die Aneignung der vorgestellten inhalts- und prozessbezogenen Kompetenzen geschieht laut KMK (2022) durch die Auseinandersetzung mit arithmetischen Aufgabenstellungen und Anforderungen, die in verschiedenen Anforderungsbereichen vertreten sein können. Die Bildungsstandards (KMK, 2022) nennen als grundlegendes Ziel bei der Gestaltung des Arithmetikunterrichts die aufgezeigte, anhaltende Notwendigkeit der Förderung der Schülerinnen und Schüler im unteren Leistungsbereich wie auch das Vorhaben, die Leistungsspitze durch Förderung und Forderung zu verbreitern (Padberg und Benz, 2012; TIMSS 2019; Schwippert et al., 2020; vgl. Abschnitt 1.3). Dafür ist laut KMK (2022) die Konstruktion arithmetischer Aufgabenstellungen mit inhaltlicher Komplexität erforderlich, die eine Bearbeitung auf verschiedenen Anforderungsbereichen ermöglicht. Das Grundkonzept der Mathematik als Wissenschaft der Muster und Strukturen bietet für die Komplexität auf inhaltlicher Ebene ausreichend Potenzial (KMK, 2022; Weskamp, 2019). Nach Wittmann (2003) ist die Beschäftigung mit Mustern immer auf unterschiedlichen Niveaus möglich. Ein Lerninhalt, der auf Mustern aufbaut, bietet nach Wittmann (2003) Lernenden unterschiedliche Schwierigkeitsniveaus zur Nutzung, die sich nach individuellen Möglichkeiten und Interessen ergeben. Zur Analyse verschiedener Schwierigkeitsniveaus geben die Anforderungsbereiche der Bildungsstandards Anhaltspunkte (Tab. 3.2; KMK, 2022). In den drei Anforderungsbereichen werden die verschiedenen kognitiven Ansprüche mathematischer Aktivitäten beschrieben, die bei der Bearbeitung eines Lerngegenstandes auftreten können. Dies sind in Anforderungsbereich I das Reproduzieren, in Anforderungsbereich II Zusammenhänge herstellen und in Anforderungsbereich III das Verallgemeinern und Reflektieren (KMK, 2022).

Der Anspruch und die kognitive Komplexität nehmen laut KMK (2022) von Anforderungsbereich I zu Anforderungsbereich III zu. Im ersten Anforderungsbereich, dem Reproduzieren, werden die Wiedergabe von Grundwissen, das Ausführen von Routinetätigkeiten und die direkte Anwendung von Begriffen und Verfahren gefordert. Hierzu gehören für den arithmetischen Bereich eingeübte Algorithmen, wie beispielsweise automatisierte Aufgaben des kleinen Einmaleins oder Einspluseins. Zum zweiten Anforderungsbereich, dem Herstellen von Zusammenhängen, gehören das Erkennen mathematischer Zusammenhänge und das Verknüpfen von Kenntnissen, Fertigkeiten und Fähigkeiten. Im arithmetischen Inhaltsbereich zählen das Nutzen von Hilfsaufgaben oder das Übertragen von gelernten und gesicherten Sachverhalten in einen größeren Zahlenraum in den Anforderungsbereich II (KMK, 2022). Im dritten und anspruchsvollsten Anforderungsbereich, dem Verallgemeinern und Reflektieren, werden das Übertragen von Erkenntnissen auf unbekannte Fragestellungen, das Entwickeln und Reflektieren von Strategien sowie Begründungen und das Aufstellen von Folgerungen erwartet. Beispielsweise können Regeln für das Erfinden von Gleichungen aufgestellt oder Strategien auf strukturgleiche Problemstellungen angewendet werden (KMK, 2022). Alle in Tabelle 3.2 genannten arithmetischen Aktivitäten können in jedem Anforderungsbereich genutzt werden. Zur Analyse arithmetischer Bearbeitungsprozesse und Bearbeitungsniveaus lassen die Anforderungsbereiche nach Weskamp (2019) eine erste Kategorisierung auf kognitiver Ebene zu. Die Ergebnisse der Analyse dienen dem Einblick in das gesamte Spektrum der Bearbeitungsniveaus (Weskamp, 2019).

Tabelle 3.2 Übersicht zu den Anforderungsbereichen eines arithmetischen Lerngegenstands (KMK, 2022)

Anforderungsbereiche	Allgemeine mathematische Aktivitäten	Arithmetische Aktivitäten
Anforderungsbereich I Reproduzieren	• Wiedergabe von Grundwissen • Ausführen von Routinetätigkeiten • direkte Anwendung von Begriffen und Verfahren	• Zahlenraumerweiterung • Nutzen des dezimalen Stellenwertsystems • Zahlbegriffserweiterung (z. B. durch algebraische und algorithmische Aspekte) • Anwenden von Rechenoperationen (Grundvorstellungen bei Addition, Subtraktion, Multiplikation, Division festigen und Beziehungen untereinander nutzen) • Rechnen (Rechengesetze zur Anbahnung der Algebra, Rechenstrategien, Überschlag) • Flexibles und verständnisbasiertes Rechnen und Rechenstrategien (Erfassen von Zahlen und Aufgaben in ihren Beziehungen, z. B. Nachbaraufgabe, Tauschaufgabe, gegensinniges oder gleichsinniges Verändern, Teile-Ganzes-Beziehung, Analogieaufgaben)
Anforderungsbereich II Zusammenhänge herstellen	• Erkennen mathematischer Zusammenhänge • Verknüpfen von Kenntnissen, Fertigkeiten und Fähigkeiten	
Anforderungsbereich III Verallgemeinern und Reflektieren	• Übertragen von Erkenntnissen auf unbekannte Fragestellungen • Entwickeln und Reflektieren von Strategien, Begründungen und Folgerungen aufstellen	

Die Entwicklungskriterien für einen arithmetischen Lerngegenstand, der für die vorliegende Studie genutzt werden soll, orientieren sich an den vorgestellten inhalts- und prozessbezogenen Kompetenzen sowie an den kognitiven Anforderungsbereichen. An einen prototypischen arithmetischen Lerngegenstand wird für die vorliegende Forschung der Anspruch gestellt, einen möglichst großen Inhaltsbereich des Arithmetikunterrichts abzudecken. Dies ist notwendig, um einerseits dem exemplarischen Charakter gerecht zu werden, und andererseits, um eine große Offenheit in Bezug auf arithmetische Inhalte anzubieten. Dieser Anspruch ist entscheidend für die fachliche Substanz der Inhalte und damit auch für die Möglichkeit, verschiedene Schwierigkeitsniveaus zu bilden. Nur wenn ein Lerngegenstand über ein umfangreiches arithmetisches Potenzial verfügt, können verschiedene Schwierigkeitsstufen gebildet werden (vgl. Abschnitt 2.2.1). Ein weiterer Anspruch bezieht sich auf die prozessbezogenen Kompetenzen, insbesondere auf die Kompetenz des mathematischen Problemlösens, da dieser bei der Umsetzung der natürlichen Differenzierung eine entscheidende Rolle zukommt (vgl. Abschnitte 2.2.1 und 2.2.5). Demnach wird ein Problem gefordert, das mathematisch zu lösen ist und unterschiedliche Lösungswege anbietet. Ein problemlösendes Vorgehen eröffnet die Möglichkeit, verschiedene Lösungswege zu gehen, eigene Entdeckungen zu machen, sich über diese auszutauschen und neue Erkenntnisse zu sammeln (vgl. Abschnitte 2.2.1 und 2.2.5). Innerhalb der Problemlösung werden verschiedene Schwierigkeitsniveaus ermöglicht, die den drei Anforderungsbereichen zuzuordnen sind, sodass ein Arbeiten auf eigenen Wegen möglich ist. So kann ein Lernen auf dem individuellen Schwierigkeitsniveau stattfinden. Für die Auswahl eines exemplarischen arithmetischen Lerngegenstandes ergeben sich folgende Kriterien:

- Der Lerngegenstand verfügt über umfangreiche arithmetische Inhalte.
- Ein mathematisches Problem wird angeboten, das auf verschiedenen Wegen auf unterschiedlichen Schwierigkeitsniveaus gelöst werden kann.

Angebots-Nutzungs-Modell

4

Im folgenden Kapitel wird auf die Grundprinzipien des Angebots-Nutzungs-Modells (Abb. 4.1) unterrichtlicher Wirkung nach Helmke (2012) eingegangen. Dabei wird zunächst das Modell als Grundlage zur Beschreibung der allgemeinen Unterrichtsqualität dargestellt. Das Angebots-Nutzungs-Modell gibt einen kompakten Überblick über die wichtigsten Variablenbündel zur Erklärung unterrichtlicher Wirkung und des Lernerfolgs, wie bereits in der Einleitung ausgeführt wurde (Helmke, 2012). Außerdem wird die Rolle des Modells für die vorliegende Studie erläutert und damit die relevanten Schwerpunkte der Untersuchung. Es dient der Studie als Grundlage, da es die verschiedenen Zusammenhänge im komplexen Unterrichtsgefüge modelliert. Auf die bereits empirisch gestützten Zusammenhänge zwischen Lernpotenzial, Lernangebot und der Nutzung des Lernangebots kann zurückgegriffen werden.

Nach Helmke (2012) stellt Unterricht, so wie er von einer Lehrperson durchgeführt wird, in seiner Gesamtheit ein Angebot dar, das von Schülerinnen und Schülern unter dem Einfluss verschiedener Faktoren genutzt wird (Kreisler, 2014). Einzelne Elemente des Angebots-Nutzungs-Modells und die entsprechenden Einflussfaktoren werden im Hinblick auf das Untersuchungsinteresse näher betrachtet.

© Der/die Autor(en), exklusiv lizenziert an Springer Fachmedien Wiesbaden GmbH, ein Teil von Springer Nature 2023
S. Friedrich, *Natürliche Differenzierung im Arithmetikunterricht*, Mathematikdidaktik im Fokus, https://doi.org/10.1007/978-3-658-42849-5_4

Das integrative und systematische Modell, das auf Arbeiten von Fend (1981) und Weinert (1999) zurückgeht, hat sich in der deutschsprachigen Unterrichtsforschung etabliert und wurde von Helmke weiterentwickelt (2003, 2012). Es integriert Faktoren der Unterrichtsqualität in ein umfassenderes Modell der Wirkungsweise und Zielkriterien von Unterricht. Über ein einfaches Prozess-Produkt-Modell, das Unterrichtsmerkmale in korrelativer Weise mit Wirkungen auf Schülerinnen- und Schülerseite verknüpft, geht es hinaus. Es werden Merkmale der Lehrperson sowie des Unterrichts verdeutlicht (Helmke, 2012).

Helmke unterteilt sein Modell in folgende Erklärungsblöcke: Merkmale der Lehrperson, Kontext, Unterricht, Familie, individuelles Lernpotenzial, Mediationsprozesse und Lernaktivitäten auf Schülerinnen- und Schülerseite sowie Block der Wirkungen.

Das unterrichtliche Angebot führt nach Helmke (2012) nicht direkt zur Wirksamkeit, damit auch nicht direkt zum Ertrag. Vielmehr hängt die Wirksamkeit des unterrichtlichen Angebotes auf das Lernen von zwei entscheidenden Faktoren ab: einerseits, ob und wie Erwartungen der Lehrkraft und unterrichtliche Maßnahmen von den Schülerinnen und Schülern überhaupt wahrgenommen und interpretiert werden, andererseits, ob und zu welchen motivationalen, emotionalen und volitionalen Prozessen sie auf Schülerinnen- und Schülerseite führen. Von diesen Prozessen werden die Lernaktivitäten der Schülerinnen und Schüler begleitet. Die Art und Weise, wie der Unterricht (das Angebot) genutzt wird, ist nach Helmke (2012) von einer Vielzahl dazwischenliegender Faktoren abhängig.

Das Modell verdeutlicht mögliche Wirkmechanismen und -richtungen und umfasst drei Analyseebenen: die der Schülerinnen und Schüler, die der Klasse und der Lehrperson sowie die der Schule. Die daraus entstehende Komplexität des Zusammenwirkens unterschiedlicher Einflussgrößen unterrichtlicher Wirkung wird im Modell anschaulich dargestellt (Helmke, 2012).

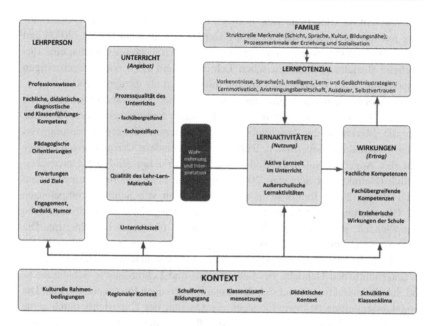

Abbildung 4.1 Angebots-Nutzungs-Modell von Andreas Helmke (2012)

4.1 Das Modell als Grundlage zur allgemeinen Qualitätsentwicklung im Unterricht

Der Begriff der Unterrichtsqualität beinhaltet Faktoren von Unterricht, die sich auf die Prozessebene und die Tiefenstruktur beziehen und mit leistungsbezogenen und motivationalen Lernergebnissen verknüpft sind (Decristan et al., 2020; Kunter und Voss, 2011). Eine dreigliedrige Konzeptualisierung von Unterrichtsqualität etablierte sich im Kontext deutscher Unterrichtsforschung (Kunter und Voss, 2011). Dabei wird zwischen Klassenführung, kognitiver Aktivierung und konstruktiver Unterstützung differenziert (Lipowsky et al., 2009; Fauth et al., 2014; Praetorius et al., 2020). Unter die Klassenführung fällt nach Kuger (2016), wie gut es der Lehrperson gelingt, die Lernzeit optimal für Lernprozesse zu nutzen und Unterrichtsstörungen oder -unterbrechungen präventiv zu vermeiden. Zur kognitiven Aktivierung gehört nach Baumert et al. (2010) und Lipowsky et al. (2009) die Anregung zu vertiefenden Denkprozessen bei Schülerinnen und Schülern im Unterricht. Des Weiteren beinhaltet die konstruktive Unterstützung mehrere Merkmale zur Gestaltung von Unterricht. Kunter et al. (2013) und Patrick et al. (2011) nennen unter anderem ein wertschätzendes Klima, eine fürsorgliche Beziehungsebene zwischen Lehrenden und Lernenden, gegenseitigen Respekt und den konstruktiven Umgang mit Fehlern als dazugehörend.

Im theoretischen Rahmenmodell unterrichtlicher Qualitätsentwicklung von Helmke (2012) werden ebenfalls unterschiedliche Ebenen betrachtet, in denen sich die Merkmale der beschriebenen dreigliedrigen Konzeptualisierung von Unterrichtsqualität wiederfinden. Durch drei verschiedene Orientierungen ermöglicht das Angebots-Nutzungs-Modell ein facettenreiches Bild der Unterrichtsqualität (Helmke und Schrader, 2006). Durch die Personenorientierung werden laut Helmke (2012) Einblicke in die Identifikation von Schlüsselkompetenzen und Orientierungen der Lehrpersonen möglich, beispielsweise durch berufliche Kompetenzen, professionelles Wissen oder durch pädagogische Expertise. Die Prozessorientierung nimmt die Bestimmung der Unterrichtsqualität durch Merkmale der Lehr-Lern-Prozesse in den Fokus. Dies geschieht nach Helmke (2012) im unterrichtlichen Handeln, bei Lehrerinnen- und Lehrer- sowie Schülerinnen- und Schülerinteraktionen und sich darin manifestierenden Prozessmerkmalen. Die Produktorientierung definiert hingegen die Qualität des Unterrichts durch seine nachweislichen Wirkungen, die sich vor allem in den von Schülerinnen und Schülern erbrachten Lernleistungen widerspiegeln (Kreisler, 2014).

Der Unterricht, so wie er von einer Lehrperson durchgeführt wird, stellt nach Helmke (2012) ein Angebot dar. Durch verschiedene Qualitätsmerkmale und seine Quantität, die sich in der Unterrichtszeit und den Lerngelegenheiten zeigen, lässt sich dieses Angebot beschreiben. Zu den Qualitätsmerkmalen zählen nach Helmke (2012) die Prozessqualität und die Qualität des Lehr-Lern-Materials. Die Wirksamkeit des Unterrichts stellt sich allerdings nicht direkt als Konsequenz des Dargebotenen ein. Vielmehr ist die Wirksamkeit für das Lernen ein Produkt zweier Arten von Mediationsprozessen (vermittelnden Prozessen) auf Schülerinnen- und Schülerseite. Einerseits spielen Wahrnehmung und Interpretation der unterrichtlichen Maßnahmen von Schülerinnen und Schülern eine große Rolle. Dazu gehört ebenfalls die Interpretation der Erwartungen der Lehrperson. Andererseits stellt sich die Frage, ob und zu welchen motivationalen, emotionalen und volitionalen Prozessen die Lehrpersonen die Schülerinnen und Schüler anregen. Der Ausgang der Mediationsprozesse ist ausschlaggebend dafür, ob und welche Lernaktivitäten die Schülerinnen und Schüler zeigen (Nutzung) und welche Wirkungen der Unterricht als Folge hat (Helmke, 2010, 2012).

Den Kern des Modells stellen laut Helmke (2012) die Lernaktivitäten dar. Sie stehen für die Zeit, in der sich die Schülerinnen und Schüler aktiv mit den Lehr-Lern-Inhalten auseinandersetzen. Diese Aktivitäten können durch einen außerschulischen Kontext (Familie, Medien) angeregt, unterstützt, gefördert und kontrolliert werden. Abhängig sind sie jedoch letztendlich von individuellen kognitiven, motivationalen, sozialen und volitionalen Kompetenzen und Merkmalen, das heißt vom Lernpotenzial (Helmke und Schrader, 2006).

Die Tatsache, dass es zu Wechselwirkungen der einzelnen Komponenten kommen kann, wird im Modell veranschaulicht. Es kann sein, dass ein und derselbe Unterricht für einige Schülerinnen und Schüler von Vorteil ist, für andere aber eher von Nachteil. Für Schülerinnen und Schüler mit geringeren Vorkenntnissen und geringerer sprachlicher Kompetenz kann nach Helmke (2012) ein Unterricht, der durch ein hohes Ausmaß von Vorgaben und Feedback gekennzeichnet ist, vorteilhaft sein. Leistungsstärkere Schülerinnen und Schüler hingegen könnten eher von offenen Lernsituationen und entdeckendem Lernen profitieren (Helmke, 2007, 2012).

4.2 Die Rolle des Modells in der Studie

Die methodischen Entscheidungen der vorliegenden Studie werden auf Basis des Angebots-Nutzungs-Modells (Abb. 4.1) von Helmke (2012) getroffen. Es stellt die Komplexität des Zusammenwirkens unterschiedlicher Einflussgrößen unterrichtlicher Wirkung anschaulich dar.

Für die Untersuchung werden drei zentrale Bereiche des Modells aufgegriffen, die für das Forschungsinteresse zentral sind und im Folgenden näher betrachtet werden. Hierzu gehören das Lernpotenzial der Schülerinnen und Schüler, der Unterricht (Angebot) und die Lernaktivität (Nutzung) (Helmke, 2012), da in der vorliegenden Forschung darauf abgezielt wird, das individuelle Lernpotenzial mit der Nutzung des Lernangebots zu vergleichen (vgl. Einleitung). Diese drei Bereiche bilden die Rahmung der Untersuchung, weswegen sie im Folgenden näher betrachtet werden.

4.2.1 Lernpotenzial

Um das Forschungsanliegen umsetzen zu können, ist eine genaue Betrachtung des Lernpotenzials wichtig. Da sich das Lernpotenzial nach Helmke (2012) aus verschiedenen Faktoren zusammensetzt, muss dieses analysiert werden, um entscheiden zu können, welche Faktoren des Lernpotenzials für die vorliegende Studie betrachtet werden müssen (vgl. Einleitung).

Das Lernpotenzial stellt ein Konstrukt dar, das die Lernfähigkeit (das Können von Lernen) und die Motivation (das Wollen von Lernen) beinhaltet (Wirtz, 2020; Vock, 2017). Es umfasst insgesamt die individuellen Lernvoraussetzungen der Schülerinnen und Schüler und setzt sich aus verschiedenen Bereichen zusammen. Für das Lernen sind die individuellen Lernvoraussetzungen die entscheidenden Bedingungen (Helmke, 2012). Nach Helmke (2012) ergeben kognitive sowie motivationale und volitionale Lernvoraussetzungen zusammen das Lernpotenzial. Im Wesentlichen hängt von den Lernvoraussetzungen ab, wie lange und wie erfolgreich jemand lernt und was er leistet. Unter motivationalen Lernvoraussetzungen versteht Helmke (2012) das Bilden von Zielen und unter volitionalen Lernvoraussetzungen das Vorhaben, diese Ziele auch umzusetzen. Hierzu gehören laut Helmke (2012) lern- und leistungsrelevante Einstellungen der Lernenden, die das Lernen beeinflussen. Der kognitive Bereich der Lernvoraussetzungen beinhaltet nach Helmke (2012) Vorkenntnisse, Sprache, Intelligenz sowie die Lern- und Gedächtnisstrategien. Lernvoraussetzungen motivationaler und volitionaler Faktoren differenzieren sich in Lernmotivation, Anstrengungsbereitschaft, Ausdauer und Selbstvertrauen.

Neben den Vorkenntnissen, die nach Stern (2003) für Schülerinnen und Schüler einen wichtigen Teil des Lernpotenzials ausmachen, sind die lern- und leistungsbezogenen Einstellungen entscheidende Faktoren für das schulische Wirken (Bos et al., 2005). Die einzelnen Faktoren werden in den folgenden Abschnitten erläutert und ihre Auswahl für die empirische Untersuchung begründet.

Kognitive Voraussetzungen

Die kognitiven Voraussetzungen umfassen nach Helmke (2012) das Vorwissen, die Sprache sowie die Lernstrategien.

Nach Stern (2003) hat das Vorwissen einen großen Einfluss auf die kognitiven Voraussetzungen. Damit bezieht sich Stern (2003) auf Weinert, der erkannte, dass hohe Intelligenz nur von Vorteil ist, wenn sie zuvor in bereichsspezifisches Wissen umgesetzt wurde (Weinert, 2001). Schneider, Körkel und Weinert (1989) zeigten, dass durch Wissen mangelnde Intelligenz kompensiert werden kann, aber fehlendes Wissen nicht durch hohe Intelligenz.

In der Scholastik-Studie (1987 bis 1997) wurde die große Bedeutung des Vorwissens für den mathematischen Bereich belegt und in der LOGIK-Follow-up-Studie (Schneider et al., 2014) gezeigt, dass gute Leistungen im intelligenznahen Gebiet wie Mathematik entscheidend vom Vorwissen abhängen (Weinert und Helmke, 1997). Die Ergebnisse aus der LOGIK-Studie deuten darauf hin, dass mangelnde

Unterstützung bei der Erlangung eines anspruchsvollen mathematischen Verständnisses später nicht mehr kompensiert werden kann. Demnach können für die Leistungsentwicklung der Schülerinnen und Schüler die Verhaltensweisen und bestimmte Merkmale von Lehrpersonen bedeutsam sein. Nach Weinert (2001) werden die Schulleistungen stets durch die Schule begünstigt oder erschwert. Der Aspekt, dass das Verstehen ein Ergebnis eines aktiven Konstruktionsprozesses auf Seiten der Schülerinnen und Schüler ist, wird nach Staub und Stern (2002) unter dem Begriff konstruktivistischen Lernens zusammengefasst. Demnach ist das Verstehen nicht das Ergebnis der Übertragung von Wissen von Lehrenden auf die Lernenden. Vielmehr müssen Dinge erprobt, Irrwege gegangen und erkannt werden, bevor ein Gegenstand oder ein Zusammenhang tatsächlich verstanden wird (Staub und Stern, 2002; vgl. Abschnitt 2.2). In einer Anschlussbefragung an die SCHOLASTIK-Studie[1] zeigte sich ein enger Zusammenhang zwischen einer konstruktivistischen Grundhaltung und dem mittleren Lernfortschritt einer Klasse (speziell beim Lösen von Textaufgaben). Das Vorwissen wurde nach Staub und Stern (2002) als besserer Vorhersagefaktor für die Mathematikleistung erkannt, nicht die Intelligenz.

Nach Helmke (2012) ist das bereichsspezifische Vorwissen das mit Abstand wichtigste Lernendenmerkmal. Besonders bei hierarchisch aufgebautem Wissen (wie in der Mathematik) sind laut Helmke (2012) das Schließen von Lücken und das Erkennen und Überwinden von Fehlern notwendige Voraussetzungen für darauf aufbauende Lernprozesse.

Zu genderspezifischen Unterschieden im Bereich des Vorwissens zeigten internationale Untersuchungen nur leichte Unterschiede (vgl. Abschnitt 1.3). Im Mittel erhielten Mädchen und Jungen ähnliche Mathematiknoten (Voyer und Voyer, 2014). Die Ergebnisse deutscher Studien offenbarten allerdings teilweise leicht bessere Mathematiknoten bei den Jungen (vgl. Abschnitt 1.3; u. a. Wendt et al., 2016). Diese Disparitäten zwischen Jungen und Mädchen zeigten ebenfalls die IQB-Bildungstrend Studie von 2016 und TIMSS 2007 auf nationaler Ebene (vgl. Abschnitt 1.2; Stanat et al., 2017; Walther et al., 2008).

Die Sprache ist nach Heinze et al. (2007) für den Erwerb mathematischer Kenntnisse besonders im Laufe des ersten Schuljahres von großer Bedeutung. Die sprachlichen Lernvoraussetzungen spielen nach Heinze et al. (2007) speziell in textbasierten mathematischen Zusammenhängen eine Rolle. Der Aufbau adäquater Sprachfähigkeit, der über die Umgangssprache hinausgeht, kann nach Cummins (1984) bis zu fünf Jahren betragen. Allerdings zeigte Kreisler (2014) in ihrer Studie, dass sich zur Erfassung des Lernpotenzials vor allem Indikatoren aus den Bereichen

---

[1] SCHOLASTIK steht für Schulorganisierte Lernangebote und Sozialisation von Talenten, Interessen und Kompetenzen (Weinert und Helmke, 1997).

der „vorhandenen Kompetenzen" und „Bereitschaft zu sozial und personal kompe-
tentem Verhalten" als besonders relevant erweisen. Als weniger bzw. nicht relevant
zeigten sich die Sprache und die Intensität und Qualität der sozialen Kontakte
(Kreisler, 2014, S. 257). Heinze et al. (2011) stellten fest, dass in textarmen mathematischen Bereichen die Sprache kaum einen Einfluss auf die Rechenleistung hat.
Durch symbolisch repräsentierte Items, die die Ausführung grundlegender mathematischer Operationen erfordern, konnte kein Unterschied in den arithmetischen
Rechenleistungen festgestellt werden (Heinze et al., 2011).

Zur Berücksichtigung der sprachlichen Heterogenität, die sich hauptsächlich auf
die Fachsprache bezieht und um dieser im Mathematikunterricht gerecht zu werden,
unterscheidet Prediger (2017) zwei Strategien: In der defensiven Strategie werden
die sprachlichen Anforderungen gesenkt und an den Lernstand angepasst und in der
offensiven Strategie werden Hürden ausgeräumt und Lernende befähigt, die gestell-
ten Anforderungen zu erfüllen. Damit sprachliche Schwierigkeiten keine Relevanz
für den fachlichen Lernzuwachs bedeuten, können nach der offensiven Strategie
durch die Verwendung einer leichten Sprache unnötige Hürden ausgeräumt werden
(Prediger, 2017). In ihrer Studie zu Zusammenhängen zwischen sprachlichen und
fachlichen Lerngelegenheiten konnten Prediger et al. (2016) zeigen, dass Zusammenhänge existieren und durch die Förderung von Diskurskompetenzen unterstützt
werden können. Die Förderung sprachlicher Prozesse zeigte sich in ihrer Studie
im analysierten Unterrichtsgeschehen fast ausschließlich durch sprachliche Oberflächenmerkmale wie Grammatik oder Wortschatz. Ihre Befunde offenbarten die
Bedeutsamkeit der Diskursebene neben der Wort- und Satzebene, weswegen die
Ausgestaltungen diskursiver Lerngelegenheiten, wie sie in offenen Lernsituationen
möglich sind, noch Ausbaumöglichkeiten aufweisen (Prediger et al., 2016).

Zum Merkmal des Migrationshintergrundes erkannte Helmke (2012), dass die
Einflüsse der sozialen Herkunft entscheidender für schulischen Erfolg sind als
der Sprachhintergrund. Zu berücksichtigen ist allerdings, dass Migrantenkinder
eine Zweitsprache und die dazugehörende Fachsprache nur in einem langfristig
unterstützten Entwicklungsprozess lernen. Da die Komplexität und Abstraktion
der Fachsprache von Schuljahr zu Schuljahr zunehmen, muss die Sprachfähigkeit
Gogolin (2005) zufolge kontinuierlich weiterentwickelt werden.

Lernstrategien sind ein weiterer Aspekt kognitiver Voraussetzungen. Sie
beschreiben Verhaltensweisen, die zur Bewältigung von Lernaufgaben dienen können. Stangel (2020) unterscheidet drei Ebenen, auf denen Lernstrategien betrachtet
werden: die kognitiven, metakognitiven und die ressourcenbezogenen Lernstrategien. Zur kognitiven Ebene gehört die direkte Informationsaufnahme, wie die
Anwendung konkreter Arbeitstechniken zur Einprägung neuer Informationen. Das
Organisieren, Elaborieren, kritische Prüfen von Argumentationszusammenhängen,

das Nachdenken über Alternativen zum neu Gelernten, das Wiederholen durch mehrmaliges Lesen oder das Auswendiglernen von Schlüsselbegriffen gehören zu den kognitiven Lernstrategien (Baumert, 1993; Stangl, 2020).

Die metakognitiven Lernstrategien beziehen sich nach Baumert (1993) und Stangl (2020) hauptsächlich auf die Kontrolle des eigenen Lernfortschrittes und weniger auf den eigentlichen Lernvorgang. Dazu gehört das selbstständige Planen der Lernschritte durch das Festlegen der Reihenfolge oder der Versuch, Relevantes vom Irrelevanten zu trennen. Außerdem zählen das Überwachen des Lernerfolgs und der Lernschritte durch das Durcharbeiten von Beispielaufgaben und das Vorhaben, anderen Lernenden den Lernstoff zu erklären, zur metakognitiven Ebene der Lernstrategien (Baumert, 1993; Stangl, 2020).

Auf die Organisation und die Rahmenbedingungen des Lernens beziehen sich nach Baumert (1993) und Stangl (2020) die ressourcenbezogenen Lernstrategien. Hierzu gehören Anstrengung, Aufmerksamkeit, Willensstärke und Konzentration, das Zeitmanagement sowie die Arbeitsplatzgestaltung, sodass keine Ablenkungen auftreten können und dass notwendige Hilfsmittel greifbar sind (Papier, Stifte usw.). Auch die Nutzung zusätzlicher Informationsquellen und das Lernen in Gemeinschaften zählen zu den ressourcenbedingten Lernstrategien (Baumert, 1993; Stangl, 2020).

Baumert (1993) stellte fest, dass die motivationale Lage der Lernenden mit einer differentiellen Bedeutung der Lernstrategien für den Lernerfolg einhergeht. Lernende, die eine geringe Aufgabenmotivation zeigen, könnten diese durch die Anwendung eines hinreichenden Strategierepertoires möglicherweise ausgleichen. Allerdings zeigte Lompscher (1995), dass Lerntechniken durch die Lernenden eher unterschätzt werden und auch die metakognitiven Strategien unterschiedliche Stellenwerte erlangen, die abhängig vom Anforderungsbereich, Alter und dem Geschlecht sind. In einer neueren Studie bestätigen Schuster et al. (2018), dass ein Hybridtraining, bestehend aus einem direkten und indirekten Training metakognitiver Strategien, den Transfer von Aufgaben unterstützen kann. In diesem Zusammenhang wurde ein höherer Zuwachs von kognitiven und metakognitiven Lernstrategien bei der Bearbeitung von Transferaufgaben beobachtet.

Wernke (2013) konnte zeigen, dass der Lernstrategiegebrauch bereits in der Grundschule gefördert werden kann. Dieser hat in der Altersgruppe der Grundschulkinder allerdings nur geringe Auswirkungen auf den Lernerfolg.

Motivationale und volitionale Voraussetzungen
Zusammen mit den kognitiven Voraussetzungen bilden nach Helmke (2012) motivationale und volitionale Voraussetzungen das gesamte Lernpotenzial und haben

damit einen Einfluss auf erfolgreiches Lernen. Zu den motivationalen und volitionalen Voraussetzungen gehören laut Helmke (2012) lern- und leistungsrelevante Einstellungen. Um die für die vorliegende Studie relevanten Faktoren der motivationalen und volitionalen Einstellungen festzulegen, werden diese im Folgenden genauer betrachtet.

Murayama et al. (2012) ermittelten Faktoren, die für die Lernfortschritte im Fach Mathematik entscheidend sind und zu den motivationalen und volitionalen Lernvoraussetzungen gehören. Die Ergebnisse dieser Studie „Palma" (Projekt zur Analyse der Leistungsentwicklung in Mathematik) zeigen, dass der Erfolg im Fach Mathematik nicht im direkten Zusammenhang mit Intelligenz steht. Vielmehr spielen Faktoren wie Motivation und die wahrgenommene eigene Kontrolle über den Lernerfolg eine entscheidende Rolle. Der Glaube der Lernenden daran, dass sie ihr akademisches Schicksal selbst in der Hand haben, wurde für gute Leistungen als ausschlaggebend erkannt (Murayama et al., 2012).

Die Lernmotivation als ein motivationales Merkmal stellt nach Ryan und Deci (2020) in der Verknüpfung mit akademischer Leistung und einer positiven Erlebnisqualität einen wichtigen Faktor der Lernvoraussetzungen dar. Zwei zentrale Merkmale sind die intrinsische Motivation und das Fähigkeitsselbstkonzept, die für gelingende Lernprozesse wichtig sind (Ryan und Deci, 2020). Durch die intrinsische Motivation, die sich beispielsweise durch Interesse oder Freude an Lerninhalten äußert, findet ein Fortschreiten im Lernprozess selbstbestimmt und aus eigenem Antrieb der Lernenden statt (Ryan und Deci, 2020). Im Gegensatz zur intrinsischen Motivation ist nach Ryan und Deci (2020) die extrinsische Motivation weniger selbstbestimmt und benötigt Antrieb von außen, beispielsweise durch Lob von Eltern oder Lehrpersonen für erbrachte Leistungen. Für die extrinsische Motivation können nach Lepper et al. (2022) Antriebe wie die persönliche Bedeutsamkeit, Wertschätzung oder Nützlichkeit vorhanden sein. Dabei müssen diese Antriebe, anders als bei der intrinsischen Motivation, nicht unbedingt positiv besetzt sein. Beispielsweise kann das Ziel einer guten Prüfung mit Angst einhergehen, aber durch die persönliche Bedeutsamkeit einen Antrieb darstellen (Lepper et al., 2022). Viljanranta (2014) und Weidinger (2017) zeigten, dass intrinsisch motivierte Lernende häufiger eine höhere Lernbereitschaft zeigten und ihre Lernaktivitäten länger fortsetzten. Dies führte zu einer gesteigerten Kompetenzentwicklung und Interessenbildung. Einen positiven Zusammenhang zwischen intrinsischer Motivation und den Leistungen im Mathematikunterricht konnten Viljanranta et al. (2014) in ihrer Längsschnittstudie aufdecken. Nach Weidinger (2018) berichteten Lernende mit einem günstigen Fähigkeitsselbstkonzept von einer höheren intrinsischen Motivation in der entsprechenden Domäne.

Schülerinnen und Schüler müssen grundsätzlich motiviert sein, sich den Unterrichtsstoff aneignen zu wollen. Dies können Lehrpersonen durch Motivationshilfen unterstützen (Klauer und Leutner, 2012; vgl. Abschnitt 2.2). Neben der Lernbereitschaft besitzen laut Lauermann et al. (2017) motivationale Merkmale ebenfalls einen hohen Stellenwert bei bildungsrelevanten Entscheidungen und Bildungsverläufen, wenn es beispielsweise um die Wahl der weiterführenden Schule geht. Die Unterstützung zentraler motivationaler Merkmale, wie die intrinsische Motivation und das Fähigkeitsselbstkonzept, stellt nach Kunter (2005) daher ein wichtiges Ziel des Unterrichts dar.

Mehrere Studien zeigen, dass die Leistungsangst neben der Motivation auf emotionaler Ebene die größten Auswirkungen auf den schulischen Erfolg hat (u. a. Khalaila, 2015; Liu und Huang, 2011). Von einem Zusammenhang zwischen der Schulangst, der Schulunlust, der Anstrengungsvermeidung und den Schulnoten in den Fächern Mathematik und Deutsch berichten Weber und Petermann (2016) für Mädchen und Jungen. Die Studie zeigt, dass sich die Leistungsangst bei Jungen nicht negativ auf die Schulnote auswirkt. Im Gegensatz dazu stehen die Ergebnisse für die Mädchen, bei denen sich ein negativer Einfluss der Prüfungsangst auf die Mathematiknote nachweisen lässt (Weber und Petermann, 2016). Die Ergebnisse der Studie deuten zudem darauf hin, dass ein Motivationstraining und eine angstreduzierende Lernumgebung dazu beitragen können, die Schulnoten von Schülerinnen zu steigern (Weber und Petermann, 2016).

Das Selbstkonzept spielt nach Schuchardt et al. (2015) sowie Praetorius et al. (2016) bei der Bewältigung von Lernaufgaben als weiterer Faktor des Lernpotenzials eine entscheidende Rolle. Dieses steht laut Guay et al. (2003) in enger wechselseitiger Beziehung mit der schulischen Leistungsentwicklung. Dass Lernende eine sehr differenzierte Sicht auf ihre eigenen Stärken und Schwächen haben, ermittelten Schuchardt et al. (2015) in ihrer Studie zum akademischen Selbstkonzept bei Grundschulkindern mit Lernschwierigkeiten. Bei Kindern mit isolierten Lernschwächen fällt deren Selbsteinschätzung im betroffenen Bereich niedriger aus als in anderen Bereichen. Kinder mit kombinierten Schwächen in mehreren Bereichen bewerteten ihre Leistungen generell niedrig. Nach den Ergebnissen von Schuchardt et al. (2015) ist es möglich, dass Lernende ihre mathematischen Leistungen niedriger einschätzen als ihre generellen Leistungen, wenn nur Schwierigkeiten in Mathematik vorliegen. Allgemein stellten Schuchardt et al. (2015) fest, dass Lernende über ein realistisches Bild ihrer eigenen Kompetenzen verfügen und nicht ihre allgemeine Leistung niedrig einschätzen, wenn nur ein Bereich Schwierigkeiten bereitet. Das Selbstkonzept hängt von verschiedenen Faktoren ab und kann demzufolge unterschiedlich beeinflusst werden (Schuchardt et al., 2015). Ein hohes Selbstkonzept kann einerseits dem Selbstschutz dienen oder andererseits ein Ausdruck von Wunschdenken sein. In diesen beiden Fällen hätte es keinen Einfluss auf bessere Lernleistungen (Schuchardt et al., 2015). Führt ein hohes Selbstkonzept jedoch zu einer erhöhten Anstrengungsbereitschaft und Lern- und Leistungsmotivation, kann die Leistung nachhaltig positiv beeinflusst werden (Guay, 2010).

Der Glaube der Lernenden daran, dass sie ihr akademisches Schicksal selbst in der Hand haben, wurde von Murayama et al. (2012) für gute Leistungen als ausschlaggebend erkannt. Der Glaube an die eigenen Fähigkeiten kann besonders in den Anfängen der Grundschulzeit zu einer erhöhten Ausdauer bei der Bearbeitung von Aufgaben und zu mehr Partizipation im Unterrichtsgeschehen führen. Ein negativer Effekt kann sich dementsprechend negativ auf die Leistungen auswirken (Praetorius et al., 2016; Helmke, 1998). Allerdings stellten Praetorius et al. (2016) in ihrer Längsschnittstudie zum Ausmaß an Selbstüber- und -unterschätzungen in Bezug auf das Fach Mathematik fest, dass der positive Effekt der Selbsteinschätzung im Laufe der Grundschulzeit abnimmt.

Bei der Betrachtung genderspezifischer Unterschiede in diesem Bereich fanden Steinmayr et al. (2019) heraus, dass Mädchen ihre mathematischen Fähigkeiten geringer einschätzen als Jungen und sich dadurch unterschiedliche Voraussetzungen für die Bearbeitung von Lerngegenständen ergeben. Diese Einschätzung der Mädchen änderte sich auch nicht nach der tatsächlichen Kontrolle ihrer Leistungen (Steinmayr et al., 2019). Jungen verfügen insgesamt über ein positiveres Selbstkonzept im mathematischen Bereich (Helmke, 1998; Eccles et al., 1993). Befunde von Alter et al. (2010) zeigen, dass stereotypbedingte Leistungsunterschiede ausbleiben, wenn die Testfragen nicht als Mathematik-, sondern als Problemlöseaufgaben präsentiert werden.

Durch die Orientierung und das Anknüpfen an Vorerfahrungen der Kinder im jeweiligen Gegenstandsbereich können nach Helmke (2012) Lehrpersonen den Unterrichtserfolg unterstützen (vgl. Abschnitt 2.2.4). Der Erfolg von Unterricht hängt demnach davon ab, dass der Unterricht auf den Entwicklungsstand der Lernenden abgestimmt ist (Helmke, 2012; Kapitel 2). Dies setzt die Kenntnis des Lernpotenzials der Lernenden voraus.

4.2.2 Angebot

Der Unterricht stellt im Modell von Helmke (2012) das Angebot dar. Nach Helmke (2012) gehören in den Bereich des Angebots zwei Teile: erstens die Prozessqualität, die fachübergreifend oder fachspezifisch sein kann, und zweitens die Qualität des Lehr-Lern-Angebots (Abb. 4.1). In Abschnitt 2.2 wurden Aspekte zur Lehrperson, den Rahmenbedingungen (u. a. Arbeitsklima) und dem Aufbau eines Lernangebots ausführlich beschrieben. An dieser Stelle werden aufgrund dessen bereits erläuterte wichtige Aspekte nur bezogen auf das Angebot als Teil des Modells eingeordnet.

In Bezug auf die Prozessqualität des Angebots kommt der Lehrperson eine zentrale Rolle zu. Die Lehrperson stellt die Rahmenbedingungen her und fördert die Informationsverarbeitung durch einen klaren und strukturierten Unterricht. Zu einer hohen Prozessqualität führen nach Helmke (2012) weitere entscheidende Faktoren, wie die Förderung der Lernbereitschaft und die Konsolidierung und Sicherung des Gelernten. Ein lernförderliches Klima, das durch Schülerinnen- und Schülerorientierung geprägt ist und zu eigener Aktivität motiviert, stellt die Grundlage für ein erfolgreiches Lernen dar (Helmke, 2012). Ein angemessenes Anforderungsniveau des Lernangebots trägt entscheidend zur Qualität eines Lehr-Lern-Angebots bei. Die unterrichtlichen Anforderungen befinden sich nach lerntheoretischer und entwicklungspsychologischer Sicht in einer Schwierigkeitszone, die oberhalb des aktuellen Wissensstandes liegt, aber auch nicht zu weit davon entfernt, in der Zone der nächsten Entwicklung (vgl. Abschnitt 2.2.3; Vygotzky, 1938; Schütte, 2008). Die Lehrkraft unterstützt nach Helmke (2012) die Lernenden dabei, ohne Unter- oder Überforderung neues Wissen zu erwerben (vgl. Abschnitt 2.2.1; Schütte, 2008). Im Allgemeinen orientiert sich die Qualität des Lehr-Lern-Angebots an den Merkmalen guten Unterrichts (vgl. Abschnitt 2.2.3). Insbesondere hängt die Qualität eines Angebots für heterogene Lerngruppen von dessen Komplexität und den Differenzierungsmöglichkeiten ab (Meyer, 2010; Helmke 2012; Weskamp, 2019; Korten, 2020). Zu beachten ist u. a. nach Lipowsky et al. (2009) die Unterschiedlichkeit von Bildungszielen, fachlichen Inhalten und individuellen Lernvoraussetzungen in heterogenen Lerngruppen. Je größer die Heterogenität ist, desto anspruchsvoller wird die Aufgabe, eine gute Passung der Lerninhalte zu erreichen (Helmke, 2007; Moser und Redlich, 2011). Für Lerngruppen mit großen Unterschieden im Leistungsspektrum empfehlen Moser und Redlich (2011), zu den allgemeinen Qualitätsmerkmalen die curriculums- und systembezogene Diagnostik, kooperative Lernformen sowie individuelles Feedback ins Unterrichtsgeschehen einzuplanen. In offenen Unterrichtssituationen, wie sie bei der Durchführung natürlich differenzierender Lernangebote entstehen, ergibt sich nach Kreisler (2014) und Hardy et al. (2019) in Phasen des eigenständigen Arbeitens die Möglichkeit für individuelles Feedback, diagnostische Beobachtungen oder Gespräche. Ebenso finden kooperative Lernformen unter anderem im Zwischenaustausch oder bei Absprachen während der Arbeitsphasen statt, wie sie bereits in Abschnitt 2.2.5 thematisiert wurden (Gysin, 2017; Pape, 2016). Individuelles Feedback ist laut Hardy et al. (2019) während der Arbeitsphasen oder in den Präsentationen möglich (vgl. Abschnitt 2.2.5). Damit finden ebenfalls die Qualitätsmerkmale der natürlichen Differenzierung Berücksichtigung (Krauthausen und Scherer, 2016; vgl. Abschnitt 2.2.1).

4.2.3 Nutzung

Die Nutzung eines Lernangebots zeigt sich in den Lernaktivitäten der Schülerinnen und Schüler und bildet nach Helmke (2012) den Kern des Unterrichts. Die Angebotsnutzung zeichnet sich durch eine aktive Lernzeit aus und kann durch außerunterrichtliche Aktivitäten unterstützt, gefördert und auch kontrolliert werden. Die aktive Lernzeit bezeichnet nach Helmke (2012) die Dauer und Intensität der Aufmerksamkeit der Lernenden im Unterricht sowie im Rahmen außerschulischer Aktivitäten. Die Lernaktivität lässt sich u. a. durch die aktive Mitarbeit im Unterricht im Rahmen von Gesprächsbeiträgen oder Dokumentationen beobachten (Helmke, 2012; Kreisler, 2014). Abhängig ist die Angebotsnutzung von individuellen kognitiven, motivationalen und volitionalen Kompetenzen und Merkmalen, also dem Lernpotenzial (vgl. Abschnitt 4.2.1). Die Nutzung des Lernangebots erfolgt über die Lernaktivitäten der Lernenden. Dadurch macht sich der Einfluss der Lernenden auf den Unterricht und Unterrichtsmaterial bemerkbar (Helmke, 2012; Kreisler, 2014). Dieser Einfluss bewirkt nach Helmke (2012) eine Lernfreude und die Weiterentwicklung fachlicher und überfachlicher Kompetenzen.

Für die vorliegende Studie werden die Lernaktivitäten der Schülerinnen und Schüler betrachtet, die bei der Nutzung des Lernangebots gezeigt werden. Diese werden zur Analyse der Nutzung des Lernangebotes verwendet. Das Lernangebot richtet sich nach den vier konstituierenden Merkmalen für natürliche Differenzierung, wie sie in Abschnitt 2.2.1 ausführlich dargestellt wurden, und nach den Kriterien für ein arithmetisches Lernangebot, die in Kapitel 3 herausgearbeitet wurden. Die aktive Lernzeit, die Helmke (2012) auch als Lernaktivität bezeichnet und die den Kern des Angebots-Nutzungs-Modell bildet, wird in der vorliegenden Studie analysiert und bildet einen zentralen Schwerpunkt der Forschung.

Forschungsanliegen 5

5.1 Forschungsdesiderat

Aufgrund der Forschungslage kann festgehalten werden, dass insbesondere im Bereich der Unterrichtsgestaltung in heterogenen Lerngruppen im Mathematikunterricht der Grundschule ein großer Forschungsbedarf besteht (vgl. Abschnitte 1.3 und 2.2.4). Die Ergebnisse umfangreicher nationaler und internationaler Untersuchungen der Mathematikleistungen deutscher Grundschülerinnen und Grundschüler untermauern die Forderung nach weiteren intensiven Maßnahmen zur Weiterentwicklung des Mathematikunterrichts in der Primarstufe. Insbesondere muss der Blick auf die Schülerinnen und Schüler im niedrigen sowie im besonders hohen Leistungsspektrum gerichtet werden, da sich in diesen beiden Extremgruppen in den aktuellen Studien keine Verbesserungen zeigten (Wendt et al., 2016; Schwippert et al., 2020; Stanat et al., 2022).

Damit ist die Differenzierung des Lernens immer noch ein prioritäres Thema und die Notwendigkeit von natürlicher Differenzierung in der mathematikdidaktischen Forschung unbestritten. Die Schaffung möglichst günstiger Lernbedingungen für jedes einzelne Kind ist das Ziel mathematikdidaktischer Überlegungen. Für Lehrende stellt dies allerdings eine Herausforderung dar (vgl. Abschnitt 2.2.4). Im Mathematikunterricht heterogener Lerngruppen werden die Lehrkräfte dazu aufgefordert, Fördermaßnahmen zu entwerfen und in die Gestaltung des Unterrichts zu integrieren, was sich in der Praxis häufig als Überforderung darstellt (u. a. Brunner, 2019; Korff, 2015; Stöckli et al., 2014). Bei der Gestaltung und Begleitung von Fördermaßnahmen im Kontext der unterrichtlichen Lernumgebung ist nach Hardy et al. (2019) die Berücksichtigung der Lernvoraussetzungen und Lernprozesse der Schülerinnen und Schüler aber zentral, um allen Lernenden gerecht zu werden.

Das Arbeiten am gleichen Unterrichtsgegenstand, wie im Konzept der natürlichen Differenzierung vorgesehen, ist laut Oechsle (2020), Brunner (2019) und Korff (2015) sehr voraussetzungsreich für die Planung des Unterrichts. Aufgrund dessen wird in der Praxis häufiger auf der methodischen Ebene differenziert als auf der inhaltlichen.

Die vorgestellten Forschungsarbeiten aus den vorangegangenen Kapiteln (vgl. Abschnitte 1.3 und 2.2.4) stützen die Ansicht, dass das Arbeiten am gemeinsamen Gegenstand auf unterschiedlichen Schwierigkeitsniveaus eine adäquate Möglichkeit darstellt, heterogenen Lerngruppen gerecht zu werden (u. a. Stöckli et al., 2014; Weskamp, 2019). Außerdem liegen Unterrichtskonzepte zur natürlichen Differenzierung vielfältig vor, allerdings kein empirischer Nachweis dafür, dass die Schülerinnen und Schüler tatsächlich ihrem Lernpotenzial entsprechend arbeiten.

Aufgrund der Relevanz und Vielschichtigkeit muss in der weiteren Forschung zur natürlichen Differenzierung ein besonderes Augenmerk auf das Vorhandensein verschiedener Schwierigkeitsstufen bzw. Anforderungsbereiche gelegt werden. Außerdem sollte überprüft werden, ob die Schülerinnen und Schüler das Lernangebot ihrem Lernpotenzial entsprechend nutzen.

5.2   Forschungsinteresse und Ziel der Untersuchung

Nachfolgend werden das Forschungsanliegen aus den theoretischen Überlegungen (vgl. Kapitel 1 bis 4) und dem Forschungsdesiderat abgeleitet und die Forschungsfragen formuliert.

Im Mathematikunterricht der Grundschule liegt ein großes Heterogenitätsspektrum in Bezug auf Leistungsheterogenität vor (vgl. Kapitel 1; u. a. Krauthausen und Scherer, 2016; Weskamp, 2019; Descristan et al., 2014), dessen Auswirkung sich insbesondere in den Ergebnissen der Schulleistungsstudien der letzten Jahre (vgl. Abschnitt 1.3) zeigt.

„Die Ergebnisse des IQB-Bildungstrends liefern ein besorgniserregendes Bild. Die negativen Trends sind erheblich und der Anteil der Viertklässlerinnen und Viertklässler, die nicht einmal die Mindeststandards erreichen, ist zu hoch." (Stanat et al., 2022, S. 32)

„Ferner ist es zur Sicherung von Mindeststandards erforderlich, dass Kinder mit ungünstigeren Lernvoraussetzungen bereits im Elementarbereich gezielter gefördert werden als es bislang der Fall ist." (Stanat et al., 2022, S. 33)

Dies stellt eine besondere Anforderung für die Unterrichtsgestaltung dar und erfordert die Entwicklung adäquater Konzepte. In der fachdidaktischen Diskussion stehen Konzepte im Zentrum, die eine gemeinsame Förderung von leistungsschwachen und leistungsstarken Schülerinnen ermöglichen (vgl. Abschnitt 1.3; u. a. Walther et al., 2008; Wendt et al., 2016; Spiegel und Walter, 2005; Selter, 2012). Nicht zuletzt wird nach Konzepten gesucht, die dieser Anforderung gerecht werden.

Konzepte, die die Leistungsheterogenität nicht nur nach leistungsschwach und leistungstark einteilen, sondern auch das Denken der Kinder berücksichtigen, sollen zum adäquaten Umgang mit heterogenen Lerngruppen beitragen (vgl. Abschnitt 1.3; Spiegel und Walter, 2005; Krauthausen und Scherer, 2016; Rathgeb-Schnierer und Rechtsteiner-Merz, 2010). Das Ziel ist die Umkehrung des negativen Trends (vgl. Zitat Stanat et al., 2022b, S. 32 f.), indem unterschiedliche Lernvoraussetzungen berücksichtigt werden.

In der mathematikdidaktischen Forschung ist die Differenzierung des Lernens ein prioritäres Thema und die Notwendigkeit von natürlicher Differenzierung unbestritten (u. a. Rathgeb-Schnierer und Rechtsteiner, 2018; Krauthausen und Scherer, 2016; Nührenbörger und Pust, 2016; Wittmann, 1996). Die natürliche Differenzierung, also das Arbeiten am gleichen Gegenstand auf unterschiedlichen Schwierigkeitsniveaus, ist für die Planung des Unterrichts sehr voraussetzungsreich (Häsel-Weide und Nührenbörger, 2017; Krauthausen und Scherer, 2010). Für jedes einzelne Kind sollen möglichst günstige Lernbedingungen geschaffen werden (vgl. Zitat Stanat et al., 2022b, S. 32 f.; Nührenbörger und Pust, 2016). Lehrende stellt das vor enorme Herausforderungen. Im Mathematikunterricht müssen nach Werner (2018) und Gysin (2017) Fördermaßnahmen für ein großes Leistungsspektrum entworfen und in die Gestaltung des Unterrichts integriert werden. Außerdem müssen Lehrende bei der Gestaltung und Begleitung von Fördermaßnahmen im Kontext des Unterrichts sehr sensibel für die Lernvoraussetzungen und Lernprozesse der Schülerinnen und Schüler sein (Häsel-Weide und Nührenbörger, 2017).

In der mathematikdidaktischen Diskussion wird natürliche Differenzierung als eine Möglichkeit zum Umgang mit Heterogenität betrachtet. Dabei wird davon ausgegangen, dass Lernende entsprechend ihrem Leistungsniveau ein natürlich differenzierendes Lernangebot nutzen und somit ein Lernen auf unterschiedlichen Schwierigkeitsniveaus gegeben ist (Nührenbörger und Pust, 2016; Krauthausen und Scherer, 2016; Rathgeb-Schnierer und Rechtsteiner, 2018; Häsel-Weide und Nührenbörger, 2017). Zur Umsetzung von Unterricht in heterogenen Lerngruppen liegt eine Vielzahl von Unterrichtskonzepten zur natürlichen Differenzierung vor

(u. a. Wittmann und Müller, 1996; Hirt und Wälti, 2010), allerdings kein empirischer Nachweis dafür, dass die Schülerinnen und Schüler auf ihrem individuellen Leistungsniveau arbeiten.

An diesem Forschungsdesiderat wird in dieser Studie angeknüpft. Sie intendiert die empirische Überprüfung, ob Lernende ein natürlich differenzierendes Lernangebot gemäß ihren individuellen Lernvoraussetzungen[1], also ihrem Leistungsniveau entsprechend, nutzen.

5.3   Zentrale Fragestellungen

Aus dem übergeordneten Ziel ergibt sich folgende Leitfrage, die im Mittelpunkt der Studie steht:

Wird das Potenzial des natürlich differenzierenden Lernangebots „Kombi-Gleichungen" von Lernenden ihrem Lernpotenzial entsprechend genutzt?

Zur Beantwortung der Leitfrage wird das Forschungsinteresse in drei Bereiche gegliedert, die an das Angebots-Nutzungs-Modell von Helmke (2012) angelehnt sind (Kapitel 4): das *Lernpotenzial*, das *Angebot* und die *Nutzung*. Diese drei Bereiche bilden die zentralen Forschungsgebiete.

Im Verlauf des Forschungsprozesses entstanden für die drei Forschungsbereiche (*Lernpotenzial, Angebot, Nutzung*) untergeordnete Fragestellungen.

Für den Bereich des *Lernpotenzials* werden folgende Forschungsfragen (folgend mit FF abgekürzt) untersucht:

FF1:   Welche Ausprägungen zeigt das Lernpotenzial bei Schülerinnen und Schülern in den Bereichen, die für die Nutzung des Lernangebots relevant sind (Vorwissen, Arbeits- und Sozialverhalten, Konzentrationsfähigkeit, Leistungsangst, Selbstkonzept Leistung, Lernmotivation Mathematik, Selbstkonzept Mathematikunterricht)?

    FF1.1: Zeigen sich Unterschiede zwischen Mädchen und Jungen in Bezug auf das ermittelte Lernpotenzial?

    FF1.2: Welche Zusammenhänge zeigen sich bei den verschiedenen Faktoren des Lernpotenzials?

    FF1.3: Gibt es bei Mädchen und Jungen unterschiedliche Zusammenhänge innerhalb der Faktoren des Lernpotenzials?

Für den Bereich des *Angebots* wird folgenden Forschungsfragen nachgegangen:

---

[1] Die verschiedenen Faktoren der Lernvoraussetzungen insgesamt werden im Folgenden auch als Lernpotenzial bezeichnet.

FF2: Welches Lernangebot erfüllt die Anforderungen für natürlich differenzierende Lernangebote in der Arithmetik?

FF2.1: Welche Niveaustufen bietet das ausgewählte Lernangebot und wie werden sie festgelegt?

Für die *Nutzung* bzw. die Bearbeitung eines natürlich differenzierenden arithmetischen Lernangebots stehen folgende Forschungsfragen im Mittelpunkt:

FF3: Zeigen sich in heterogenen Lerngruppen Zusammenhänge und Unterschiede bezüglich der Bearbeitung eines natürlich differenzierenden arithmetischen Lernangebots?

FF3.1: Welche Zusammenhänge zeigen sich zwischen den einzelnen Faktoren des Lernpotenzials und der Nutzung des Lernangebots?

FF3.2: Lassen sich empirisch verschiedene Bearbeitungsformen finden?

FF3.3: Welche Gruppen zeigen sich bei der Bearbeitung des Lernangebots?

Für die Gesamtbetrachtung der drei Forschungsbereiche (Lernpotenzial, Angebot, Nutzung) ergeben sich folgende Forschungsfragen:

FF4: Zeigen sich bei unterschiedlichen Bearbeitungsformen unterschiedliche Ausprägungen im Lernpotenzial?

FF4.1: Zeigen sich Zusammenhänge zwischen den verschiedenen Bearbeitungsformen und dem Lernpotenzial?

Im methodischen Aufbau zur Beantwortung der Kern- und Teilfragen finden die drei genannten Forschungsbereiche Berücksichtigung. Diese werden im folgenden Teil der Arbeit methodisch aufgearbeitet.

Teil II
Methodik

Im nachfolgenden Teil wird sich mit methodischen Überlegungen zur Untersuchung der Nutzung natürlich differenzierender Lernangebote befasst.

In Anlehnung an das Angebots-Nutzungs-Modell (Helmke, 2012; vgl. Abschnitt 4.2) wurde in der vorliegenden Studie das Zusammenspiel von Unterrichtsangebot, Lernaktivitäten und Lernpotenzial anhand eines natürlich differenzierenden Lernangebots in neun heterogenen Klassen (n = 153) untersucht. Hieraus ergaben sich drei zentrale methodische Bausteine:

1. die Erfassung der Lernausgangslage,
2. die Entwicklung des natürlich differenzierenden Lernangebots sowie
3. die Erfassung und Analyse der Lernaktivitäten.

Um die auf der Basis des aktuellen Forschungsstands entwickelten Forschungsfragen zu beantworten, mussten einige methodische Aspekte beachtet werden.

Die explorative Feldstudie wurde als primäranalytische Querschnittstudie angelegt, bei der Primärdaten analysiert wurden. Dieses Vorgehen hatte den Vorteil, dass das Forschungsdesign, die Stichprobe und die Datenerhebungsmethode selbst festgelegt und damit genau auf das Forschungsziel zugeschnitten werden konnten (Bortz und Döring, 2016). Zudem bot das primäranalytische Vorgehen den Vorzug, dass forschungsethische Gesichtspunkte berücksichtigt werden konnten. So konnte eine freiwillige Teilnahme und allen Probandinnen und Probanden gleichermaßen der Zugang zu den Inhalten der Studie (Unterrichtsinhalte und Erkenntnisse aus der Diagnostik) ermöglicht werden (Bortz und Döring, 2016).

In den folgenden Kapiteln werden der Studienaufbau, die Stichprobe und die verwendeten Instrumente detailliert vorgestellt sowie deren Auswahl begründet. Anschließend werden die Aufbereitung der entstandenen Daten und das Vorgehen bei der Datenanalyse erörtert.

Aufbau der Studie 6

Die theoretische Rahmung für den Aufbau der Studie bildeten drei Schwerpunkte aus dem Angebots-Nutzungs-Modell, die in Abschnitt 4.2 erläutert wurden (Helmke, 2010): das Lernpotenzial, das Angebot und die Nutzung.

Ein zentrales Ziel war die Erfassung des Lernpotenzials von Lernenden eines dritten Schuljahrs. Operationalisiert wurde dieser Bereich durch einen Fragebogen zu lern- und leistungsrelevanten Einstellungen der Lernenden (vgl. Abschnitt 9.1.1) und durch einen standardisierten Mathematiktest. Der Test lieferte Kompetenzstufen und weitere Werte zu mathematischen Leistungen (vgl. Abschnitt 9.1.2). Weiterhin wurde erfasst, in welcher Form bzw. auf welchem Niveau ein natürlich differenzierendes Lernangebot (LeA) von den Lernenden genutzt wurde. Hierzu wurden die entstandenen Lernendendokumente mithilfe eines inhaltsanalytischen Kategoriensystems ausgewertet (vgl. Abschnitt 10.1.2). Das ermittelte Lernpotenzial wurde abschließend mit der Nutzung des Lernangebots, also dem Bearbeitungsniveau, verglichen.

Pilotierung

Um die notwendigen Gütekriterien (Validität, Reliabilität und Objektivität) für die Beurteilung von quantitativen Studien zu erfüllen, wurden nach der theoretischen Planung drei Pilotierungen durchgeführt. Diese zielten neben der Erfüllung der genannten Gütekriterien auf einen reibungslosen und effizienten Ablauf der Hauptstudie. Im Fokus standen die Erprobung eines Lernangebots, des Kompetenztests und eines Fragebogens sowie das Zusammenspiel dieser drei Instrumente miteinander.

© Der/die Autor(en), exklusiv lizenziert an Springer Fachmedien Wiesbaden GmbH, ein Teil von Springer Nature 2023
S. Friedrich, *Natürliche Differenzierung im Arithmetikunterricht*, Mathematikdidaktik im Fokus, https://doi.org/10.1007/978-3-658-42849-5_6

Abbildung 6.1 Ablauf der gesamten Untersuchung

Die erste Pilotierung diente der Erprobung des Lernangebots (vgl. Abbildung 6.1) und wurde mit einer Stichprobengröße von 23 Schülerinnen und Schülern eines dritten Schuljahres im Februar 2019 durchgeführt. Diese hatte die Optimierung der beiden Arbeitsphasen des Lernangebots zum Ziel. Die Durchführung wurde erprobt und die dadurch initiierten arithmetischen Aktivitäten erfasst und analysiert. Die in den beiden Arbeitsphasen dokumentierten Eigenproduktionen der Schülerinnen und Schüler dienten der Auswertung und mussten demnach auswertbare und vergleichbare Inhalte aufweisen, damit eine valide Messung durchgeführt werden konnte (vgl. Abschnitt 9.2).

Bei der zweiten Pilotierung standen der Kompetenztest und das Lernangebot im Zentrum. Diese hatte eine Stichprobengröße von 21 Schülerinnen und Schülern. Der Messzeitpunkt war Januar 2020. Als Instrumente kamen hier ein standardisierter Kompetenztest (vgl. Abschnitt 9.1.2) und das optimierte Lernangebot zum Einsatz. Das Ziel war, den Zusammenhang zwischen den Ergebnissen aus dem Test und dem Lernangebot zu ermitteln und auf ihre Aussagekraft hin zu überprüfen (vgl. Kapitel 9).

In der dritten Pilotierung wurde die Erhebung von personenbezogenen Einstellungen, bei einer Stichprobengröße von 40 Schülerinnen und Schülern, erprobt. Der Messzeitpunkt war November 2020. Als Instrument kam ein Fragebogen zu lern- und leistungsrelevanten Einstellungen zum Einsatz (vgl. Abschnitt 9.1.1).

Hauptstudie

Aufbauend auf den Ergebnissen der Pilotierungen wurde der Ablauf der Hauptstudie geplant.

Die folgende Abbildung zeigt eine Übersicht des Aufbaus der Hauptstudie (Tabelle 6.1).

Tabelle 6.1 Übersicht zum Aufbau der Hauptstudie

	Lernpotenzial (kognitive, motivationale und volitionale Lernvoraussetzungen)		Angebotsnutzung
Instrumente	1. Fragebogen	2. Kompetenztest	3. Lernangebot
Daten	Werte zu lernbezogenen Einstellungen der Schülerinnen und Schüler	Rohwerte und Referenzniveaustufen zu mathematischen Leistungen	Lernendendokumente aus den Arbeitsphasen
Stichprobe	153 Schülerinnen und Schüler eines 3. Schuljahres Grundschulen aus Stadt und Landkreis Kassel Heterogene Klassen in Bezug auf Leistung, Geschlecht, Alter, Kultur, Ethnie		

Die Hauptstudie umfasste eine Stichprobengröße von 153 Schülerinnen und Schülern (neun Klassen). Der Messzeitpunkt war September 2021.

Alle drei Instrumente wurden für die Hauptstudie innerhalb einer Woche in einer Klasse einmal eingesetzt: erst ein Fragebogen, dann ein standardisierter Test und anschließend ein Lernangebot (Tab. 6.1). Die Reihenfolge wurde in der genannten Form gewählt, dadurch konnten die Lernenden zuerst ganz unvoreingenommen die Fragen zu ihren Lern- und Leistungseinstellungen beantworten. Erst danach wurde der standardisierte Mathematiktest eingesetzt, damit hier eine eventuelle Frustration nicht das Antwortverhalten bei der Bearbeitung des Fragebogens beeinflusst hätte.

Das Ziel der Hauptstudie bestand darin, nach der Analyse der Ergebnisse die Daten auf Zusammenhänge zwischen dem ermittelten Lernpotenzial und der Nutzung des Lernangebots hin zu überprüfen und die weiteren Forschungsfragen zu beantworten (vgl. Kapitel 5).

Stichprobe

7

In der vorliegenden Studie spielten die Ziehung der Stichprobe und die Rahmenbedingungen für die Datenerhebung eine große Rolle und werden im Folgenden erläutert.

Aufgrund der Zielsetzung, das Lernpotenzial und die Lernaktivitäten in heterogenen Lerngruppen zu betrachten, mussten Klassen gefunden werden, die diese Anforderung erfüllten. Bei der Zusammenstellung der Stichproben für die drei Pilotierungen und die Hauptstudie war das Vorhandensein eines großen Heterogenitätsspektrums demnach ein wichtiges Kriterium (vgl. Kapitel 5).

Da eine Facette des Spektrums das sozioökonomische Umfeld darstellt, wurden Schulen aus dem Landkreis und aus der Stadt Kassel zufällig ausgewählt. Hiermit waren Lernende aus sozioökonomisch sehr unterschiedlichen Gebieten in der Stichprobe vertreten. Um mit den Lernenden die Komplexität des ausgewählten Lernangebots (vgl. Kapitel 3) ausnutzen zu können, fiel die Wahl auf dritte Klassenstufen. Die Lernenden verfügen zu diesem Zeitpunkt im Allgemeinen über das Grundverständnis aller vier Grundrechenarten und rechnen im Zahlenraum bis 1000. Mit diesen mathematischen Vorerfahrungen können vielfältige mathematische Zusammenhänge entdeckt werden.

Die Rekrutierung der Teilnehmenden erfolgte durch die direkte Ansprache der Mathematiklehrkräfte dritter Klassen in den zufällig ausgewählten Schulen[1]. Die Freiwilligkeit der Teilnahme wurde den Schülerinnen und Schülern zugesichert und die Einwilligungserklärung der Eltern musste vorliegen.

---

[1] Bei der zufälligen Auswahl wurde allerdings auf das Vorhandensein von Stadt- und Landkreisschulen geachtet.

S. Friedrich, *Natürliche Differenzierung im Arithmetikunterricht*, Mathematikdidaktik im Fokus, https://doi.org/10.1007/978-3-658-42849-5_7

Ein weites Spektrum im Bereich der Leistungsheterogenität war durch sehr verschiedene Leistungsbiografien der Kinder im Fach Mathematik vertreten.[2] In den Klassen befanden sich inklusiv beschulte Kinder, einige mathematisch sehr begabte Kinder, aber auch solche, die Schwierigkeiten im Mathematikunterricht zeigten. Die genauen Lernvoraussetzungen (das Lernpotenzial) wurden im Verlauf der Untersuchung erhoben (vgl. Abschnitt 9.1).

Für die Hauptuntersuchung wurden vier Schulen nach den oben genannten Kriterien ausgewählt, von denen eine in der Stadt Kassel (mit zwei dritten Klassen) liegt und drei im Landkreis (mit insgesamt sieben dritten Klassen). In allen dritten Klassen der ausgewählten Schulen wurden Daten erhoben.

Die Hauptuntersuchung fand in neun dritten Klassen statt. Die Stichprobe (n = 153) setzte sich aus 92 Jungen (60 %) und 61 Mädchen zusammen (40 %), von denen 44 (29 %) mehrsprachig aufwachsen.

Die Entwicklungsvarianz betrug in den ausgewählten dritten Klassen vier Jahre (7 bis 10 Jahre). Zum Zeitpunkt der Untersuchung waren 65 % der Kinder 8 Jahre alt. Das mittlere Alter betrug 8,37 (SD[3] = 0,615).

Der Stichprobenumfang entsprach damit den Anforderungen einer quantitativen Studie. Die Überprüfung der Zusammensetzung gewährleistete ein Heterogenitätsspektrum.

---

[2] Die Informationen zu diesen sehr persönlichen Leistungshintergründen stammen von den Mathematiklehrkräften und wurden nur genutzt, um einen Eindruck der Leistungsheterogenität der rekrutierten Klassen zu erhalten.

[3] SD: Standardabweichung

Material

8

Um das Lernpotenzial der Lernenden mit dem von ihnen bearbeiteten Niveau des Lernangebots in Zusammenhänge bringen zu können, wurden relevante Teilbereiche des Lernpotenzials für diese Studie ausgewählt und untersucht sowie ein natürlich differenzierendes Lernangebot entwickelt und analysiert (vgl. Abschnitt 4.2.1, Kapitel 3 und Abschnitt 5.3). In diesem Kapitel werden die Auswahl, die Durchführung und das arithmetische Potenzial des Lernangebots beschrieben.

Die Bearbeitung des Lernangebots und damit die mathematische Anforderung wurden ohne sprachliche Schwierigkeiten ermöglicht und mussten im Kontext der Studie deshalb nicht untersucht werden (vgl. Abschnitt 4.2.1). Um einen sprachfairen Umgang mit dem Lernangebot zu ermöglichen, wurde bei der Konzeption darauf geachtet, dass die sprachlichen Anforderungen weitestgehend gering blieben. Die Arbeitsphasen konnten sprachfrei durchgeführt werden. Lediglich im gemeinsamen Beginn fand eine kurze sprachliche Einführung statt. Diese wurde bewusst nur mit den notwendigen verbalen Informationen durchgeführt und mit dem Einsatz des Arbeitsmittels „Zahlenwaage" und Sprachhandlungsmustern unterstützt. Damit ist die mathematische Handlung für Lernende mit Sprachdefiziten anschaulich und auf der enaktiven Ebene nachvollziehbar. Außerdem wurden kurze, aber vollständige sprachliche Beiträge der Lernenden bei der Erfindung von Beispielgleichungen eingefordert, um das Verständnis aller Schülerinnen und Schüler zu erleichtern und zu kontrollieren, ob die Vorgehensweise und Zielsetzung klar waren (Bochnik, 2017). Der gemeinsame Beginn und die weitere Durchführung des Lernangebots wurden so angelegt, dass für die allgemeinsprachlichen Kompetenzen nur eine geringe Relevanz entstand (vgl. Abschnitt 9.2). An die geforderten Unterrichtsbeiträge im gemeinsamen Beginn und im Zwischenaustausch wurden niedrige Ansprüche an sprachliche Kompetenzen gestellt. Diese waren dadurch auch mit einer geringen sprachlichen

S. Friedrich, *Natürliche Differenzierung im Arithmetikunterricht*, Mathematikdidaktik im Fokus, https://doi.org/10.1007/978-3-658-42849-5_8

Kompetenz zu bewältigen (vgl. Abschnitt 9.2). Die geforderten Unterrichtsbeiträge im gemeinsamen Beginn zur Klärung der Problemstellung konnten
sprachfrei und nur handelnd durchgeführt werden (Schütte, 2009).

Bei der Auseinandersetzung der Schülerinnen und Schüler mit dem natürlich
differenzierenden Lernangebot war ein selbstständiges Arbeiten eine Voraussetzung zur erfolgreichen Bearbeitung. Alle in Abschnitt 4.2.1 genannten Ebenen
der Lernstrategien nach Baumert (1993), die kognitive, die metakognitive und
die ressourcenbezogenen, spielen beim Umgang mit dem Lernangebot eine wichtige Rolle und mussten bei der Ermittlung des Lernpotenzials beachtet werden.
Wie in Abschnitt 4.2.1 erläutert, setzen sich die Lernstrategien aus mehreren Faktoren zusammen (u. a. Anstrengung, Aufmerksamkeit, Konzentration, das Lernen
in Gemeinschaften; Baumert, 1993; Stangl, 2020) und fallen in die Bereiche des
Arbeits- und Sozialverhaltens sowie die Konzentrationsfähigkeit. Diese wurden
mit Skalen zum Arbeits- und Sozialverhalten und der Konzentrationsfähigkeit
erhoben.

Da bereits durchgeführte Studien für die Leistungsangst, das allgemeine
Selbstkonzept, die Lernmotivation und das fachbezogene Selbstkonzept Einflüsse auf das Lernpotenzial feststellten, wurden diese Faktoren ebenfalls mit
entsprechenden Skalen erhoben (vgl. Abschnitt 4.2.1).

Die Auswahl des Lernangebots richtete sich nach dem vorhandenen mathematischen Potenzial innerhalb des Angebotes (Kapitel 3) und der Möglichkeit
zu vielfältigen arithmetischen Aktivitäten auf unterschiedlichen Niveaustufen im
Sinne der natürlichen Differenzierung (vgl. Abschnitt 2.2).

Das Lernangebot Kombi-Gleichungen regt Schülerinnen und Schüler dazu an,
aus Ziffernkärtchen und Operationszeichen Terme zu bilden und miteinander zu
vergleichen und dabei das Gleichheitszeichen im relationalen Sinne zu nutzen
(Abb. 8.1 und 8.2). Die Schwerpunkte liegen auf dem Erfinden von Gleichungen
und der Entwicklung von Gleichungsserien. Im Mittelpunkt stehen Gleichungen
mit zwei Termen. Beim Bilden dieser sogenannten „Kombi-Gleichungen" können
arithmetische Aktivitäten und Vorgehensweisen auf verschiedenen Schwierigkeitsniveaus mit unterschiedlichem Komplexitätsgrad ausgeführt werden, beispielsweise:

- einfache Gleichungen mit nur einer Rechenoperation und einem Operationsschritt auf jeder Seite ($2 + 4 = 3 + 3$; $2 \cdot 3 = 1 \cdot 6$),
- komplexere Gleichungen mit verschiedenen Rechenoperationen und mehreren
  Operationsschritten ($40 - 5 \cdot 5 = 3 \cdot 4 + 3$) sowie
- Gleichungssysteme ($30 - 10 = 28 - 8$; $40 - 20 = 45 - 25$; $50 - 30 = 55 - 35$;
  $100 - 80 = 200 - 180$).

Zudem kann das Erfinden mit oder ohne Arbeitsmaterial erfolgen.

Abbildung 8.1
Zahlenkarten zum
Lernangebot
„Kombi-Gleichungen"

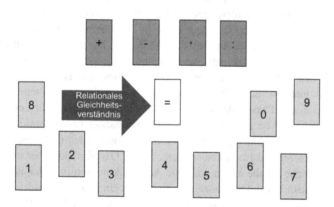

Abbildung 8.2 „Kombi-Gleichungen" – Gleichungen entwickeln und strukturieren (alle Karten dürfen mehrfach genutzt werden)

Alle vier Merkmale natürlicher Differenzierung finden sich in diesem Lernangebot wieder (vgl. Abschnitt 2.2.1). Bereits mit dem gemeinsamen Beginn bieten sich Einstiegsmöglichkeiten auf unterschiedlichen Schwierigkeitsstufen, von materialbasiert bis symbolisch. Alle Kinder arbeiten am gleichen Lerngegenstand, der sich inhaltlich mit Aufgabenbeziehungen und der Gleichheit von

Termen beschäftigt (vgl. Abschnitt 2.2.1, Merkmal 1 und 2). Beim eigenständigen aktiven Ausprobieren, ob eine Gleichheit zwischen zwei Termen besteht, kann jedes Kind auf dem individuellen Leistungsniveau mathematische Entdeckungen machen (vgl. Abschnitt 2.2.1, Merkmal 3). Eine große Komplexität bietet das Lernangebot, da es keine Grenzen für den Umfang einer Gleichung gibt. Diese kann aus einfachsten oder umfangreichen Bestandteilen aufgebaut werden und bietet damit einen einfachen Einstieg, aber auch eine Herausforderung für leistungsstarke Schülerinnen und Schüler (vgl. Abschnitt 2.2.1, Merkmal 2 und 3). Auch die Frage nach den verschiedenen Lösungswegen kann positiv beantwortet werden, denn durch die Offenheit der Vorgehensweise und Hilfsmittelnutzung sind Lösungswege keineswegs festgelegt. Auch bezüglich der Durchdringungstiefe und Dokumentationsform ergibt sich aus der Aufgabenstellung eine Offenheit. Das Erfinden unterschiedlich komplexer Gleichungen impliziert verschiedene Durchdringungstiefen. Außerdem kann die Dokumentation beispielsweise symbolisch, skizziert, ungeordnet oder systematisch sein (vgl. Abschnitt 2.2.1, Merkmal 3). Durch den inhaltlichen Austausch, der in allen Phasen stattfindet, wird das von- und miteinander Lernen unterstützt (vgl. Abschnitt 2.2.1, Merkmal 4; Rechtsteiner, 2017; Baireuther und Kucharz, 2007).

Die allgemeinen Anforderungen, die an einen guten Mathematikunterricht gestellt werden, erfüllt das Lernangebot (vgl. Abschnitt 2.2.3). Interessen und Vorerfahrungen der Kinder werden miteinbezogen. Die natürliche Differenzierung wird durch die mathematische Ergiebigkeit geboten und ermöglicht den Lernenden eine Bearbeitung auf verschiedenen Schwierigkeitsniveaus. Außerdem werden das mathematische Denken und Arbeiten sowie die Kommunikation in den verschiedenen Phasen des Unterrichts angeregt. Durch die im Lernangebot gegebene Balance von eigenständigem und miteinander Lernen werden mathematische Inhalte gestärkt (vgl. Abschnitt 2.2.5; Krauthausen und Scherer, 2016; Rathgeb-Schnierer und Rechtsteiner-Merz, 2010). Das Verfügen über umfangreiche arithmetische Inhalte erfüllt das erste Auswahlkriterium (vgl. Kapitel 3). Das Konzept der natürlichen Differenzierung impliziert ein problemlösendes Vorgehen (vgl. Abschnitt 2.2), das das zweite Kriterium für die Auswahl darstellte.

Durchführung des Lernangebots
Die Planung des Unterrichts richtete sich nach dem Unterrichtsphasenmodell von Rathgeb-Schnierer (2006) und wird in Abbildung 8.3 dargestellt.

Problemstellung/ Gemeinsamer Beginn
• mit Ziffernkarten und Operationszeichen
  werden Gleichungen gelegt
• mehrere Beispiele werden durchgeführt

Austausch
• Vorstellung einiger Gleichungen und
  Erklärung der Vorgehensweise
• weiterführender Arbeitsauftrag

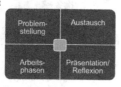

Arbeitsphase 1
• flexibles Ausprobieren und Variieren
• fertige Gleichungen werden notiert
Arbeitsphase 2
• Augenmerk auf die Betrachtung von
  Zusammenhängen und dem
  systematischen Ausprobieren

Präsentation/ Reflexion
• Entwicklung und Präsentation
  strukturierter Gleichungsserien

Abbildung 8.3 Unterrichtsphasenmodell von Rathgeb-Schnierer (2006) an das Lernangebot Kombi-Gleichungen angepasst

Zum Einstieg in das offene Lernangebot wird den Schülerinnen und Schülern die Problemstellung anhand unterschiedlicher Darstellungsweisen verdeutlicht: praktisch handelnd mit der Waage und anhand der mathematischen Symbole (Abb. 8.4). So erhalten alle Kinder die Möglichkeit, sich auf verschiedenen Wegen mit der Aufgabenstellung auseinanderzusetzen. Auf diese Weise werden einige Beispiele erarbeitet und damit der relationale Umgang mit dem Gleichheitszeichen verdeutlicht (Martignon und Rechtsteiner, 2022). Der gemeinsame Beginn und die weitere Durchführung des Lernangebots wurden so angelegt, dass für die allgemeinsprachlichen Kompetenzen nur eine geringe Relevanz entsteht und damit ein sprachfairer Umgang möglich ist (Bochnik, 2017; vgl. Abschnitt 4.2.1). Das Ziel besteht an dieser Stelle darin, allen Kindern die Einsicht zu ermöglichen, dass auf beiden Seiten des Gleichheitszeichens ein Term stehen kann und nicht zwingend ein Ergebnis benötigt wird.

Abbildung 8.4
Gemeinsamer Beginn mit
der Waage und
Zahlenkärtchen

Nach dem Einstieg folgt der erste Arbeitsauftrag, bei dem die Schülerinnen und Schüler dazu aufgefordert werden, viele verschiedene Kombi-Gleichungen zu finden, bei denen auf beiden Seiten des Gleichheitszeichens eine Aufgabe steht. Sie dürfen flexibel ausprobieren und variieren und werden aufgefordert, ihre erfundenen Gleichungen zu notieren (Abb. 8.5).

Durch folgenden Prompt wurde die erste Arbeitsphase angeregt:

„Erfindet viele verschiedene Kombi-Gleichungen, bei denen auf beiden Seiten des Gleichheitszeichens eine Aufgabe steht."

In dieser Arbeitsphase bekommen die Kinder ausreichend Zeit (20 Minuten), um sich mit dem Material vertraut zu machen und sich intensiv mit dem Erfinden von Gleichungen zu beschäftigen.

In einem sich anschließenden Austausch, der 15 Minuten dauert, werden fertige Gleichungen vorgestellt und Vorgehensweisen erklärt.

An die Austauschphase schließt sich eine weitere Arbeitsphase von 15 Minuten an, in der strukturierte Gleichungsserien auf der Basis bereits gefundener Gleichungen erfunden werden. In dieser Arbeitsphase liegt das Augenmerk auf dem Betrachten von Zusammenhängen und dem systematischen Ausprobieren. Initiiert wird diese zweite Arbeitsphase durch folgenden Prompt:

„Erfindet weitere Gleichungen, indem ihr bereits gefundene Gleichungen leicht verändert!"

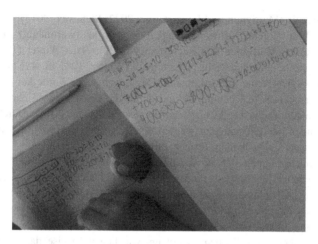

Abbildung 8.5 Beispiel für Lernendendokumente aus den beiden Arbeitsphasen (weißes Dokument: Arbeitsphase 1, gelbes Dokument: Arbeitsphase 2)

Das Lernangebot wird durch eine Reflexions- und Präsentationsphase abgeschlossen, in der die Schülerinnen und Schüler ihre erfundenen Gleichungen und strukturierten Gleichungssysteme vorstellen, ihre Vorgehensweisen erklären und gemeinsam weiterentwickeln.

Zur Analyse der Lernaktivitäten wurden die Dokumente der Schülerinnen und Schüler herangezogen, die bei der Bearbeitung des Lernangebots Kombi-Gleichungen entstanden sind. Diese stammen aus den beiden individuellen Arbeitsphasen, in denen zum einen Gleichungen erfunden und zum anderen Gleichungen zueinander in Beziehung gesetzt sowie Gleichungssysteme erfunden wurden.

Potenzial der Angebotsnutzung

Im Mathematikunterricht der Grundschule stellt das Thema Gleichungen eine Verbindung zwischen arithmetischen Verfahren und algebraischen Denkweisen bzw. Konzepten her (Martignon und Rechtsteiner, 2022; Rechtsteiner-Merz, 2013; Steinweg, 2013). Das Gleichheitszeichen wird von den Schülerinnen und Schülern überwiegend in seiner operationalen Funktion, als „Ergibt-Zeichen" und damit als Aufforderung zum Rechnen verwendet. Durch die Beschäftigung mit dem Lernangebot Kombi-Gleichungen wird den Lernenden ebenfalls die relationale Verwendungsmöglichkeit bewusst, denn das Gleichheitszeichen kann zwischen zwei Termen stehen und nicht nur zwischen einer Aufgabe und einem Ergebnis (Martignon und Rechtsteiner, 2022; Steinweg, 2013). Die Terme werden nicht als Rechenauftrag verstanden, sondern als (wertmäßig) zu vergleichende Objekte (Martignon und Rechtsteiner, 2022). Nach Winter (1987) steht die „algebraische Gleichgewichtsbetrachtung" (Winter, 1987, S. 42) als Gleichwertigkeit zweier Terme im Mittelpunkt. Das Lernangebot wurde konzipiert, um den vorherrschenden Rechenimpuls und damit die prozedurale Sicht aufzubrechen und algebraische Denkweisen anzuregen (Steinweg, 2013). Durch kleine Veränderungen der Gleichungen werden erste Zugänge zu funktionalen Beziehungen zwischen den beiden Termen eröffnet. Bei der Veränderung durch das eigene Handeln können sich für die Lernenden folgende Fragen ergeben: „Was passiert, wenn ich hier etwas verändere?", „Wie kann ich das ausgleichen?", „Wie bringe ich die Gleichung wieder ins Gleichgewicht?" oder „Warum ist das so?". Diese Fragen führen nach Martignon und Rechtsteiner (2022) zum Vergleich der beiden Terme, ohne diese unbedingt ausrechnen zu wollen. Das Ziel ist, Beziehungen zwischen zwei Termen zu nutzen, wie beispielsweise das gegen- oder gleichsinnige Verändern oder Zerlegungen. Das Nutzen strategischer Werkzeuge zum Vergleich der beiden Terme fördert nach Unteregge (2018) das flexible und möglichst geschickte Rechnen. Das Vorhaben, algebraische Konzepte zu entwickeln und damit Beziehungen auf einer höheren Ebene zu erkennen, bahnt laut Martignon und Rechtsteiner (2022) eine algebraische Sichtweise an, die sich an Rechengesetzen orientiert.

Neben dem reichhaltigen arithmetischen Inhalt eröffnet das Lernangebot ein großes Spektrum an arithmetischen Aktivitäten und Vorgehensweisen und bietet damit vielfältige Möglichkeiten der Nutzung. Beginnend mit dem Aufstellen nicht korrekter Behauptungen steigern sich die Anforderungen in großem Umfang.

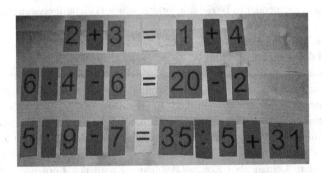

Abbildung 8.6 Kombi-Gleichungen unterschiedlicher Komplexität

Einfache Gleichungen können mit oder ohne Anschauungsmaterial (Zahlenwaage) gebildet werden (KMK, 2022; Anforderungsbereich I). Dies geschieht mit einstelligen Zahlen, gleichen Operationszeichen auf beiden Seiten des Gleichheitszeichens und der Verwendung von jeweils nur zwei Zahlen bei beiden Termen. Ein etwas höheres Niveau zeigt sich bei der Verwendung verschiedener Operationszeichen auf jeder Seite. Der Fokus liegt hier auf Beziehungen zwischen den Elementen einer Gleichung (Steinweg, 2013). Auf diese Weise wird eine Vertiefung des arithmetischen Verständnisses ermöglicht (Rathgeb-Schnierer und Rechtsteiner, 2018). Es findet eine Durchdringung der Arithmetik mit algebraischen Ideen statt und nicht durch formale Verfahren (Winter, 1987).

Die Entwicklung komplexerer Gleichungen macht sich durch das Nutzen von mehrstelligen Zahlen und verschiedenen Operationszeichen (auch mehreren auf jeder Seite) bemerkbar. Es werden Terme mit mehreren Zahlen bzw. Operationsschritten gebildet und dabei erkannt, was eine Veränderung auf einer Seite bewirkt (Beispiel in Abb. 8.6; KMK, 2022; Anforderungsbereich II).

Das Lernangebot bietet außerdem die Möglichkeit, Ableitungsserien zu entwickeln. Hierzu gehören Gleichungen, die strukturelle Ähnlichkeiten aufweisen. Diese Gleichungen werden nach einer Systematik erstellt. Auch dabei wird erkannt, was eine Veränderung auf einer Seite der Gleichung auf der anderen Seite bewirkt.

Es können nach intensiver Nutzung des Lernangebots Verallgemeinerungen formuliert werden. Dies können Regeln für die Veränderungen der Gleichungen sein oder das allgemeingültige Erklären, was eine Veränderung auf einer Seite bewirkt. Außerdem können gemachte Entdeckungen systematisiert und dokumentiert werden (KNK, 2022; Anforderungsbereich III).

Aus arithmetischer Perspektive beinhaltet das Lernangebot reichhaltige Möglichkeiten (vgl. Tab. 3.1 und 3.2). Erste algebraische Auseinandersetzungen werden nach Steinweg (2013) angebahnt, wenn beim Erfinden der Gleichungen Beziehungen zwischen den Elementen von den Lernenden erkannt werden. Ein zentrales Anliegen ist die Auffassung des Gleichheitszeichens nicht nur als Aufforderung zum Rechnen, sondern auch das relationale Gleichheitsverständnis (Unteregge, 2018; Steinweg, 2013). Die mögliche Gleichheit zwischen zwei Termen wird den Lernenden bewusst.

Das Ziel ist anfänglich das freie Experimentieren der Kinder, um verschiedene Gleichungen zu erfinden und später auch systematisch vorzugehen. Dieses Lernangebot konzentriert sich nach Martignon und Rechtsteiner (2022) auf die Förderung des algebraischen Denkens.

Messungen 9

In diesem Kapitel werden die Messungen vorgestellt, die zur Erstellung der Datenbasis notwendig sind. Zunächst wird auf die Messung des Lernpotenzials eingegangen, die sich aus den beiden Komponenten der motivationalen und volitionalen Voraussetzungen sowie den kognitiven Voraussetzungen ergibt. Anschließend wird die Messung der Nutzung des Lernangebots erläutert.

9.1   Lernpotenzial

Die Erfassung des Lernpotenzials beinhaltete die kognitiven sowie motivationalen und volitionalen Lernvoraussetzungen. Basierend auf Helmke (2012), Kreisler (2014) und weiteren vorgestellten Studien (vgl. Abschnitt 4.2.1) wurden das Vorwissen für den kognitiven Bereich und sechs weitere Indikatoren aus dem motivationalen und volitionalen Bereich zur Definition des Lernpotenzials für die vorliegende Untersuchung herangezogen. Die Messungen des Lernpotenzials wurden mit zwei unterschiedlichen Instrumenten vorgenommen, die im Folgenden vorgestellt werden.

Ergänzende Information   Die elektronische Version dieses Kapitels enthält Zusatzmaterial, auf das über folgenden Link zugegriffen werden kann https://doi.org/10.1007/978-3-658-42849-5_9.

9.1.1 Motivationale und volitionale Voraussetzungen

Zu den motivationalen und volitionalen Voraussetzungen gehören die Faktoren der lern- und leistungsrelevanten Einstellungen der Schülerinnen und Schüler, die einen Teil des Lernpotenzials bilden (vgl. Abschnitt 4.2.1). Um diese Aspekte des subjektiven Erlebens zu erheben, eignet sich die Fragebogenmethode. Mit dieser Methode können Einstellungen erfasst werden, die nicht durch direkte Beobachtung oder in Dokumenten manifestierbar sind (Bortz und Döring, 2016). Der im Folgenden beschriebene vollstandardisierte Fragebogen wurde zu diesem Zweck als Erhebungsinstrument entwickelt.

Das Messinstrument zur Ermittlung des motivationalen und volitionalen Lernpotenzials umfasst 32 Items. Die sieben Unterkonstrukte (UK) des Instruments (UK1 bis UK7) enthalten minimal drei und maximal sieben Items, anhand derer mehrere Facetten eines Merkmals untersucht wurden.

Zusätzlich zu den Antworten zu lern- und leistungsrelevanten Einstellungen wurden die Schülerinnen und Schüler darum gebeten, ihre letzte Mathematiknote anzugeben sowie ihre Muttersprache und ihr Geschlecht.

Da das Messinstrument für den Einsatz in dritten Grundschulklassen vorgesehen war, fand zunächst die Überprüfung der sprachlichen Verständlichkeit statt. Außerdem wurde bei den Items, die aus den bereits durchgeführten und ausgewerteten Studien übernommen wurden, auf die eindeutige Formulierung und angemessene Schwierigkeit geachtet. Weiterhin wurde vermieden, dass hypothetische Annahmen und abstrakte Situationen Gegenstand der Items sind, ebenso gab es keine allgemeingültigen und emotionsgeladenen Formulierungen.

Zur Vorbereitung auf die Pilotierung des Fragebogens fand ein qualitativer Pretest in Form einer Fragebogenkonferenz statt. Expertinnen und Experten aus dem mathematikdidaktischen Kontext wurde der Fragebogen vorgelegt und gemeinsam jedes Item besprochen, um Unstimmigkeiten zu identifizieren und zu beheben (Bortz und Döring, 2016).

Gegenstand des Fragebogens sind Merkmale wie Zielorientierung (zeigt sich im Arbeits- und Sozialverhalten und in der Konzentrationsfähigkeit), motivationale Aspekte des Lernens, das akademische Selbstkonzept (auf Leistung allgemein und auf das Fach Mathematik bezogen), fachbezogene Einschätzungen, die Lernmotivation in Mathematik, aber auch negative Einstellungen wie Prüfungsängstlichkeit (Leistungsangst) (vgl. Abschnitt 4.2.1).

Arbeits- und Sozialverhalten

Die Skala zum Arbeits- und Sozialverhalten (UK1[1]: 7 Items; Tab. 7.1) wurde der TIMS-Studie von 2007 entnommen (Bos et al., 2008). Das Arbeits- und Sozialverhalten wurde als Verhalten im Unterricht allgemein operationalisiert. Die Lernenden gaben auf einer vierstufigen Likert-Skala (von 0 für stimmt gar nicht bis 3 für stimmt genau) in insgesamt sieben Items (Item 1 bis 7) an, ob sie beispielsweise mit anderen zusammen besonders gut arbeiten, spielen, sorgfältig und sehr genau arbeiten. Ein hoher Wert auf dieser Skala deutete auf eine hohe Kompetenz im Arbeitsverhalten und im sozialen Bereich hin (Tabelle 9.1).

Tabelle 9.1 Items zur Erfassung des Arbeits- und Sozialverhaltens (UK1)[2]

Wie sehr treffen diese Sätze auf dich zu?	
1	Mit anderen zusammen kann ich besonders gut arbeiten.
2	Mit anderen zusammen kann ich besonders gut spielen.
3	Bei einem Streit mit meinen Schulkameraden finde ich eine gute Lösung für alle.
4	Ich kümmere mich sehr oft um andere.
5	Im Unterricht kann ich meine Aufgaben ganz allein erledigen.
6	Ich arbeite bei meinen Schulaufgaben sorgfältig und sehr genau.
7	Ich strenge mich beim Lernen besonders an.

Konzentrationsfähigkeit

Die Skala zur selbstbezogenen Überzeugung zur Konzentrationsfähigkeit (UK2: 3 Items; Tab. 7.2) stammt aus der EDUCARE-Studie (de Moll et al., 2016). Die Konzentrationsfähigkeit wurde auf die eigene Einschätzung im allgemeinen aktuellen Unterricht bezogen operationalisiert (Items 8 bis 10). Das negativ formulierte Item (8) wurde vor der Analyse umgepolt. Damit bedeutete ein hoher Wert für dieses Item, dass keine leichte Ablenkung angegeben wurde. Auch bei dieser Skala konnten die Lernenden zwischen vier Antwortmöglichkeiten (von 0 für stimmt gar nicht bis 3 für stimmt genau) entscheiden (Tabelle 9.2).

---

[1] Unterkonstrukt 1 (UK1)

[2] Bos et al., 2008

Tabelle 9.2 Items zur Erfassung der Konzentrationsfähigkeit (UK2)[3]

Wie sehr treffen diese Aussagen auf dich zu?	
8	Beim Lernen lasse ich mich leicht ablenken. (umgepolt)
9	Es fällt mir leicht, mich zu konzentrieren.
10	Es fällt mir leicht, mich für die Schule richtig anzustrengen.

Leistungsangst

Die Skala zur Leistungsangst (UK3: 4 Items, Items 11 bis 14; Tab. 7.3) wurde der IGLU-Studie aus dem Jahr 2006 entnommen (Bos et al., 2010) und gehört zum Bereich Lernklima, lern- und leistungsbezogene Einstellungen (Bos et al., 2010). Die Leistungsangst auf den allgemeinen Unterricht bezogen wurde durch die persönliche Einstellung zum Lernen und zur Leistungserbringung im Hinblick auf Angst bzw. Sorgen (negative Gefühle) operationalisiert. Beispielsweise konnte angegeben werden, ob Lernende Angst davor haben, eine Klassenarbeit zu schreiben, oder ob sie sich Sorgen machen, wie sie im Unterricht abschneiden werden. Eine vierstufige Likert-Skala ermöglichte auch hier Antworten von 0 für stimmt gar nicht bis 3 für stimmt genau (Tabelle 9.3).

Tabelle 9.3 Items zur Erfassung der Leistungsangst (UK3)[4]

Wie sehr stimmst du den folgenden Aussagen zu?	
11	Wenn die Lehrerin/der Lehrer sagt, dass wir eine Klassenarbeit schreiben, habe ich Angst davor.
12	Wenn ich abends im Bett liege, mache ich mir manchmal Sorgen, wie ich im Unterricht abschneiden werde.
13	Wenn die Lehrerin/der Lehrer sagt, dass wir ein Diktat schreiben, habe ich Angst davor.
14	Manchmal mache ich mir auf dem Schulweg Sorgen, ob die Lehrerin/der Lehrer nachprüft, wie gut ich in der Schule bin.

Leistungsbezogenes Selbstkonzept

Zum Selbstkonzept Leistung (UK4: 6 Items, Items 15 bis 20; Tab. 7.4) wurde die Skala aus der IGLU-Studie von 2006 entnommen (Bos et al., 2010). Die Skala ist rekodiert. Die ursprüngliche Kodierung der vierstufigen Likert-Skala lautete:

---

[3] De Moll et al., 2016

[4] Bos et al., 2010

1 für stimmt genau, 2 für stimmt fast, 3 für stimmt ein wenig, 4 für stimmt gar nicht. Diese wurde in 0 für stimmt gar nicht, 1 für stimmt ein wenig, 2 für stimmt fast und 3 für stimmt genau umkodiert. Hierdurch erhielt man einen hohen Wert für die Einschätzung hoher eigener Leistungen. Da auch die Werte der anderen Skalen positiv ausgerichtet waren, war somit ein einheitliches Vorgehen gegeben.

Operationalisiert wurde das Selbstkonzept Leistung durch die Einstellung zu den eigenen aktuellen Leistungen im allgemeinen Unterricht (Tabelle 9.4).

Tabelle 9.4 Items zur Erfassung des Selbstkonzepts Leistung (UK4)[5]

Wie schätzt du deine eigenen Leistungen ein?	
15	Meine Leistungen sind genauso gut wie die der anderen.
16	Ich weiß genau, wie ich gute Leistungen erreichen kann.
17	Ich halte mich für erfolgreich.
18	Wenn ich mich genug anstrenge, kann ich alle Aufgaben richtig lösen.
19	Ich weiß genau, wo meine Stärken liegen.
20	Die Lehrerinnen und Lehrer sind mit mir zufrieden.

Fachbezogenes Lernen

Die Skalen zum passivistischen und aktivistischen fachbezogenen Lernen (UK5: 5 Items, Items 21 bis 25; Tab. 7.5) wurden, wie die Skalen zum Arbeits- und Sozialverhalten, der TIMS-Studie aus dem Jahr 2007 entnommen (Bos et al., 2008). Das passivistische und aktivistische fachbezogene Lernen auf den Mathematikunterricht bezogen wurde durch das persönliche Lernverhalten im Mathematikunterricht operationalisiert. Hier konnten die Lernenden ebenfalls auf einer vierstufigen Likert-Skala (von 0 für stimmt gar nicht bis 3 für stimmt genau) in fünf Items (Item 21 bis 25) angeben, ob und von wem sie sich Inhalte erklären oder vormachen lassen oder ob sie eher selbst über Sachverhalte nachdenken (Tabelle 9.5).

---

[5] Bos et al., 2010

Tabelle 9.5 Items zur Erfassung des passivistischen und aktivistischen fachbezogenen Lernens (UK5)[6]

Wann verstehst du Mathematik gut und wann nicht?	
21	Wenn meine Mutter oder mein Vater mir etwas erklärt oder vormacht.
22	Wenn ich mit anderen Kindern zusammen über etwas nachdenken kann.
23	Wenn andere Kinder mir etwas erklären oder vormachen.
24	Wenn ich allein über etwas nachdenken kann.
25	Wenn meine Lehrerin/mein Lehrer mir etwas erklärt oder vormacht.

Mathematikbezogene Lernmotivation und Selbstkonzept

Die Skalen zur Lernmotivation im Mathematikunterricht (UK6: 3 Items, Items 26 bis 28; Tab. 7.6) und zum fachbezogenen Selbstkonzept im Mathematikunterricht (UK7: 4 Items, Items 29 bis 32; Tab. 7.7) wurden der IGLU-Studie von 2001 entnommen (Bos et al., 2005).

Die Lernmotivation in Mathematik (Items 26 bis 28; Tab. 7.6) wurde auf den aktuellen Mathematikunterricht bezogen operationalisiert. In dieser Skala wurden die Lernenden darüber befragt, was sie über Mathematik denken. Auf einer vierstufigen Likert-Skala konnten sie ihre Einstellung darlegen, ob sie zum Beispiel gerne Mathematik lernen oder Mathematik langweilig finden. Das negativ formulierte Item (27) wurde umgepolt, damit ein hoher Wert hier ebenfalls (wie alle anderen Items) positiv ausgerichtet ist. Im Falle des Items (27) bedeutete ein hoher Wert (nach der Umpolung), dass Mathematik als entsprechend wenig langweilig empfunden wurde (Tabelle 9.6).

Tabelle 9.6 Items zur Erfassung der Lernmotivation im Mathematikunterricht (UK6)[7]

Was denkst du über Mathematik?	
26	Ich lerne gerne Mathematik.
27	Mathematik ist langweilig. (umgepolt)
28	Was ich in Mathematik lerne, ist für jeden im Leben wichtig.

Die Skala zum Selbstkonzept im Mathematikunterricht (Items 29 bis 32; Tab. 7.7) wurde rekodiert. Ursprünglich lautete die Kodierung: 1 für stimmt genau, 2 für stimmt fast, 3 für stimmt ein wenig und 4 für stimmt gar nicht.

---

[6] Bos et al., 2008
[7] Bos et al., 2005

Nach der Umkodierung stand 0 für stimmt gar nicht, 1 für stimmt ein wenig, 2 für stimmt fast und 3 für stimmt genau (Bos et al., 2005). Für die Einschätzung eines hohen Selbstkonzepts im Mathematikunterricht entsprach ein hoher Wert nach der Umkodierung auch einem hohen Skalenwert. Die eigenen Einschätzungen bezogen sich auf den aktuellen bzw. gerade erst vergangenen Mathematikunterricht (Tabelle 9.7).

Tabelle 9.7 Items zur Erfassung des Selbstkonzepts im Mathematikunterricht (UK7)[8]

Wie geht es dir im Fach Mathematik?	
29	Das Fach Mathematik wäre mir lieber, wenn es nicht so schwierig wäre.
30	Für Mathematik habe ich einfach keine Begabung.
31	Wenn ich im Unterricht etwas nicht verstehe, gebe ich gleich auf.
32	Was wir durchnehmen, kann ich mir schlecht merken.

Der Fragebogen wurde so aufgebaut, dass die ersten vier Skalen auf die allgemeinen Lerneinstellungen bzw. das Lernverhalten zielten, die Skalen fünf bis sieben auf Selbsteinschätzungen, die den Mathematikunterricht betreffen.

Die oben beschriebene finale Version des Fragebogens entstand nach einem Probedurchgang mit 40 Teilnehmenden (vgl. Kapitel 6) und kann in der vollständigen Form dem elektronischen Zusatzmaterial entnommen werden (Anhang 9.1). Der Entwurf des Messinstruments wurde anhand der Ergebnisse überarbeitet. Die Anweisungen wurden optimiert und standardisiert. Die Skala zum Selbstkonzept Leistung wurde ausgetauscht, da die Skala des Probedurchlaufs keine eindeutigen Resultate brachte.

Dieser Teil der Erhebung stand in der zeitlichen Abfolge an erster Stelle. Aus diesem Grund wurde den Teilnehmenden das Projekt vor dem Start der Durchführung erläutert und die beteiligten Personen wurden vorgestellt.

Die Bearbeitung des Fragebogens erfolgte in einer Gruppentestung mit einer durchschnittlichen Klassenstärke mithilfe von Papier und Stift. Um möglichst spontane und ehrliche Antworten zu erhalten, wurden die Schülerinnen und Schüler auf die anonyme Bearbeitung hingewiesen und dazu ein persönlicher Code erstellt.

Damit die Lese- und Schreibkompetenz kein Hindernis darstellte, wurde der Fragebogen in einer ‚Face-to-Face-Situation' gemeinsam bearbeitet. Nach dem Austeilen des Fragebogens wurde jede Frage bzw. jede Aussage von der Forscherin vorgelesen. Die Lernenden bekamen den Auftrag, im Kopf mitzulesen

---

[8] Bos et al., 2005

und gleich im Anschluss die für sie passende Antwortalternative anzukreuzen. Vier Antwortmöglichkeiten wurden gegeben, die zur Auswertung in Zahlenwerte umgewandelt wurden (vgl. Abschnitt 10.1.1). Die Antwortmöglichkeiten wurden von den genannten Skalen wortwörtlich übernommen und variieren aus diesem Grund von Skala zu Skala etwas. Die Aussage ist jedoch vergleichbar.

Durch ein kurzes Ablegen des Stiftes zeigten die Lernenden an, dass die Antwort abgegeben wurde. Erst nachdem alle ihre Antwort markiert hatten, wurde mit dem nächsten Item fortgefahren. Insgesamt dauerte die Bearbeitung des Fragebogens – inklusive einleitender Worte zu den Durchführungsregeln – 45 Minuten. Direkt im Anschluss an die Befragung wurde der Fragebogen wieder eingesammelt. Durch dieses Vorgehen wurde eine transparente Situation hinsichtlich der Datenerhebung geschaffen.

Für die Dokumentation der aus dem Fragebogen erhobenen Daten wurden jedem Lernenden-Code die entsprechenden Antworten numerisch zugeordnet und in einer Excel-Tabelle gespeichert.

9.1.2 Kognitive Voraussetzungen

Das ausgewählte Lernangebot fiel in den fachlichen Bereich der Arithmetik und setzte damit Grundkenntnisse in diesem Bereich voraus. Um auf die kognitiven Voraussetzungen der Lernenden in Bezug auf das ausgewählte Lernangebot schließen zu können, wurde das vorhandene Vorwissen im Bereich der Arithmetik erhoben (vgl. Abschnitt 4.2.1).

Zur Erhebung der kognitiven Lernvoraussetzungen wurde ein standardisierter Leistungstest (KEKS-Kompetenztest Mathematik 3; May et al., 2018) als Speed-Test[9] durchgeführt, der auf objektiv richtig oder falsch gelösten Aufgaben basiert. Standardisierte Tests haben den Vorteil, dass sie durch ihre Konstruktion objektiv, reliabel und valide sind. Ihre Ergebnisse sind damit unabhängig von den Durchführenden und den Auswertenden. Außerdem weisen sie nach Guder (2011) die zu überprüfende Kompetenz genau und ohne große Streuung nach und überprüfen zielgenau die Kompetenz, die sie überprüfen sollen. Es wurde empirisch überprüft, inwieweit die KEKS-Testaufgaben mit den Anforderungen des schulischen Unterrichts übereinstimmen (May et al., 2014). Das Gütekriterium der Objektivität (Anwenderunabhängigkeit) kann als erfüllt betrachtet werden,

---

[9] Die Bearbeitungszeit ist festgelegt und knapp bemessen.

da das Testmanual präzise Angaben zur Durchführung, Auswertung und Interpretation des Tests macht. Durch wortgenaues Vorlesen, strenges Einhalten der Zeitvorgaben, Unterlassen jeglicher Hilfestellung, gemeinsames Umblättern und Beenden der Arbeit ist Objektivität bei dem vorliegenden Leistungstest gegeben. Das Testgütekriterium der Reliabilität (Zuverlässigkeit, Präzision, Messgenauigkeit) wurde bereits bei der Testentwicklung überprüft (May et al., 2014; May et al., 2018). Hier lag das Augenmerk darauf, dass der Testwert die wahre Merkmalsausprägung der Testperson sehr präzise abbildet (Bortz und Döring, 2016). Die Reliabilitätskoeffizienten (Cronbachs Alpha) für die Gesamttestwerte betragen mindestens 0,90. Diese befinden sich demnach auf einem hohen Niveau (May et al., 2014, S. 9).

Das ethische Gütekriterium der Testfairness ist ebenfalls gegeben, da keine Testpersonen systematisch aufgrund ihrer ethnischen, soziokulturellen oder geschlechtsspezifischen Gruppenzugehörigkeit benachteiligt wurden (Bortz und Döring, 2016).

Die zu überprüfenden Kompetenzen zählen laut May et al. (2018) zu den mathematischen Kernkompetenzen. Unter mathematischen Kernkompetenzen verstehen May et al. (2018) alltagstaugliche Fähigkeiten, über die jeder Einzelne nicht nur in Schule und Ausbildung verfügen sollte, um an der gesellschaftlichen Kommunikation und an der Kultur teilzuhaben.

Der Test ermittelte das Vorwissen im mathematischen Bereich, das den größten Prädiktor des Lernpotenzials darstellt (Helmke, 2012; vgl. Abschnitt 4.2.1). Das standardisierte Testverfahren dient der Einordnung des individuellen Leistungsstands der Kinder.

Das ausgewählte, diagnostische Instrument KEKS-Kompetenztest Mathematik 3 (May et al., 2018) legte folgende Struktur zugrunde:

- allgemeine mathematische Kompetenzen,
- Leitideen (Inhaltsbereiche) und
- Anforderungsbereiche (Kompetenzklassen).

Er bietet die Möglichkeit, das Grundwissen (formales Rechnen) sowie das Modellieren (Problemlösen) zu erfassen, und überprüft somit genau die Kompetenzen und Leistungsstände, die für die Bearbeitung des Lernangebots benötigt wurden.

Eine Auswahl prägnanter Bereiche wurde laut May et al. (2018) vorgenommen, die für die mathematische Entwicklung aller Kinder relevant ist:

- rechentechnische Grundlagen,
- einfache Anwendung von Grundlagenwissen,

- Erkennen und Nutzen von Zusammenhängen,
- sicheres Anwenden von Wissen und Prozeduren sowie
- Modellierung komplexer Probleme.

Die im KEKS-Kompetenztest Mathematik 3 überprüften Kernkompetenzen wurden im Sinne des ,Literacy-Konzepts' nach PISA ausgearbeitet. Der Test orientiert sich also an den Anforderungen für die Grundbildung, die die Anwendung erworbenen Wissens in realen Situationen ermöglicht sowie die Anschlussfähigkeit im Sinne eines kontinuierlichen Weiterlernens über die gesamte Lebensspanne (OECD, 2021; Stanat, 2017).

Neben dem Gesamtergebnis liefert der KEKS-Kompetenztest Mathematik 3 Ergebnisse für folgende Teilbereiche:

- mathematisches Grundwissen, das in formalen Aufgaben angewendet wird (algorithmisches Rechnen), und
- textbasiertes Aufgabenlösen, bei dem die mathematischen Anwendungsregeln selbstständig gefunden werden müssen (Modellieren und Problemlösen).

Die individuellen Lernstände werden für die wichtigsten Lernbereiche des Mathematikunterrichts beschrieben. Unterteilt werden die Bereiche in technisch-formale Fertigkeiten und textbasiertes Modellieren zu folgenden Inhalten:

- Umgang mit Strukturen, Zahlen und geometrischen Objekten,
- Erkennen von Beziehungen zwischen Zahlen,
- einfaches und komplexes Rechnen im Stellenwertsystem und
- Bruchverständnis und -rechnen.

Neben den Rohwerten, den absoluten Werten, erhält man Werte für das Referenzniveau. Dieser Wert nimmt Bezug auf den Prozentrang der Lernenden. Die Leistung der Kinder wird im Vergleich zur bundesdeutschen Referenzgruppe in fünf Stufen dargestellt und geht von Stufe 1 „sehr schwach" bis Stufe 5 „sehr stark". Die Niveaustufen 1 und 5 signalisieren sehr deutliche Abweichungen vom Durchschnittsniveau.

Bei der Auswahl für die KEKS-Aufgaben wird sich theoretisch am Inhaltsbereich „Zahl und Messen" orientiert. Dieser Bereich wurde testdiagnostisch am besten aufgearbeitet und stellt grundlegende Bereiche der mathematischen Entwicklung dar (May et al., 2018). Es wurden einerseits Items konstruiert, die sich mithilfe vorgegebener algorithmischer Vorschriften lösen lassen und andererseits solche, die das Modellieren mathematischer Strukturen bzw. das Lösen mathematischer Probleme erfordern. Der Test umfasst 74 Items. Die verwendeten mathematischen Anforderungstypen werden in acht Bereiche untergliedert. Für das 3. Schuljahr beginnen die relevanten Bereiche bei dem systematischen Zählen unter Strukturausnutzung (s. unten, 2b).

1. Umgang mit Mengen
   a. Gleichmächtigkeit erkennen und erzeugen
   b. Ordnen von Mengen nach der Mächtigkeit
   c. Teilmengen erkennen
2. Zählen
   a. Einfaches Zählen
   b. Systematisches Zählen unter Strukturausnutzung
3. Skalen ablesen, Zahlenstrahle ergänzen
4. Zahlenfolgen fortsetzen
5. Einfaches, direktes Rechnen
6. Komplexes, indirektes Rechnen (Modellieren)
7. Umgang mit dem Stellenwertsystem
8. Umgang mit Brüchen

Der standardisierte Kompetenztest wurde kurz nach der Erhebung der motivationalen und volitionalen Lernvoraussetzungen (an einem anderen Tag, aber innerhalb einer Woche) in einer 45-minütigen Einzelarbeit durchgeführt. Während der Testdurchführung fand keine inhaltliche Kommunikation der Lernenden untereinander statt. Für jedes Kind wurde ein Testheft der Version A oder B ausgeteilt. Um Testverfälschungen entgegenzuwirken, wurden Abstände in der Sitzordnung und Paralleltests (Testbogen A und B) eingesetzt. Nebeneinandersitzende Kinder bekamen unterschiedliche Testhefte, um die individuelle Leistung zu ermitteln. Verfälschungen durch Üben oder Raten waren nicht möglich, da die Testaufgaben den Teilnehmenden nicht bekannt waren und Ergebnisse ermittelt sowie eingetragen werden mussten (kein Multiple-Choice-Verfahren) (Bortz und Döring, 2016).

Festgelegte, standardisierte Anweisungen der Forscherin führten die Kinder durch den Test. Nach einleitenden Worten wurden die Durchführungshinweise vorgelesen und vor jedem neuen Aufgabenteil ein vorgegebenes Beispiel besprochen. Die Zeitvorgaben für jeden Aufgabenteil wurden genau eingehalten.

Die Datenerhebung mit dem KEKS-Kompetenztest Mathematik 3 kann als testökonomisch bezeichnet werden, da er in Relation zum Erkenntnisgewinn nur eine kurze Durchführungszeit von 45 Minuten beansprucht, wenig Material verbraucht, einfach zu handhaben, als Gruppentest durchführbar und schnell und bequem auszuwerten ist (Bortz und Döring, 2016). Außerdem ist der Test für die Drittklässlerinnen und Drittklässler zumutbar, da sie weder in zeitlicher noch in körperlicher oder psychischer Hinsicht belastet wurden.

9.2 Nutzung

Die Datenerhebung zur Erfassung der Nutzung des natürlich differenzierenden Lernangebots fand durch die Bearbeitung des in Kapitel 8 beschriebenen Lernangebots „Kombi-Gleichungen" statt und bildete den abschließenden Teil der Erhebung. Die unterrichtliche Umsetzung des Lernangebots erfolgte durch die Forscherin. Eine Hilfskraft dokumentierte den Ablauf. Die bei der Erhebung anwesenden Personen waren den Lernenden bekannt.

Durchgeführt wurde das Lernangebot im jeweiligen Klassenraum, wodurch die Kinder in einem bekannten Umfeld agieren konnten. Jeder Klassenraum verfügte über die Möglichkeit, einen Sitzkreis zu bilden, um die Einstiegs- und Reflexionsphasen wie geplant durchführen zu können. Außerdem verfügten alle Lernenden in den beiden Arbeitsphasen über ausreichend Platz, um mit den Ziffern-, Operations- und Gleichheitszeichenkärtchen Gleichungen zu legen. Jedes Kind bekam drei Kärtchen von jeder Sorte (Ziffern von 0 bis 9, alle vier Rechenoperationen, Gleichheitszeichen).[10]

Bei den entstandenen Eigenproduktionen der Lernenden handelt es sich um forschungsgenerierte Dokumente aus den individuellen Arbeitsphasen.

Die qualitativen Dokumente wurden durch eine qualitative Inhaltsanalyse in Messwerte überführt, die anschließend einer quantitativen Datenanalyse unterzogen, d. h. statistisch ausgewertet wurden. Die qualitative Inhaltsanalyse diente der Quantifizierung qualitativer Dokumente und hatte damit eine Zwischenstellung zwischen Datenerhebungs- und Datenauswertungsmethode (Bortz und Döring, 2016; Lamnek, 2010). In Abschnitt 10.1.2 wird genauer auf die Quantifizierung der qualitativen Dokumente mithilfe eines Kategoriensystems eingegangen.

---

[10] Der genaue Ablauf kann dem tabellarischen Unterrichtsverlauf im Anhang 9.2 entnommen werden.

Die entstandenen Dokumente wurden durch die bereits generierten Codes der Schülerinnen und Schüler gekennzeichnet. Außerdem wurde festgehalten, in welcher Arbeitsphase das jeweilige Dokument entstanden ist.

Im nächsten Kapitel wird detailliert erläutert, wie die Datenauswertung für alle drei Erhebungsinstrumente vorgenommen wurde.

Auswertung

10

In diesem Kapitel wird die Auswertung der erhobenen Daten thematisiert. Dazu gehören die Aufbereitung und Analyse der gesamten vorliegenden Datenbasis. Zunächst wird auf Daten des Lernpotenzials eingegangen und anschließend die Aufbereitung der Daten zur Angebotsnutzung thematisiert. Weiterhin werden die verschiedenen Datenanalysemethoden erläutert, die zur Beantwortung der Forschungsfragen eingesetzt wurden.

10.1 Datenaufbereitung

In diesem Abschnitt werden die Schritte vom Rohdatenmaterial bis zu den anonymisierten, fehlerbereinigten, elektronischen Datensätzen detailliert erläutert, die dann quantitativ auswertbar sind.

Die Datenaufbereitung und damit die Qualität der Daten sind entscheidend für die Zuverlässigkeit der Ergebnisse und den Erkenntnisgewinn nach der sich anschließenden Datenanalyse (Schendera, 2007). Um eine hohe Datenqualität sicherzustellen, wurden nach Schendera (2007) folgende Kriterien beachtet:

1. Vollständigkeit,
2. Einheitlichkeit,
3. Ausschluss doppelter Werte/ mehrfacher Datenzeilen,
4. Sachgerechte Behandlung von fehlenden Werten,

Ergänzende Information Die elektronische Version dieses Kapitels enthält Zusatzmaterial, auf das über folgenden Link zugegriffen werden kann https://doi.org/10.1007/978-3-658-42849-5_10.

5. Erkennung und Behandlung von Ausreißerwerten (auch erst im Rahmen der Datenanalyse möglich) sowie
6. Plausibilität der Antwortmuster.

Die genannten Schritte der Datenaufbereitung sowie die Kriterien für eine hohe Datenqualität wurden auf alle drei Teilerhebungen der empirischen Untersuchung angewendet und werden im Folgenden erläutert. Die Kodierung und Bereinigung der Daten sowie die Transformation dieser in numerische Variablenwerte stehen dabei im Zentrum.

Dateivorbereitung
Vor der ersten Dateneingabe wurde die elektronische Datei vollständig gelabelt und kommentiert. Alle relevanten Metainformationen zum Datensatz wurden in die Variablenansicht eingetragen. Hierzu gehörten die Variablen- und die Wertelabels.

Für alle drei Teilerhebungen galt, dass die Untersuchungseinheiten (Probandinnen und Probanden) durch die Zeilen und die verschiedenen Variablen durch die Spalten dargestellt wurden.

Alle Daten bestanden, definitionsgemäß für quantitative Studien, aus einheitlichen numerischen Messwerten. Diese repräsentierten die verschiedenen Ausprägungen der Variablen, zum Teil mit kurzen Textergänzungen, teilweise auch auf unterschiedlichen Skalenniveaus. Die Bedeutungen der einzelnen Messwerte werden in den entsprechenden Abschnitten 10.1.1 und 10.1.2 dargelegt. Dokumentiert wurden die Variablen mit ihren kurzen Erläuterungen (Variablenlabel) in der Variablenansicht von SPSS[1] (Bortz und Döring, 2016).

Zu den Variablen, die nicht erhoben, aber ebenfalls dokumentiert wurden, gehören die Fallnummer und die Zugehörigkeit der Klasse und der Schule. Die Fallnummer befand sich in der ersten Spalte des Gesamtdatensatzes (in der Datenmatrix) und wurde nicht weiter bezeichnet. Die Klasse und Schule wurden durch eine Zahl (von 1 bis 9) kodiert. Die einzelnen Fälle (Identifikationscodes) konnten damit der entsprechenden Klasse einer Schule zugeordnet werden. Bei den Identifikationscodes sowie den Daten zur Klasse und zur Schule handelte es sich um nominalskalierte Daten, da sie keiner bestimmten Reihenfolge unterlagen.

Datenvorbereitung
Das Rohdatenmaterial der empirischen Studie lag nach der Haupterhebung mit allen drei Messinstrumenten (vgl. Kapitel 9) in unterschiedlichen Formen vor. Um

---

[1] IBM SPSS 2021 (Statistical Package für Social Sciences)

eine systematische Datenanalyse zu ermöglichen, mussten alle erhobenen Daten entsprechend aufbereitet werden.

Im ersten Schritt wurden alle vorliegenden Datensätze (aus den drei Teilen der Erhebung) sortiert, den Identifizierungscodes der Probandinnen und Probanden zugeordnet, digitalisiert und formatiert. Das Ziel bestand in diesem ersten Schritt darin, einen vollständigen strukturierten Datensatz zu erhalten (Bortz und Döring, 2016). Hierzu gehörte auch, die qualitativen Dokumente aus den Arbeitsphasen des Lernangebots in quantitative Daten zu transformieren. Alle Messwerte wurden so zugeordnet, dass ein höherer Wert einer stärkeren Merkmalsausprägung entsprach (Schritt 1 und 2 nach den Kriterien der Datenaufbereitung nach Schendera, 2007).

Im nächsten Schritt wurden alle Informationen entfernt, die zur Identifizierung der Teilnehmenden führen konnten.

Als Kennzeichnung für fehlende oder unklare Werte („missing values") wurde ein allgemeiner Code (-99) für alle drei Erhebungsteile eingesetzt (Bortz und Döring, 2016). Wären zu viele fehlende Werte (mehr als 50 %) bei einem Fall aufgetreten, wäre dieser ausgeschlossen worden. Dies war allerdings nicht der Fall. Letztendlich wurden nur Fälle ausgeschlossen, bei denen ein Erhebungsteil vollständig fehlte (etwa durch Krankheit oder fehlende Einverständniserklärung der Eltern). Auf diese Weise wurde der Datensatz schon bei der Eintragung in das elektronische Auswertungsprogramm (SPSS) bereinigt. Von den insgesamt 169 Fällen wurden 15 ausgeschlossen, weil jeweils mindestens einer der drei Teile der Erhebung fehlte. Da zur Auswertung und Beantwortung der Forschungsfragen alle Teile vorliegen mussten, war dies der einzige Grund für den Ausschluss von Fällen (Schritt 3 und 4 nach den Kriterien der Datenaufbereitung nach Schendera, 2007).

Abschließend fand eine Datenbereinigung statt. Es wurden fehlerhafte und unplausible Daten identifiziert und ggfs. korrigiert (z. B. wenn Werte außerhalb des Wertebereichs lagen; Schritt 6 nach den Kriterien der Datenaufbereitung nach Schendera, 2007).[2]

10.1.1 Lernpotenzial

Motivationale und volitionale Voraussetzungen
Wie in Abschnitt 9.1.1 beschrieben, wurden die motivationalen und volitionlen Faktoren des Lernpotenzials durch einen vollstandardisierten, quantitativen Fragebogen erhoben. Durch den bereits erläuterten Rückgriff auf etablierte Items und Skalen

---

[2] Schritt 5 nach den Kriterien der Datenaufbereitung nach Schendera (2007), die Erkennung und Behandlung von Ausreißerwerten, fand erst im Rahmen der Datenanalyse statt.

(vgl. Abschnitt 9.1.1) wurde davon ausgegangen, dass diese über die Gütemerkmale Objektivität, Reliabilität und Validität verfügten und sich die Items trennscharf unterschieden.

Um die Qualität der erhobenen Daten abzusichern, wurde die Eingabe der Ergebnisse überprüft. Die vollständige Dateneingabe wurde von einer Hilfskraft vorgenommen. Im Anschluss wurden ca. 20 % der Daten von der Forscherin überprüft (32 von 154 Fragebögen). Die Überprüfung ergab eine Übereinstimmung von 99 %. Vorab wurde festgelegt, dass bei zwei Kreuzen zu einem Item das höhere gewertet wird. Dieser Fall trat bei 10 von 1024 Fällen auf (1 %).

Im gesamten Fragebogen wurden wenige negativ gepolte Items verwendet. Ein sparsamer Umgang mit diesen ist für eine reibungslose Durchführung wichtig, da bei den Drittklässlerinnen und Drittklässlern sonst ein zu starkes Umdenken stattfinden muss (Bortz und Döring, 2016).

Zwei Unterkonstrukte (UK2: Konzentrationsfähigkeit, UK6: Lernmotivation im Mathematikunterricht) beinhalteten negativ gerichtete Items und wurden hinsichtlich ihrer Wertung umgepolt.[3] Zur Vorbereitung der Datenanalyse wurden in SPSS die negativ gerichteten Variablen in neue Variablen umkodiert. Für diese neuen Variablen mussten entsprechend die Wertelabels neu vergeben werden. Die Umpolung war für die Messung des Konstrukts sehr wichtig, da hier mehrere Indikatoren verwendet wurden, die inhaltlich teils in positive und teils in negative Richtungen wiesen (Bortz und Döring, 2016).

Die sich anschließende statistische Aufbereitung und Auswertung der erhobenen Messdaten fand mithilfe von SPSS statt (vgl. Abschnitt 10.2).

Nachdem die für die Studie relevanten latenten Konstrukte mittels multipler Indikatoren operationalisiert wurden, wurden Skaltenwerte berechnet. Die korrekte Polung der beteiligten Items sowie der korrekte Umgang mit fehlenden Werten waren hierfür Voraussetzung. Andernfalls hätten Verzerrungen entstehen können, die sich negativ auf die spätere Datenanalyse ausgewirkt hätten.

Um die interne Konsistenz für die Subskalen der motivationalen und volitionalen Faktoren des Lernpotenzials sicherzustellen, wurde Cronbachs Alpha[4] für die vorliegenden Daten berechnet. Die interne Konsistenz der Skalen war in den meisten Fällen akzeptabel. Bei der Konzentrationsfähigkeit ergab sich für die gezogene Stichprobe nur ein Wert für Cronbachs Alpha von $\alpha = 0{,}4$ (Tab. 10.1). Da es sich

---

[3] aus den Original-Studien IGLU 2001 (Bos et al., 2005) und EDUCARE (de Moll et al., 2016) übernommen

[4] Interpretation von Cronbachs Alpha nach Blanz (2015): >0,9 exzellent, >0,8 gut/hoch, >0,7 akzeptabel, >0,6 fragwürdig, >0,5 inakzeptabel

um bereits überprüfte Skalen handelt, wurden sie in dieser Form beibehalten (mit allen zugehörenden Items).

Der Skalenwert wurde als arithmetischer Mittelwert (Personenscore) für jede Schülerin und jeden Schüler über die betreffenden Items gebildet. Gegenüber der Summenbildung bietet dieses Vorgehen den Vorteil, dass der Wertebereich innerhalb des Wertebereichs der Skala liegt (Borg und Staufenbiel, 2007). Außerdem ist der Einfluss fehlender Werte („missing data") geringer, da diese bei der Mittelwertbildung berücksichtigt wurden und nur durch die Anzahl der tatsächlich vorhandenen Werte dividiert wurde (Schendera, 2007). Die Durchschnittswerte wurden gebildet, indem die Summe der Skalenwerte der Items durch die Anzahl aller von der jeweiligen Person beantworteten Items dividiert wurde. Für die neuen Variablen der Skalenwerte wurden die Variablen- und Wertelabels in der Variablenansicht von SPSS angepasst (Bortz und Döring, 2016).

Folgende Variablen wurden aus den Skalen gebildet[5]:

Kognitive Voraussetzungen
Die Ergebnisse aus den ausgefüllten Testheften der Probandinnen und Probanden wurden von studentischen Hilfskräften in die Online-Plattform des KEKS-Kompetenztests Mathematik 3 übertragen und von der Forscherin vollständig überprüft. Die Überprüfung der Dateneingabe ergab eine hundertprozentige Kodiererübereinstimmung (Inter-Coder-Übereinstimmung).

Auf der Online-Plattform wurden automatisch Identifizierungscodes erstellt, die auch für die weiteren Erhebungsdaten aus den beiden anderen Erhebungsteilen genutzt wurden. Neben den Testergebnissen wurden Alter, Geschlecht und Mehrsprachigkeit angegeben.

Alle eingegebenen Lösungen wurden bei der Online-Auswertung mit den Einträgen in einer Datenbank verglichen, automatisch nach festgelegten Bewertungsmaßstäben ausgewertet und mit bundesweit erhobenen Vergleichsnormen abgeglichen, sodass die Auswertungsobjektivität vollständig gewährleistet war. So erhielt man, neben den Rohwerten des Tests, auch einen Überblick über die Kompetenzen der gesamten Lerngruppe und der einzelnen Teilnehmenden im Vergleich zum Bundesgebiet. Die Ergebnisse wurden einzeln für alle Teilnehmenden und für die gesamte Lerngruppe tabellarisch und im Überblick grafisch aufbereitet.

Insgesamt konnten im Test 74 Punkte erreicht werden. Auf das algorithmische Rechnen entfielen dabei 56 Punkte und auf das Modellieren und Problemlösen

---

[5] Die Skala des aktivistischen und passivistischen fachbezogenen Lernens (FLM) wurde nicht berücksichtigt, da sie keine relevanten inhaltlichen Informationen zur Beantwortung der Forschungsfragen lieferte.

Tabelle 10.1 Bezeichnungen für die aus den Skalen entwickelten Variabeln und deren Werte

Skala	Variablen-bezeichnung	Items	Mittelwert (M)	Standard-abweichung (SD)	Trenn-schärfe (d)	Cronbachs Alpha (α)
Arbeits- und Sozialverhalten	AS_Skala	7	2,18	0,43	>0,3 nicht AS2, AS5	0,6
Konzentrations-fähigkeit	KF_Skala	3	1,92	0,63	>0,3 nicht KF8	0,4
Leistungsangst	LA_Skala	4	0,90	0,81	>0,5	0,8
Selbstkonzept Leistung	SKL_Skala	6	2,17	0,54	>0,3 nicht SKL15	0,6
Lernmotivation in Mathematik	LMM_Skala	3	2,12	1,01	>0,6 nicht LMM28	0,6
Selbstkonzept Mathematik	SKM_Skala (→ wurde umgepolt)	4	2,13	0,66	>0,3	0,6

18 Punkte (May et al., 2014). Der Online-Auswertung wurden die Werte für die Gesamtpunktzahl, die beiden Teilbereiche (algorithmisches Rechnen, Modellieren und Problemlösen) und das Referenzniveau für den Gesamtbereich entnommen. In der Variablenansicht des elektronischen Datenverarbeitungsprogramms (SPSS) wurden für diesen Teil der Erhebung folgende Variablen festgelegt und mit einem Variablenlabel versehen (Tabelle 10.2):

Tabelle 10.2 Bezeichnungen der Variablen der kognitiven Lernvoraussetzungen und ihr Wertebereich

Variablenname	Variablenlabel	Werte
Geschlecht:	0 (männlich), 1 (weiblich)	0; 1
Alter:	Angabe in Jahren (7 bis 10 Jahre; erhoben wurde das Geburtsdatum)	7 bis 10
MV (mathematisches Vorwissen):	Erreichte Summe von Rohwerten für den gesamten Test (0 bis 74; richtig gelöste Aufgaben)	0 bis 74
AV (arithmetisches Vorwissen):	Erreichte Summe von Rohwerten für den Bereich des algorithmischen Rechnens (0 bis 56; richtig gelöste Aufgaben für diesen Teilbereich)	0 bis 56
RN (Referenzniveau):	Niveaustufen (1 bis 5; Vergleich mit einer bundesdeutschen Referenzgruppe)	1 bis 5

Insgesamt standen zur Ermittlung des Lernpotenzials folgende Variablen zur Verfügung und konnten bei der Berechnung berücksichtigt werden:
Für die motivationalen und volitionalen Lernvoraussetzungen:

- Arbeits- und Sozialverhalten (AS_Skala),
- Konzentrationsfähigkeit (KF_Skala),
- Leistungsangst (LA_Skala),
- Selbstkonzept Leistung (SKL_Skala),
- Lernmotivation in Mathematik (LMM_Skala) und
- Selbstkonzept Mathematik (SKM_Skala).

Für die kognitiven Lernvoraussetzungen:

- Mathematisches Vorwissen (MV),
- Arithmetisches Vorwissen (AV) und

- Referenzniveau (RN).

Gesamtwert für das Lernpotenzial

Aus den Werten der einzelnen Faktoren für das Lernpotenzial wurde ein Gesamtwert ermittelt. Zu diesen Faktoren gehören das mathematische und arithmetische Vorwissen sowie die Faktoren der lern- und leistungsrelevanten Einstellungen (Arbeits- und Sozialverhalten, Konzentrationsfähigkeit, Leistungsangst, Selbstkonzept Leistung, Lernmotivation Mathematik, Selbstkonzept im Mathematikunterricht). Alle Items des Arbeits- und Sozialverhaltens (AS), der Konzentrationsfähigkeit (KF), des Selbstkonzepts Leistung (SKL), der Lernmotivation Mathematik (LMM) und des Selbstkonzepts im Mathematikunterricht (SKM), des arithmetischen Vorwissens (AV) und des mathematischen Vorwissens (MV) bildeten mit 25 Items die neue Skala des Lernpotenzials. Eine Reliabilitätsanalyse ergab für diese Items einen Wert für Cronbachs Alpha von $\alpha = 0{,}7$ und damit einen akzeptablen Wert sowie ein reliables Ergebnis (Blanz, 2015). Da die ausgewählten Variablen gemeinsam theoriebasiert (vgl. Abschnitt 4.2.1) ein umfassendes Bild des Lernpotenzials abgeben, wurde mit diesen 25 Items die neue Variable des gesamten Lernpotenzials berechnet (LP1).

Da die Variable LA_Skala (Leistungsangst) im Vergleich zu den anderen Variablen negativ ausgerichtet ist, wurde diese Variable des Lernpotenzials einzeln betrachtet und aus dem Gesamtlernpotenzial extrahiert. Alle weiteren Variablen sind positiv und steigen demnach bei höheren Werten an. Auch auf inhaltlicher Ebene nimmt die Leistungsangst eine Sonderstellung ein und kann nicht durch Invertieren der Variable auf die anderen Variablen angepasst werden. Um eine objektive Aussage bezüglich des Lernpotenzials zu treffen, wurde die Variable der Leistungsangst gesondert betrachtet.

10.1.2 Angebotsnutzung

Die Aufbereitung der erhobenen Daten, die zur Ermittlung der Lernaktivitäten dienten, beinhaltete einige Vorarbeiten. Die Daten lagen in Form der selbst erstellten Dokumente der Lernenden aus den beiden Arbeitsphasen vor (Details zu Instrument und Erhebung: Kapitel 8 und Abschnitt 9.2). Im Kontext der Dokumentenanalyse wurden die Dokumente als Träger der Informationen verstanden und mussten aus diesem Grund so aufbereitet werden, dass die notwendigen Informationen zur Beantwortung der Forschungsfragen (vgl. Kapitel 5, FF3 und FF3.2) entnommen werden konnten (Bortz und Döring, 2016). Im folgenden Abschnitt werden das Vorgehen bei der Inhaltsanalyse, das Kategoriensystem und der dazugehörige Kodierleitfaden vorgestellt, mit dessen Hilfe

die Informationen der qualitativen Dokumente in quantitative Messwerte überführt wurden. Zudem werden die Bildung der Skalenwerte und die Ermittlung
der Kodiererübereinstimmung erläutert.

Allgemeine Beschreibung der qualitativen Inhaltsanalyse

Die Inhaltsanalyse stellt in der Sozialforschung eine Technik dar, um Material zu
analysieren, das aus einer Kommunikation stammt und somit soziales Handeln
repräsentiert (Mayring, 2010; Lamnek, 2010). Es existiert eine Vielzahl unterschied-
licher inhaltsanalytischer Techniken, die je nach Material und Forschungsfrage der
Analyse spezifiziert werden (Lamnek, 2010). Nach Mayring (2010) werden drei
Techniken der qualitativen Inhaltsanalyse differenziert: die Zusammenfassung, die
Explikation und die Strukturierung. Das Ziel der zusammenfassenden Inhaltsanalyse ist es, das Material auf die wesentlichen Inhalte zu reduzieren, während bei der
Explikation Material hinzugefügt wird, um fragliche Materialbestandteile zu klären.
Bei der strukturierenden Inhaltsanalyse besteht das Ziel darin, aus dem vorliegenden
Material bestimmte Aspekte oder eine Struktur herauszufiltern. Dies geschieht nach
vorher festgelegten Ordnungskriterien und dient der Einschätzung des Materials
nach bestimmten Kriterien (Mayring, 2010).

Die Methode der strukturierenden qualitativen Inhaltsanalyse wurde für die vorliegende Untersuchung gewählt, da mit dieser Technik große Datenmengen und
Inhalte strukturiert werden können. Somit konnte durch diese Methode theorie-
und regelgeleitet eine kontrollierte Auswertung der Daten vorgenommen werden
(Mayring, 2010).

Mayring (2002) bezeichnet das Kategoriensystem, das nach dem Durchlauf
des Modells der strukturierenden Inhaltsanalyse entsteht, als das Herzstück dieser
Analysetechnik. Dieses muss so genau definiert sein, dass das vorliegende produ-
zierte Material den Kategorien eindeutig zugeordnet werden kann. Mayring (2002,
S. 119 f.) rät dazu, in einem dreischrittigen Verfahren vorzugehen:

1. Kategoriendefinition: Welche Textbestandteile (bzw. in der vorliegenden Studie:
   mathematischen Ausdrücke) fallen unter eine Kategorie?
2. Ankerbeispiele: Beispiele, die eine prototypische Funktion für eine bestimmte
   Kategorie haben, werden angegeben.
3. Kodierregeln: Regeln werden formuliert, um eindeutige Zuordnungen vorneh-
   men zu können.

Die Technik der strukturierenden Inhaltsanalyse wird von Mayring (2010) wiederum
in verschiedene Formen unterteilt. Er unterscheidet formale Strukturierung, inhaltliche Strukturierung, typisierende Strukturierung und die skalierende Strukturierung.

Die einzelnen Analyseschritte werden auf das jeweilige Modell angepasst und richten sich damit nach dem vorliegenden Material und der fokussierten Fragestellung.
Im jeweiligen Modell werden die Analyseschritte definiert und die Reihenfolge
festgelegt (Mayring, 2010).

Für die vorliegende Untersuchung wurde das Modell der skalierenden Strukturierung verwendet, da hier bestimmte Materialteile auf einer Skala eingeschätzt
werden konnten, was für die Auswertung der vorliegenden Daten erforderlich war.
Der Fokus wurde deshalb auf dieses Modell gelegt, das in Abbildung 10.1 dargestellt
wird.

Generell folgen alle vier genannten Formen der strukturierenden Inhaltsanalyse
dem allgemeinen Modell und beinhalten das oben genannte dreischrittige Verfahren. Eine differenzierte Betrachtung innerhalb der verschiedenen Modelle findet
lediglich bei den Schritten zwei (Festlegung der Einschätzungsdimensionen) und
acht (Ergebnisaufbereitung) statt (Abb. 10.1).

Nachdem im ersten Schritt die Analyseeinheiten bestimmt worden sind, zielt der
zweite Schritt auf die theoriegeleitete Festlegung der Strukturierungsdimensionen,
um dann im dritten Schritt die Ausprägungen zu bestimmen und ein Kategoriensystem zusammenzustellen. Im vierten Schritt werden Definitionen, Ankerbeispiele
und Kodierregeln zu den einzelnen Kategorien formuliert. Ein erster Materialdurchlauf findet im fünften Schritt statt und hat zum Ziel, Stellen im Material zu finden, in
denen die Kategorie angesprochen wird. Diese Fundstellen werden notiert und im
nächsten Schritt herausgeschrieben. Anschließend folgt meist eine Überarbeitung
des Kategoriensystems und seiner Definitionen. Erst nach der Überarbeitung wird
der Hauptmaterialdurchlauf durchgeführt. Schließlich werden die Ergebnisse dieses
Durchlaufs zusammengefasst und aufgearbeitet (Mayring, 2010).

Im Unterschied zum geschilderten allgemeinen Ablaufmodell werden im Ablaufmodell skalierender Strukturierung im zweiten Schritt (Abb. 10.1; 2. Schritt) die
Einschätzungsdimensionen so festgelegt, dass im dritten Schritt (Abb. 10.1; 3.
Schritt) die Ausprägungen als Skalenpunkte formuliert werden können. Diese werden als Variablen gefasst, die verschiedene Ausprägungen annehmen können. Die
Formulierungen der Ausprägungen mit Definitionen, Ankerbeispielen und Kodierregeln (Abb. 10.1; 4. Schritt) werden in einem Kodierleitfaden zusammengefasst,
dabei dienen besonders eindeutige Zuordnungen als Ankerbeispiele. Wie im allgemeinen Ablauf wird ein Probedurchlauf durchgeführt, der in zwei Schritte aufgeteilt
wird (Abb. 10.1; 5. Schritt und 6. Schritt). Nach der Überarbeitung (Abb. 10.1; 7.
Schritt) findet der Hauptdurchlauf mit dem Abschluss der Ergebnisaufbereitung
statt. Bei dieser wird sich bei der skalierenden Strukturierung mit der Analyse
von Häufigkeiten, Kontingenzen und Konfigurationen der Einschätzungen befasst
(Abb. 10.1; 8. Schritt; Mayring, 2010).

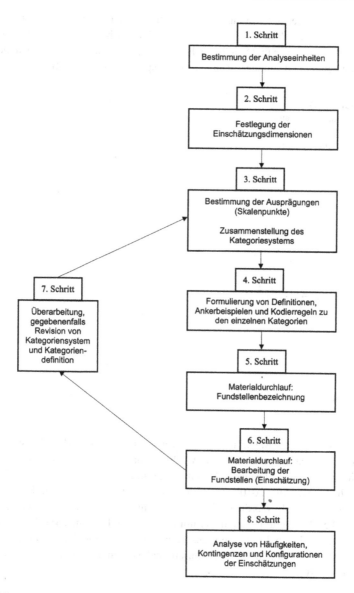

Abbildung 10.1 Ablaufmodell skalierender Strukturierung (Mayring, 2010, S. 102)

Das fokussierte Material lag als Lernendendokumente vor. Diese beinhalteten die Ergebnisse der Arbeitsaufträge aus den beiden Arbeitsphasen des Lernangebots. Die Schülerinnen und Schüler hielten auf diesen Dokumenten ihre erfundenen Gleichungen und Gleichungssysteme fest (Beispiele in Abb. 10.2 und Abb. 10.3).

Abbildung 10.2
Lernendendokument aus
der ersten Arbeitsphase
(erfundene Gleichungen)

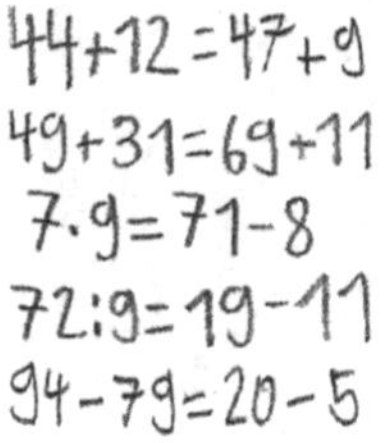

$$44+12=47+9$$
$$49+31=69+11$$
$$7 \cdot 9 = 71-8$$
$$72:9=19-11$$
$$94-79=20-5$$

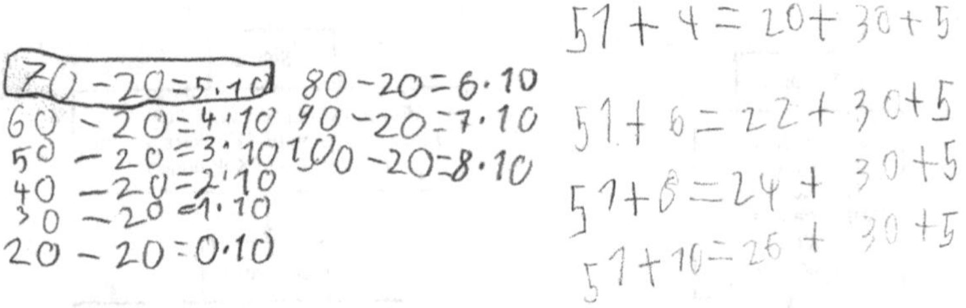

$$70-20=5 \cdot 10 \quad 80-20=6 \cdot 10$$
$$60-20=4 \cdot 10 \quad 90-20=7 \cdot 10$$
$$50-20=3 \cdot 10 \quad 100-20=8 \cdot 10$$
$$40-20=2 \cdot 10$$
$$30-20=1 \cdot 10$$
$$20-20=0 \cdot 10$$

$$51+4=20+30+5$$
$$51+6=22+30+5$$
$$51+8=24+30+5$$
$$51+10=26+30+5$$

Abbildung 10.3 Lernendendokument aus der zweiten Arbeitsphase (erfundene Gleichungssysteme)

Um das spezifische Material zu analysieren und im Anschluss die fokussierte Fragestellung zu beantworten, wurde in Anlehnung an das Ablaufmodell skalierender Strukturierung das vorliegende Datenmaterial unter vorher festgelegten Kriterien eingeschätzt (Mayring, 2010; Abb. 10.1). Ziel der Analyse war es, ein Kategoriensystem zu entwickeln, das die mathematischen Inhalte der Lernendendokumente in numerische Messwerte umwandelte, um numerisches Datenmaterial für die Auswertung zu gewinnen. Ein Kategoriensystem musste also entwickelt werden, durch das die Inhalte der Dokumente strukturiert analysiert und skaliert werden konnten (Mayring, 2010).

Da die zu analysierenden Dokumente mathematische Ausdrücke in Form von Gleichungen enthielten (Beispiele der Dokumente in Abb. 10.2 und Abb. 10.3), wurden im ersten Schritt die Analyseeinheiten passend zu dem vorliegenden Material gebildet. So entstanden die Analyseeinheiten Dokument, Gleichung und System. Im zweiten Schritt (Abb. 10.1) wurden Variablen und deren Ausprägungen gebildet (vgl. Abschnitt 10.1.2). Das Kategoriensystem wurde im dritten Schritt (Abb. 10.1) zusammengestellt und wird im folgenden Abschnitt detailliert erläutert.

Entwicklung des Kategoriensystems

Die Grundlage der Dokumentenanalyse bildete ein festes, standardisiertes Kategoriensystem, mit dem die Dokumente der Lernenden untersucht wurden (Lamnek, 2010).

Die Bestandteile einer Gleichung wurden genau betrachtet, um Erkenntnisse zu den Strukturdimensionen und Ausprägungen der Merkmale zu erhalten (Abb. 10.1; 3. Schritt). Die Ausprägungen der einzelnen Merkmale auf mathematischer Ebene, die die Komplexität ausmachen, mussten ergründet werden. Da die Lernprodukte sehr unterschiedlich komplexe Gleichungen und Gleichungsserien beinhalteten, musste das Kategoriensystem so angelegt sein, dass diese verschiedenen Komplexitäten erfasst werden konnten (vgl. Kapitel 8).

Im nächsten Analyseschritt wurden deduktiv Definitionen für die ersten Kategorien und Ankerbeispiele formuliert und Kodierregeln in Form eines Kodierleitfadens erstellt (Abb. 10.1; 4. Schritt; Mayring, 2010). Der Kodierleitfaden definiert, in welche Kategorien die Ergebnisse der Lernenden fallen. In einem ersten Materialdurchlauf wurden die entsprechenden Fundstellen markiert und anschließend extrahiert, um sie als Ankerbeispiele zu nutzen.

Als Ergebnis des ersten Materialdurchlaufs (Abb. 10.1; 5. Schritt) wurden Stellen in den Dokumenten markiert, die auf die Einschätzungsdimensionen (Merkmale der Kategorien) hinwiesen. Diese Fundstellen wurden als numerischer Wert in das Kategoriensystem eingetragen. Das Kategoriensystem wurde einer mehrmaligen Überarbeitung unterzogen und die Definitionen der Kategorien geschärft. Die entstandenen Lernendendokumente aus den Pilotierungen wurden für diese Revisionen genutzt. Im sechsten Schritt (Abb. 10.1) fand daraufhin eine Überarbeitung der Kodierregeln statt, um die Eindeutigkeit des Kodierleitfadens (Abschnitt 10.1.2) zu steigern. Im siebten Schritt (Abb. 10.1) wurde das Kategoriensystem überarbeitet. Die Definitionen wurden daraufhin überprüft und ggfs. revidiert.

Zur Ergebnisaufbereitung konnten diese Merkmale dann in Messwerte überführt werden (deduktives Vorgehen).

Komplexität einer Gleichung

Um auf die Komplexität einer Gleichung zu schließen, wurden manifeste Merkmale einer Gleichung untersucht (niedriginferentes Vorgehen).

Wie in Abbildung 10.4 dargestellt, ergab sie sich zum einen mit dem Blick auf ihre Bestandteile und zum anderen durch die Betrachtung der verwendeten Systematik nach algebraischen Regeln für Termumformungen beim Erfinden der Gleichung (Kommutativgesetz – Vertauschungsgesetz, Assoziativgesetz – Verknüpfungsgesetz).

Abbildung 10.4
Komplexität einer
Gleichung

Eine Gleichung ist ein mathematischer Ausdruck bestehend aus zwei Termen. Sie entspricht einer Aussage, bei der zwei Terme, T_1 und T_2, durch die Gleichheitsrelation miteinander verbunden sind ($T_1 = T_2$).

Diese Terme können aus Zahlen und Rechenoperationen unterschiedlicher Anzahl bestehen und führen durch die Verwendung des Gleichheitszeichens zu wahren oder falschen Aussagen.

Für die fokussierte Analyse wurden nur die Gleichungen betrachtet, die zu einer wahren Aussage führten. Das Gleichheitszeichen wurde dabei im relationalen Sinne verwendet und nicht operational, im Sinne von „ergibt" (z. B. $2 + 3 = 5$). Bei der relationalen Nutzung stellte das Gleichheitszeichen eine Gleichheitsbeziehung zwischen zwei Termen auf (z. B. $2 + 3 = 1 + 4$; Unteregge, 2018; Kapitel 8). Die Bestandteile einer Gleichung, die aus der Anzahl der Operationsschritte, der Operationen (vier Grundrechenarten) und der Zahlengröße bestehen, konnten kombiniert werden. Die Terme auf beiden Seiten des Gleichheitszeichens durften sich bezogen auf die genannten Bestandteile unterscheiden, mussten allerdings der Gleichheitsbeziehung entsprechen.

Der einfachste Fall zum Bilden einer Gleichung war der, bei dem beide Terme (T1 und T2) aus einem Element bestanden. Da für die Analyse nur die richtigen Gleichungen verwendet wurden, mussten diese beiden Elemente gleich sein. Für diesen Fall stand das erste Beispiel: 3 = 3 in Tabelle 10.3.

Umfangreicher und damit auch komplexer wurde eine Gleichung, wenn auf jeder Seite Rechenzeichen und weitere Zahlen hinzukamen, wie im zweiten Beispiel das Additions-Zeichen (Tab. 10.3). Die Zahlen waren jetzt verschieden und mussten so gewählt werden, dass eine wahre Aussage entstand. Auf jeder Seite kam es so zu einem Operationsschritt, d. h. zwei Zahlen waren auf jeder Seite des Gleichheitszeichens mit einem Operationszeichen verbunden. Im dritten Beispiel wurden insgesamt (auf beiden Seiten) drei Operationsschritte verwendet, aber nur eine Rechenoperation und nur einstellige Zahlen. Beispiel vier zeigt eine Gleichung mit zwei Operationsschritten, zwei verschiedenen Rechenoperationen und einer zweistelligen Zahl. Gesteigert wurde die Komplexität der Bestandteile weiter, wie in Beispiel fünf zu erkennen ist. Hier wurden drei Operationsschritte, zwei Rechenoperationen und zweistellige Zahlen genutzt. Eine weitere Steigerung zeigt die sechste Gleichung aus Tabelle 10.3 beispielhaft. Diese besteht aus vier Operationsschritten, vier verschiedenen Rechenoperationen und zweistelligen Zahlen.

Je umfangreicher die Benutzung dieser einzelnen Bestandteile war, umso komplexer wurde die Gleichung und ist auf einem höheren Bearbeitungsniveau einzuordnen.

Tabelle 10.3 Subkategorien der Bestandteile einer Gleichung zur Erfassung der Komplexität einer Gleichung

Beispiel	$T_1 = T_2$	Komplexität der Bestandteile		
		Operations-schritte OS	Rechenopera-tionen RO	Zahlen Z einstellig (1) zweistellig (2)
1	$3 = 3$	0	0	1
2	$2 + 3 = 1 + 4$	2	1	1
3	$2 + 3 = 2 + 2 + 1$	3	1	1
4	$2 + 3 = 11 - 6$	2	2	2

(Fortsetzung)

Tabelle 10.3 (Fortsetzung)

Beispiel	$T_1 = T_2$	Komplexität der Bestandteile		
		Operations-schritte OS	Rechenopera-tionen RO	Zahlen Z einstellig (1) zweistellig (2)
5	$2 + 3 = 11 - 2 - 4$	3	2	2
6	$5 \cdot 9 - 7 = 35 : 5 + 31$	4	4	2

Die grundlegenden Komplexitätsmerkmale bezüglich der Bestandteile einer Gleichung waren die Anzahl der Operationsschritte (OS), der verschiedenen Rechenoperationen (RO) und die Größe der Zahlen (Z).

Auch das Vorhandensein eines systematischen Vorgehens beim Erfinden der Gleichungen deutete auf eine komplexe Gleichung hin (Kapitel 8). Dieses systematische Vorgehen konnte in den Lernendendokumenten für verschiedene Vorgehensweisen beobachtet werden. Daraufhin fand eine Revision des Kategoriensystems statt und wurde um Kategorien zum systematischen Bilden von Gleichungen erweitert.

Insgesamt wurden sieben verschiedene Systematiken betrachtet, die von Lernenden im dritten Schuljahr aufgrund ihres Vorwissens genutzt werden konnten. Das Anwenden von Tauschaufgaben (Tau) wie im ersten Beispiel der Tabelle 10.4 zeigt eine mögliche Systematik. Hier wurden gleiche Summanden für beide Terme, aber in unterschiedlicher Reihenfolge verwendet. Im zweiten Beispiel wurde gegensinnig verändert (GeV), indem bei Additionsaufgaben auf der einen Seite des Terms Zahlen um eins vergrößert und auf der anderen Seite entsprechend verkleinert wurden. Das gegensinnige Verändern konnte auch mit Zahlen durchgeführt werden, die größer als eins sind (GeV(x), Tab. 10.4, Beispiel 3). Ebenso stellte das gleichsinnige Verändern bei Subtraktionsaufgaben eine mögliche Systematik dar (GlV). Auch hier konnte um eins oder mehr (GlV(x)) verändert werden, indem Minuend und Subtrahend entweder beide verkleinert oder vergrößert wurden (Tab. 10.4, Beispiel 4 und 5). Die Verwendung der Teile-Ganzes-Beziehung (TG), die die Aufteilung einer Zahl nutzt (Tab. 10.4, Beispiel 6) und das Auftreten eines multiplikativen Zusammenhangs ($1 \cdot 1$) stellten weitere Systematiken dar. Möglich ist auch das Auftreten mehrerer Systematiken in einem Dokument.

Tabelle 10.4 Subkategorien der Systematik zur Erfassung der Komplexität einer Gleichung

Beispiel	$T_1 = T_2$	Komplexität durch Verwendung einer Systematik	Code
1	$8 + 7 = 7 + 8$	Tauschaufgabe	Tau
2	$2 + 3 = 1 + 4$	Gegensinniges Verändern um eins	GeV
3	$80 + 20 = 90 + 10$	Gegensinniges Verändern um mehr als eins	GeV(x)
4	$37–2 = 38–3$	Gleichsinniges Verändern um eins	GlV
5	$95–15 = 90–10$	Gleichsinniges Verändern um mehr als eins	GlV(x)
6	$4 + 3 + 2 + 1 = 9 + 1$	Teile-Ganzes	TG
7	$5 \cdot 6 + 6 = 6 \cdot 6$	Multiplikativer Zusammenhang	$1 \cdot 1$

Die genannten Systematiken (Tab. 10.4) bildeten die Subkategorien für die Komponente der verwendeten Systematik[6].

Kodierleitfaden

Es wurden Regeln für die Kategorien festgelegt, um die Gleichungen eindeutig einordnen zu können. In diesem Abschnitt wird der Kodierleitfaden zum Kategoriensystem vorgestellt.

Dem Kodierprozess lagen allgemeine Regeln zugrunde, die für die Arbeit mit dem Kodierleitfaden zu beachten waren.

Grundsätzlich wurden alle Lernendendokumente aus den beiden Arbeitsphasen getrennt nach Dokument 1 und Dokument 2 ausgewertet. Dabei wurden verschiedene Analyseeinheiten gebildet. Die Kodierung begann mit der Analyseeinheit Dokument, bei der alle Notationen aus einer Arbeitsphase betrachtet wurden. Weiterhin gab es die Analyseeinheit der Gleichung. Hier wurden alle Gleichungen, bei denen das Gleichheitszeichen entweder relational ($a + b = c + d$) oder operational ($a + b = c$) genutzt wurde, dokumentiert. Die Analyseeinheit System wurde dann betrachtet, wenn ein System nach der für diesen Kodierleitfaden aufgestellten Regel vorlag. Diese Regel besagt, dass ein System aus zwei oder mehr richtigen Gleichungen bestehen kann, die direkt aufeinanderfolgen. Um ein System zu bilden, muss eine Bildungsregel erkennbar werden. Die Regel darf innerhalb einer Gleichung variieren, muss aber über alle zum System gehörenden Gleichungen fortgeführt

---

[6] In der vorliegenden Arbeit steht der Begriff Systematik für die systematischen Veränderungen in einer Gleichung (Tau, GeV, GeV(x), GlV, GlV(x), TG, $1 \cdot 1$), während der Begriff System für zusammenpassende Gleichungen (Gleichungssystem) verwendet wird.

werden. Ein Beispiel für eine solche Regel könnte lauten: $6 + 5 = 8 + 3; 7 + 6 = 9 + 4$ (auf beiden Seiten der Gleichung wurden Summanden um eins erhöht).

Innerhalb der Analyseeinheit Dokument wurden in einer Kategorie alle vorkommenden Merkmale gezählt. Die Anzahl der entstandenen Systeme wurde nur für Dokument 2 festgehalten.

Für die Analyseeinheit Gleichung galt, dass bei jeder Kategorie die korrekte Gleichung mit der höchsten Merkmalsausprägung zur Analyse herangezogen wurde (z. B. für Rechenoperationen die Gleichung mit den meisten unterschiedlichen Operationen). Das heißt, dass innerhalb dieser Analyseeinheit eine Gleichung maximal vier verschiedene Rechenoperationen aufweisen kann. Hierbei ist es grundlegend, dass stets beide Seiten einer richtigen Gleichung angeschaut wurden. Dokumentiert wurden die höchsten Werte, die sich in den analysierten Gleichungen ergaben (zur besseren Datenübersicht). In der Analyseeinheit System, die für Dokument 2 relevant ist, wurden in allen Systemen nur die richtigen Gleichungen gezählt. Weiterhin galten die gleichen Regeln für die Analyseeinheiten Dokument und Gleichung, wie für Dokument 1. Speziell für die Kodierung von Dokument 2 kam für die Analyseeinheit Dokument hinzu, dass alle unterschiedlichen, richtigen Gleichungen in allen Systemen gezählt wurden. Für die Analyseeinheit Gleichung wurde die richtige Gleichung mit der höchsten Merkmalsausprägung in einem System kodiert, dabei wurde jedes System einzeln ausgewertet. Am Ende wurde das System mit den höchsten Werten kodiert.

Jede erfundene Gleichung aus Dokument 1 und Dokument 2 wurde auf die Verwendung einer Systematik hin untersucht und dokumentiert. Auch die Anzahl der verwendeten Systematiken wurde festgehalten. In den Subkategorien zur Systematik (Tab. 10.4) wurde dokumentiert, welches systematische Vorgehen erkannt und wie oft dieses angewendet wurde.

Kodierleitfaden für die Dokumente der ersten Arbeitsphase[7]

Für die Analyse der Dokumente aus der ersten Arbeitsphase (Dokument 1) wurden 16 Kategorien nach festgelegten Regeln entwickelt. Nach dem Kodierleitfaden (im elektronischen Zusatzmaterial, Anhang 10.1) wurden alle unterschiedlichen Gleichungen (AG) gezählt. Anschließend wurde geschaut, ob es sich um korrekte Gleichungen handelte, die eine wahre Aussage enthalten (AGR), und ob das Gleichheitszeichen bei den korrekten Gleichungen im relationalen Sinne genutzt wurde

---

[7] Der komplette Kodierleitfaden ist im elektronischen Zusatzmaterial einzusehen (Anhang 10.1).

(operational: a + b = c; relational: a + b = c + d; GZN). Ausschließlich im letzten Fall wurde die Gleichung weiter betrachtet. Für die Analyseeinheit Dokument ergaben sich damit folgende Kategorien:

- AG: Anzahl aller unterschiedlichen Gleichungen auf dem gesamten Dokument,
- AGR: Anzahl aller korrekten unterschiedlichen Gleichungen auf dem gesamten Dokument,
- GZN: Anzahl aller korrekten unterschiedlichen Gleichungen auf dem gesamten Dokument, bei denen das Gleichheitszeichen relational genutzt wurde.

Es folgten vier Kategorien, die auf die Komplexität der Gleichung mit dem Fokus auf die Bildungsmerkmale schließen lassen (vgl. Abschnitt 10.1.2; s. Tab. 10.3):

- RO: In der Kategorie Rechenoperationen werden alle unterschiedlichen Operationen in einer Gleichung (auf beiden Seiten) gezählt.
- Z: Bei den verwendeten Zahlen werden die Stellen außer den Endnullen gezählt.
- OS: Die Anzahl der Operationsschritte wird für beide Seiten dokumentiert.
- Ü: Die Anzahl der Übergänge wird ebenfalls notiert, damit Aufgaben wie beispielsweise 3333 plus 4444 nicht zu hohe Wertungen bekommen, obwohl die Rechnung sehr einfach ist und eigentlich nur im Zahlenraum bis 10 bleibt.

Eine weitere Kategorie gibt eine Zusammenfassung der genannten vier Kategorien:

- MSB: Alle maximalen Werte aus den „Bildungskategorien" (RO, Z, OS, Ü) in einer Gleichung werden summiert. Damit erhält man auf der Ebene der Bestandteile die komplexeste Gleichung.

Das systematische Vorgehen wurde in der Kategorie Systematik festgehalten und hat weitere Subkategorien (vgl. Abschnitt 10.1.2; Tab. 10.4):

- Tau: Tauschaufgaben (Kommutativität nur bei gleichen Zahlen),
- GeV: gegensinniges Verändern um 1 (Konstanz der Summe bei Addition),
- GeV(x): gegensinniges Verändern um mehr als 1,
- GlV: gleichsinniges Verändern bis 1 (Konstanz der Differenz bei Subtraktion),
- GlV(x): gleichsinniges Verändern um mehr als 1,
- TG: Teile-Ganzes-Zerlegung (eine Zahl in einer Gleichung wird zerlegt, nur additive Zerlegung),

- $1 \cdot 1 : 1 \cdot 1$-Reihe (multiplikativer Zusammenhang: direkte und nicht direkte Nachbaraufgabe oder gegensinniges bzw. gleichsinniges Verändern bei Multiplikation und Division),
- SVS: Summe aller verwendeten verschiedenen systematischen Vorgehensweisen.

Um die Gleichungen hinsichtlich ihrer Komplexität einschätzen zu können, wurden sie auf ihre Bestandteile und auf die Verwendung von Systematiken hin, wie oben beschrieben, analysiert. Je höher die Werte in den Kategorien ausfielen, umso komplexer gestaltete sich die Gleichung.

Es folgt ein erstes Beispiel einer Kodierung anhand eines Schülerinnendokuments aus der ersten Arbeitsphase (Abb. 10.5):

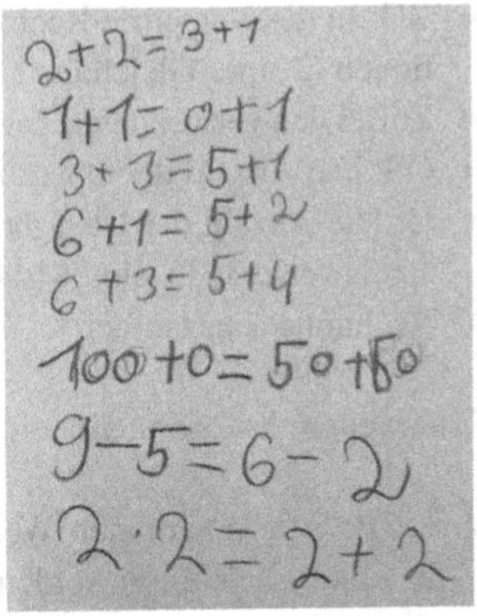

Abbildung 10.5 Beispiel eines Dokuments einer leistungsschwächeren Schülerin aus Arbeitsphase 1

Kodierung der Analyseeinheit Dokument und Gleichung (vgl. Kodierleitfaden im elektronischen Zusatzmaterial, Anhang 10.1) (Tabelle 10.5 und 10.6):

Tabelle 10.5 Kodierung der Anzahlen (im Dokument) und Bestandteile (der Gleichungen)

	AG	AGR	GZN	RO	Z	OS	Ü	MSB
NLI2204	8	7	7	2	1	2	0	5

Tabelle 10.6 Kodierung der Systematiken (in einer Gleichung)

	Tau	GeV	Gev(x)	GlV	GlV(x)	TG	1 × 1	SVS
NLI2204	0	3	1	0	1	0	0	3

Im Dokument in Abbildung 10.5 fand die Schülerin acht Gleichungen (AG), von denen sieben richtig gerechnet wurden (AGR). Das Gleichheitszeichen wurde bei allen acht Gleichungen relational genutzt (GZN). Sie verwendete zwei verschiedene Operationen (RO), nur einstellige Zahlen (Z), zwei Operationsschritte (OS) und keine Übergänge (Ü). Die Gleichung mit der höchsten Komplexität in Bezug auf ihre Oberflächenmerkmale ist die letzte (MSB). Diese Gleichung bekommt die höchsten Werte in den vier Kategorien, die für das Bilden von Gleichungen entscheidend sind. Diese Gleichung wurde in der Kategorie MSB dokumentiert (RO: 2, Z: 1, OS:2, Ü: 0, daraus ergibt sich MSB: 5).

Es folgt ein zweites Beispiel einer Kodierung anhand eines Schülerdokuments aus der ersten Arbeitsphase (Abb. 10.6):

Abbildung 10.6 Beispiel eines Dokuments eines leistungsstärkeren Schülers aus Arbeitsphase 1

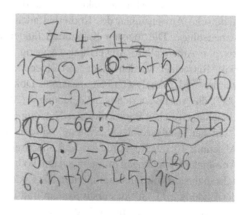

Kodierung der Analyseeinheit Dokument und Gleichung (s. Kodierleitfaden im elektronischen Zusatzmaterial, Anhang 10.1) (Tabelle 10.7 und 10.8):

Tabelle 10.7 Kodierung der Anzahlen (im Dokument) und Bestandteile (der Gleichungen)

	AG	AGR	GZN	RO	Z	OS	Ü	MSB
DNA0910	6	5	5	3	2	3	1	9

Tabelle 10.8 Kodierung der Systematiken (in einer Gleichung)

	Tau	GeV	Gev(x)	GlV	GlV(x)	TG	1×1	SVS
DNA0910	0	0	0	0	0	0	0	0

Auch der leistungsstärkere Schüler nutzte das Gleichheitszeichen im geforderten relationalen Sinne (GZN). Er erfand insgesamt sechs Gleichungen (AG), davon waren fünf richtig (AGR). Er verwendete in seiner komplexesten Gleichung (die vorletzte in Abb. 10.6) drei verschiedene Operationszeichen (RO), zweistellige Zahlen (Z), insgesamt drei Operationsschritte (OS) und einen Übergang (Ü). Daraus erhält man für die maximale Summe der Bestandteile den Wert 9. Bei der Analyse der Systematiken fällt auf, dass er kein systematisches Vorgehen zeigt. Das heißt er nutzt keine Systematik im definierten Sinne (vgl. Kodierleitfaden im elektronischen Zusatzmaterial, Anhang 10.1).

Kodierleitfaden für die Dokumente der zweiten Arbeitsphase
Der Kodierleitfaden für die Dokumente aus der zweiten Arbeitsphase enthielt einige identische Anweisungen des Kodierleitfadens für die Dokumente aus der ersten Arbeitsphase. Die meisten Kategorien fanden auch für die Dokumente aus der zweiten Arbeitsphase Anwendung (Anhang 10.1 im elektronischen Zusatzmaterial). Betrachtet wurden wieder verschiedene Analyseeinheiten. Im zweiten Teil wurden in der Analyseeinheit „gesamtes Dokument" die Anzahl der Gleichungen (AG), die Anzahl der richtigen Gleichungen (AGR) und die Anzahl der verwendeten Gleichheitszeichen mit relationaler Nutzung (GZN) kodiert.

In der Analyseeinheit „System" wurden die Anzahl der Systeme (AS; vgl. Abschnitt 10.1.2: Regel für das Vorhandensein eines Systems) und die maximale Anzahl der Gleichungen in einem System kodiert (AGS-1). Jedes System wurde einzeln analysiert und durchnummeriert. Die Codes wurden entsprechend benannt – mit der Endung „−1" für das erste System und mit der Endung „−2" für das zweite System usw. Außerdem wurde das systematische Vorgehen innerhalb eines Systems mit Blick auf die Subkategorien notiert (Kategorien s. Dokument 1, aber der Zusammenhang der Gleichungen untereinander wurde analysiert: Tau-1, GeV-1, GeV(x)-1, GlV-1, GlV(x)-1, $1 \cdot 1$–1, SVS-1).

Die Komplexität der Gleichungen wurde wieder in der Analyseeinheit „Gleichung" bestimmt. Die Bestandteile (Kategorien s. Dokument 1: RO, Z, OS, Ü, MSB) und das systematische Vorgehen wurden dieses Mal jedoch innerhalb einer Gleichung kodiert (Kategorien s. Dokument 1: Tau, GeV, GeV(x), GlV, GlV(x), TG, 1×1, SVS). Auch diese Codes bekamen eine Endung, die erkennen ließen, um das wievielte System es sich handelte (beispielsweise: Tau-1, GeV-1, GeV(x)-1, GlV-1, GlV(x)-1, TG-1, 1 · 1–1, SVS-1).

In die abschließenden drei Kategorien fielen die Gleichungssysteme mit den meisten richtigen Gleichungen (AGS-M), den meisten Bestandteilen (MSBS-M) sowie den meisten verwendeten unterschiedlichen Systematiken (SVS-M; das System mit einer oder mehreren Systematiken wurde vorgezogen, dann Bestandteile, dann Anzahl der Gleichungen). Diese drei Kategorien konnten als Zusammenfassung der Kategorien des Kodierleitfadens für Dokument 2 angesehen werden. Hier kristallisieren sich die komplexesten Gleichungssysteme heraus.

Übersicht der zusammenfassenden Kategorien:

- AGS-M: maximale Anzahl der richtigen Gleichungen in einem System (im System mit den meisten Gleichungen),
- MSBS-M: maximale Summe aller Bestandteile in der (komplexesten) Gleichung eines Systems – Maximalwert (höchster Wert in einem System – „stärkstes System"),
- SVS-M: Summe aller verwendeten verschiedenen systematischen Vorgehensweisen – Maximalwert (höchster Wert in einem System – „stärkstes System").

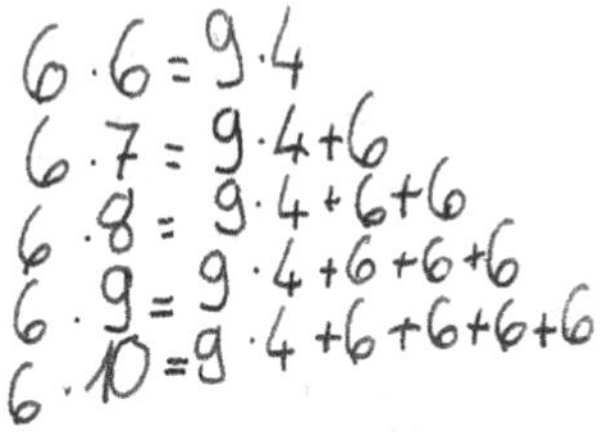

Abbildung 10.7 Beispiel für ein erfundenes Gleichungssystem aus dem zweiten Arbeitsauftrag (Dokument 2 eines Schülers)

$$6 \cdot 6 = 9 \cdot 4$$
$$6 \cdot 7 = 9 \cdot 4 + 6$$
$$6 \cdot 8 = 9 \cdot 4 + 6 + 6$$
$$6 \cdot 9 = 9 \cdot 4 + 6 + 6 + 6$$
$$6 \cdot 10 = 9 \cdot 4 + 6 + 6 + 6 + 6$$

Es folgt ein Beispiel einer Kodierung anhand eines Schülerdokuments (Abb. 10.7; s. Kodierleitfaden im elektronischen Zusatzmaterial, Anhang 10.1) (Tabelle 10.9):

Tabelle 10.9 Kodierung der Analyseeinheiten Dokument und System

	AG	AGR	GZN	AS
DNA0910	5	5	5	1

Der Schüler erfand insgesamt fünf richtige Gleichungen und nutzte das Gleichheitszeichen im relationalen Sinne. Alle Gleichungen gehören einem System an (Tabelle 10.10).

Tabelle 10.10 Kodierung für die Analyseeinheit Dokument und System (s. Kodierleitfaden im elektronischen Zusatzmaterial, Anhang 10.1)

	AGS-1	TauS-1	ADD-1	SUB-1	MUL-1	DIV-1	MISCH-1
DNA0910	5	0	0	0	0	0	1

In der Analyseeinheit System wurden die fünf erfundenen Gleichungen notiert und festgestellt, dass die Systementwicklung mit gemischten Operationen erfolgte (Tabelle 10.11).

Tabelle 10.11 Kodierung der Analyseeinheit Gleichung in jedem System (s. Kodierleitfaden im elektronischen Zusatzmaterial, Anhang 10.1)

	RO-1	Z-1	OS-1	Ü-1	MSB-1
DNA0910	2	1	6	2	11

In diesem System zeigte sich in der Analyseeinheit Gleichung die Nutzung von zwei Rechenoperationen, einstelligen Zahlen, sechs Operationsschritten und zwei Übergängen. Die komplexeste Gleichung ist die letzte. Diese verfügt über die maximale Summe der Bestandteile von elf (Tabelle 10.12).

Tabelle 10.12 Kodierung der Analyseeinheit Gleichung in jedem System (s. Kodierleitfaden im elektronischen Zusatzmaterial, Anhang 10.1)

	Tau-1	GeV-1	Gev(x)-1	GlV-1	GlV(x)-1	TG-1	1x1-1	SVS-1
DNA0910	0	0	0	0	0	0	1	1

Ein systematisches Vorgehen zeigte sich in der Analyseeinheit Gleichung bei der Verwendung von multiplikativen Zusammenhängen. Dies ergab eine verwendete Systematik.

Tabelle 10.13 Zusammenfassung der Kategorien aller Systeme (s. Kodierleitfaden im elektronischen Zusatzmaterial, Anhang 10.1)

	AGS-M	MSBS-M	SVS-M
DNA0910	5	11	1

In der Zusammenfassung zeigen sich die maximalen Werte (Tab. 10.13). Die höchste Anzahl an Gleichungen in einem System ist fünf, die maximale Summe der Bestandteile (in allen Gleichungen) beträgt elf und die höchste Anzahl der benutzen Systematiken ist eins.

Mithilfe der quantitativen Inhaltsanalyse konnte ein Kategoriensystem theoriebasiert-deduktiv und datenbasiert-induktiv konstruiert und ein entsprechender Kodierleitfaden entwickelt werden. Das vorgefundene Rohmaterial konnte so in messbare Werte transformiert werden. Die Validität des Datenerhebungsinstruments wurde durch die theoriebasierte Ableitung und die Revision durch Experten abgesichert (Bortz und Döring, 2016).

Bildung von Skalenwerten

Zur übersichtlicheren Auswertung wurden aus inhaltlich zusammenpassenden Kategorien Oberkategorien für das Kategoriensystem beider Arbeitsphasen (Dokument 1 und Dokument 2) gebildet.

Für die Auswertung der Dokumente aus der ersten Arbeitsphase wurde die maximale Summe aller Bestandteile (MSB) als Oberkategorie für die einzelnen Kategorien zu den Bestandteilen (RO, Z, OS, Ü) gebildet. Man erhielt sie durch die Summe aller Werte aus den Unterkategorien zu den Bestandteilen. Die Summe aller verwendeten unterschiedlichen Systematiken (SVS) bildete die Oberkategorie aller verwendeten Systematiken (Tau, GeV, GeV(x), GlV, GlV(x), TG, 1 × 1). Auch hier erhielt man den Wert der neuen Kategorie durch die Summe aller Werte der Unterkategorien.

Für die Dokumente der zweiten Arbeitsphase wurde ebenso vorgegangen. Die maximale Summe der Bestandteile im System (MSB-M) wurde zur Oberkategorie. Sie wurde durch die maximale Summe aller Werte aus den Unterkategorien zu den Bestandteilen in einem System gebildet. Die Oberkategorie SVS-M beinhaltete die maximale Summe verschiedener Systematiken in einem System.[8]

---

[8] In der vorliegenden Arbeit steht der Begriff Systematik für die systematischen Veränderungen in einer Gleichung (Tau, GeV, GeV(x), GlV, GlV(x), TG, 1 · 1), während der Begriff System für zusammenpassende Gleichungen (Gleichungssystem) verwendet wird.

Neben den vier Oberkategorien wurden Kategorien für die Auswertung miteinbezogen, die die Werte für die Anzahl aller Gleichungen, Anzahl aller richtigen Gleichungen und Anzahl der Gleichungen, bei denen das Gleichheitszeichen relational genutzt wurde, die Anzahl der Systeme und Anzahl der Gleichungen in einem System beinhalten.

Nach der Zusammenfassung stehen folgende Kategorien für die anschließende Datenanalyse zur Verfügung:

- AG (Dok1) Anzahl aller Gleichungen,
- AGR (Dok1) Anzahl aller richtigen Gleichungen,
- GZN (Dok1) Gleichheitszeichen relationale Nutzung,
- MSB maximale Summe Bestandteile,
- SVS Summe verschiedener Systematiken sowie
- AG (Dok2) Anzahl aller Gleichungen,
- AGR (Dok2) Anzahl aller richtigen Gleichungen,
- GZN (Dok2) Gleichheitszeichen relationale Nutzung,
- AS (Dok2) Anzahl der Systeme,
- AGS (Dok2) Anzahl der Gleichungen in einem System,
- MSBS-M maximale Summe der Bestandteile im System – Maximalwert der Systeme und
- SVS-M Summe verschiedener Systematiken – Maximalwert der Systeme.

Die Oberkategorien wurden als neue Variablen in das Kategoriensystem integriert. Um einen tieferen Einblick in die Bestandteile und die verwendeten Systematiken zu bekommen, können die Unterkategorien herangezogen werden.

Inter-Kodierer-Reliabilität
Die arithmetisch inhaltlichen Merkmale wurden inhaltsanalytisch anhand des Kategoriensystems herausgearbeitet und quantifiziert. Damit das vollstandardisierte Kategoriensystem intersubjektiv nachvollziehbar ist, wurde es mit genauen Definitionen aller Kategorien und Kodieranweisungen versehen (vgl. Abschnitte 10.1.2). Die Kodierung entlang des Kodierleitfadens erfolgte durch geschulte Kodierer. Die Zielsetzung der Studie, das Kategoriensystem und der Kodierleitfaden wurden im Rahmen der Kodiererschulung vorgestellt. Anhand von Beispieldokumenten kodierten alle Beteiligten einzeln, um erste Erfahrungen mit dem Instrument zu sammeln. Anschließend wurden Unklarheiten besprochen und führten zu einer weiteren Überarbeitung des Kodierleitfadens. Abweichende und übereinstimmende Kodierungen wurden verglichen, diskutiert und gegebenenfalls durch die Forscherin vorgegeben. Die einzelnen Kategorien, die der Analyse dienten, wurden

einer Reliabilitätsanalyse unterzogen. Ein Ausschnitt von 20 % des Datenmaterials der Hauptuntersuchung wurde von der Forscherin und einer geschulten Kodiererin ausgewertet. Die Kodiererübereinstimmung (Inter-Kodierer-Reliabilität) wurde anschließend für jede Kategorie empirisch bestimmt (Bortz und Döring, 2016).

Bei zwei geschulten Kodierern (Ratern) wurde eine prozentuale Übereinstimmung von 88 % bei 20 % (n = 32) der Fälle erreicht (1166 von 1320 Kodierungen stimmten überein). Die Übereinstimmung bei drei geschulten Kodierern (Ratern) bei 10 % der Fälle (n = 16) lag bei 92 % (736 von 800 stimmten überein). Die prozentuale Berechnung überschätzte allerdings die Übereinstimmung, da der Zufall nicht berücksichtigt wurde.

Stattdessen wurde die Intra-Klassen-Korrelation (ICC) berechnet. Mit diesem Maß wurde die Stärke des Zusammenhangs der Urteile zweier Beobachter dargestellt, die dieselben Ereignisse beobachteten und im Beobachtungsbogen beurteilten (Bortz und Döring, 2016).

Verglichen wurde die Varianz zwischen verschiedenen Ratings bezogen auf dasselbe Messobjekt mit der über alle Ratings und Messobjekte entstandenen Varianz.

Sind die Unterschiede zwischen den Messobjekten groß und gleichzeitig die Varianz zwischen den Beobachtern bezogen auf die Messobjekte klein, kann von einer reliablen Beobachtung ausgegangen werden. Bei einer großen Urteilskonkordanz, das heißt bei geringer Varianz zwischen den Einschätzungswerten, ist die ICC hoch (Wirtz und Caspar, 2002).

Mit diesem Reliabilitätsmaß erhält man einen Wertebereich von −1 bis + 1. Eine nicht reliable Kategorie liegt vor, wenn für den Intra-Klassen-Korrelations-Koeffizienten ein Wert von null oder ein negativer Wert berechnet wird. In diesen Fällen liegt keine Kodiererübereinstimmung vor. Der Wert der Intra-Klassen-Korrelation ist umso besser, je näher der Wert die + 1 erreicht (Wirtz und Caspar, 2002). Eine gute Reliabilität liegt beispielsweise bei einem ICC-Wert von 0,70 vor (Cicchetti, 1994; Tab. 9.10).

Tabelle 10.14 Einordnung nach Cicchetti 1994 und Koo/Li 2016

	Cicchetti 1994	Koo/Li 2016
Schlecht	< 0,4	< 0,5
Durchschnittlich	0,40–0,59	0,5–0,75
Gut	0,6–0,74	0,75–0,9
Sehr gut	≥ 0,75	≥ 0,9

ICC für die vorliegenden Kategorien:

Tabelle 10.15 Übersicht Intra-Klassen-Korrelations-Koeffizient (ICC)

Kategorien	ICC (2 Rater)	ICC (3 Rater)
MSB	0,84	0,80
SVS	0,98	0,76
MSBS-M	0,71	0,97
SVS-M	0,71	0,77

Die Berechnungen des Intra-Klassen-Korrelations-Koeffizienten für zwei Rater ergab nach Cicchetti (1994) und Koo/Li (2016) eine gute bis sehr gute Übereinstimmung bei 20 % der Daten und für drei Rater sogar eine sehr gute Übereinstimmung bei 10 % der Daten (Tab. 10.14, Tab. 10.15).

Mit der Erkenntnis aus den Berechnungen der ICC für die Skalenwerte konnte mit diesen die Datenanalyse vorgenommen werden. Die Kategorien, die lediglich zählbare Werte beinhalteten (AG, AGR, GZN, AS, AGS), wurden keiner Übereinstimmungsprüfung unterzogen.

Für die sich anschließende Auswertung wurden statistische Analyseverfahren verwendet, die in Abschnitt 10.2 thematisiert werden.

10.2 Datenanalyse

Das nach der Datenaufbereitung entstandene numerische Datenmaterial wurde im Hinblick auf das Forschungsinteresse (vgl. Kapitel 5) mithilfe des Statistik-Programmes IBM-SPSS 2021[9] statistisch ausgewertet. In diesem Abschnitt werden die verwendeten statistischen Verfahren vorgestellt, die zu statistischen Voraussetzungsprüfungen und zur anschließenden Analyse der Daten genutzt wurden. Dieser Abschnitt bildet den Übergang zum folgenden Teil der Arbeit, in dem sich mit den Ergebnissen befasst wird.

Zentrale Elemente der Datenanalyse sind die Ermittlung des Lernpotenzials der Lernenden (vgl. Abschnitt 4.2.1) und die Form, in der sie das natürlich differenzierende Lernangebot nutzten (vgl. Abschnitt 4.2.3, Kapitel 8 und Abschnitt 9.2). Um die Forschungsfrage (vgl. Abschnitt 5.3) beantworten zu können, musste durch die Analyse der vorliegenden Daten ein Zusammenhang zwischen dem Lernpotenzial und der Nutzung des Lernangebots hergestellt werden. Zur Vorbereitung auf die Analyse wurde der genannte Forschungsgegenstand

---

[9] Weiterhin mit SPSS abgekürzt

unter Verwendung von deskriptivstatistischen Verfahren beschrieben. Als Stichprobenkennwerte wurden arithmetische Mittelwerte, Standardabweichungen und Zusammenhangsmaße verwendet (Bortz und Döring, 2016).

Im Folgenden werden, beginnend mit den deskriptivstatistischen Methoden, die verwendeten statistischen Verfahren erläutert. Dazu gehören außerdem die Berechnung von Korrelationen zwischen verschiedenen Variablen, die Durchführung von t-Tests, ANOVA und die Ausführung einer Clusteranalyse, zur Bildung von Gruppen, basierend auf der Nutzung des Lernangebots. In der folgenden Darstellung (Tab. 10.16) wird eine Übersicht der verwendeten Methoden mit ihren Zielen, basierend auf der Beantwortung der Forschungsfragen, gegeben.

Tabelle 10.16 Übersicht der verwendeten Methoden zur Datenanalyse mit ihren Zielen

Methode	Ziel/Forschungsfrage	Übergeordnetes Ziel
Deskriptive Statistiken	• Beschreibung des Forschungsgegenstands • FF1: Ermittlung der Ausprägungen des Lernpotenzials[10] • FF4: Ermittlung unterschiedlicher Ausprägungen im Lernpotenzial bei unterschiedlichen Bearbeitungsformen[11]	FF1 bis FF4.1 und Leitfrage: Unterschiede und Zusammenhänge des Lernpotenzials und der Nutzung des Lernangebots
t-Tests und ANOVA	• FF1.1: Unterschiede im Bereich des Lernpotenzials bei Mädchen und Jungen[12] • Leitfrage: Ermittlung von Unterschieden zwischen den Clustern (Bearbeitungsformen) bezogen auf das Lernpotenzial[13]	

(Fortsetzung)

[10] FF1: Welche Ausprägungen zeigt das Lernpotenzial bei Schülerinnen und Schülern in den Bereichen, die für die Nutzung des Lernangebots relevant sind?

[11] FF4: Zeigen sich bei unterschiedlichen Bearbeitungsformen unterschiedliche Ausprägungen im Lernpotenzial?

[12] FF1.1: Zeigen sich Unterschiede zwischen Mädchen und Jungen in Bezug auf das ermittelte Lernpotenzial?

[13] Leitfrage: Wird das Potenzial des natürlich differenzierenden Lernangebots „Kombi-Gleichungen" von Lernenden ihrem Lernpotenzial entsprechend genutzt?

Tabelle 10.16 (Fortsetzung)

Methode	Ziel/Forschungsfrage	Übergeordnetes Ziel
Korrelationen	• FF1.2: Ermittlung von Zusammenhängen der verschiedenen Faktoren innerhalb des Lernpotenzials[14] • FF1.3: Ermittlung unterschiedlicher Zusammenhänge bei Mädchen und Jungen[15] • FF3.1: Ermittlung von Zusammenhängen zwischen den einzelnen Faktoren des Lernpotenzials und der Nutzung des Lernangebots[16] • FF4.1: Ermittlung von Zusammenhängen zwischen Bearbeitungsformen und Lernpotenzial[17]	
Clusteranalysen	• FF3.2: Ermittlung unterschiedlicher Gruppen bezüglich der Nutzung des Lernangebots[18] • FF3.3: Klassifikation der gefundenen Gruppe[19]	

10.2.1 Deskriptive Statistiken

Die deskriptive Statistik wurde genutzt, um einen Überblick hinsichtlich der vorliegenden Daten zu erhalten. Merkmalsausprägungen und Merkmalsverteilungen des Datensatzes wurden übersichtlich dargestellt. Bereits in Kapitel 7 wurde die Stichprobe auf deskriptiver Ebene mithilfe dieser Statistiken beschrieben.

---

[14] FF1.2: Welche Zusammenhänge zeigen sich bei den verschiedenen Faktoren des Lernpotenzials untereinander?

[15] FF1.3: Gibt es bei Mädchen und Jungen unterschiedliche Zusammenhänge innerhalb der Faktoren des Lernpotenzials?

[16] FF3.1: Welche Zusammenhänge zeigen sich zwischen den einzelnen Faktoren des Lernpotenzials und der Nutzung des Lernangebots

[17] FF4.1: Zeigen sich Zusammenhänge zwischen den verschiedenen Bearbeitungsformen und dem Lernpotenzial?

[18] FF3.2: Lassen sich empirisch verschiedene Bearbeitungsformen finden?

[19] FF3.3: Welche Gruppen zeigen sich bei der Bearbeitung des Lernangebots?

Für die relevanten Variablen des Lernpotenzials[20] und der Nutzung des Lern-angebots[21] wurden zunächst die Häufigkeiten, Mittelwerte und ggfs. die Standard-abweichungen betrachtet. Weiterhin wurde die Verteilungsform variablenweise untersucht.

Zur Beantwortung der Forschungsfragen aus dem Bereich des Lernpotenzi-als, welche Ausprägungen das Lernpotenzial bei Schülerinnen und Schülern in den Bereichen, die für die Nutzung des Lernangebots relevant sind, zeigt (FF1) und ob Unterschiede zwischen Mädchen und Jungen in Bezug auf das ermittelte Lernpotenzial vorliegen (FF1.1; Abschnitt 5.3), wurden Mittelwerte und Stan-dardabweichungen sowie die Normalverteilung aller zum Vorwissen gehörenden Variablen berechnet. Außerdem wurde untersucht, ob Zusammenhänge zwischen zwei oder mehr Variablen existieren. Überprüft wurde ebenso, ob Unterschiede zwischen Mädchen und Jungen bei den Merkmalsausprägungen zu erkennen sind (Bortz und Döring, 2016).

10.2.2 t-Test und ANOVA

Für die statistische Überprüfung von Unterschieden zwischen experimentellen Zweiergruppen wurde der t-Test verwendet (Bortz und Döring, 2016). Zur sta-tistischen Überprüfung von Unterschieden bei mehreren Gruppen wurde eine einfaktorielle Varianzanalyse (ANOVA) durchgeführt (Bortz und Döring, 2016). Die ANOVA wurde zur Überprüfung der Mittelwertunterschiede von drei Grup-pen genutzt. Mithilfe von t-Tests und ANOVA wurden signifikante Abweichungen unabhängiger Stichprobenmittelwerte berechnet. Ein signifikanter Unterschied konnte angenommen werden, wenn die Signifikanz unter 5 % lag ($p < 0{,}05$). Für die Durchführung des t-Tests und der ANOVA mussten einige Vorausset-zungen erfüllt werden:

---

[20] Variablen des Lernpotenzials: mathematisches Vorwissen (MV), arithmetisches Vorwis-sen (AV), Referenzniveau (RN), Arbeits- und Sozialverhalten (AS), Konzentrationsfähig-keit (KF), Leistungsangst (LA), Selbstkonzept Leistung (SKL), Lernmotivation Mathematik (LMM), Selbstkonzept Mathematik (SKM)

[21] Variablen für die Nutzung des Lernangebots: Anzahl Gleichungen (AG), Anzahl richtiger Gleichungen (AGR), Anzahl Gleichungen relationale Nutzung (GZN), maximale Summe der Bestandteile einer Gleichung (MSB), Summe verschiedener Systematiken (SVS)

- Unabhängigkeit der Messungen,
- die abhängige Variable ist metrisch skaliert,
- die unabhängige Variable ist nominalskaliert und hat zwei Ausprägungen,
- keine Ausreißer.

Das Verfahren des t-Tests wurde für den Vergleich zwischen Mädchen und Jungen in Bezug auf das Lernpotenzial angewandt und die ANOVA für die Berechnung von Unterschieden zwischen drei verschiedenen Gruppen der Bearbeitungsformen wurde ebenfalls auf das Lernpotenzial bezogen.

Genderspezifische Unterschiede

Ob sich Unterschiede beim Vorwissen zwischen Mädchen und Jungen zeigen, wurde durch einen ungepaarten t-Test bei unabhängigen Variablen überprüft. In diesem Fall wurden das Geschlecht als unabhängige Variable und das mathematische Vorwissen sowie das arithmetische Vorwissen als abhängige Variablen festgelegt. Die notwendigen Voraussetzungen für diesen Test wurden erfüllt:

- Die Unabhängigkeit der Messungen war gegeben, da keine Teilnehmerin und kein Teilnehmer in der anderen Gruppe vorkam.
- Die unabhängige Variable ist nominalskaliert und hat zwei Ausprägungen (0 für Junge, 1 für Mädchen).
- Im Datensatz befinden sich keine Ausreißer, was die Boxplots in Abb. 10.8 und Abb. 10.9 zeigen. Die Ausreißer wurden durch die Anzahl der Standardabweichungen vom Mittelwert aus bestimmt.

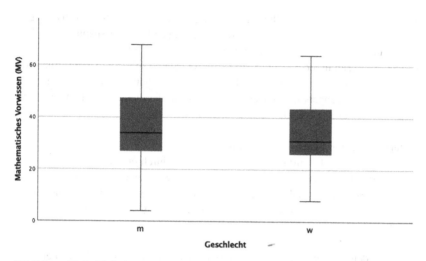

Abbildung 10.8 Einfacher Boxplot für mathematisches Vorwissen (MV) zur Bestimmung von Ausreißern

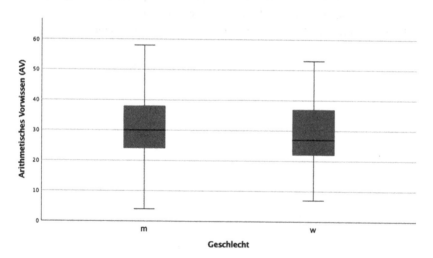

Abbildung 10.9 Einfacher Boxplot für arithmetisches Vorwissen (AV) zur Bestimmung von Ausreißern

- Eine Normalverteilung sollte gegeben sein, allerdings ist der t-Test robust gegen die Verletzung dieser Annahme (Bortz und Döring, 2016). Der Shapiro-Wilk-Test bestätigte dies mit Werten, die größer als 0,05 sind (p > 0,05).
- Die Varianzen in jeder Gruppe sollten (etwa) gleich sein. Die Überprüfung der Varianzhomogenität erfolgte mit dem Levene-Test, gemäß dem eine Gleichheit der Varianzen angenommen wurde ($p = 0{,}461$ für das mathematische Vorwissen; $p = 0{,}730$ für das arithmetische Vorwissen).

Unterschiede der Bearbeitungsformen

Das Verfahren zur Ermittlung von Unterschieden durch eine ANOVA wurde zur Beantwortung der Leitfrage, ob sich Unterschiede zwischen verschiedenen Bearbeitungsformen bezogen auf das Lernpotenzial zeigen, verwendet und in Abschnitt 13.3 detailliert erläutert. Die notwendigen Voraussetzungen für diesen Test wurden erfüllt:

1. Es handelt sich um unabhängige Messungen, denn in jedem Cluster befinden sich unterschiedliche Personen.
2. Die unabhängige Variable ist nominalskaliert (Cluster 1 bis 3). Die kategoriale Einteilung wurde durch die Clusteranalyse vorgenommen.
3. Es gab keine Ausreißer, was die Beurteilung mit dem einfachen Boxplot bestätigte (Abb. 10.10).

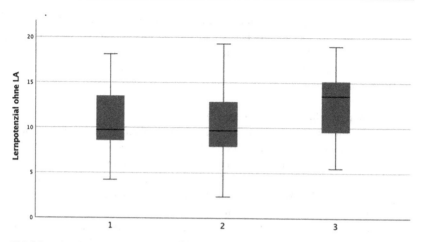

Abbildung 10.10 Einfacher Boxplot des Lernpotenzials ohne Leistungsangst (LP1) für die drei Cluster

1. Die Daten der abhängigen Variable (LP1) verteilten sich für die Cluster 1 und 2 normal (Shapiro-Wilk-Test, p > 0,05). Für Cluster 3 gab der Shapiro-Wilk-Test an, dass es sich nicht um eine Normalverteilung handelt, da der berechnete Wert leicht unter dem empfohlenen Wert liegt (SW = 0,037).
2. Die Überprüfung der Varianzhomogenität erfolgte mit dem Levene-Test, gemäß dem eine Gleichheit der Varianzen innerhalb der Cluster für das Lernpotenzial (LP1) angenommen werden konnte $(p = 0,171)$[22].

10.2.3 Korrelationen

In diesem Abschnitt wird das methodische Vorgehen der Korrelationsanalyse thematisiert. Die Korrelationsanalysen wurden explorativ ohne Korrektur der Cronbachs-Alpha-Werte durchgeführt. Durch die Berechnungen wurde die Stärke des Zusammenhangs zwischen verschiedenen Variablen ermittelt.

Zur Berechnung der Korrelationen zwischen den interessierenden Variablen wurde das Zusammenhangsmaß nach Pearson (r) verwendet.

Die Fragestellungen, die durch die Berechnung der Korrelationen beantwortet werden, zielten auf die Erkenntnis, ob höhere Werte einer Variable mit höheren

---

[22] Empfohlener Wert p > 0,05 (Field, 2013)

Werten einer anderen Variable einhergehen. Beispielsweise wurde untersucht, ob ein höherer Wert im mathematischen Vorwissen mit einem höheren Wert bei der Lernmotivation im Mathematikunterricht korreliert. Der gefundene Zusammenhang sagte allerdings nichts über Kausalbeziehungen der untersuchten Merkmale aus (Bortz und Döring, 2016).

Voraussetzungen einer Korrelationsberechnung
Um eine Korrelation berechnen zu können, mussten neben den intervallskalierten Daten weitere Voraussetzungen erfüllt sein, damit sich die Ergebnisse als verlässlich, interpretierbar und weiterverwendbar erweisen. Es dürfen keine extremen Ausreißer im Datenmaterial vorhanden sein. Dies wurde mit der grafischen Methode der Boxplots sichergestellt (Anhang 10.3 im elektronischen Zusatzmaterial).

Die dargestellten Boxplots zeigten keine zu beachtenden Ausreißer bei den zu interessierenden Variablen des Lernpotenzials an. Weiterhin muss ein linearer Zusammenhang gegeben sein, der in der grafischen Darstellung des Streudiagramms deutlich wurde (Anhang 10.2 im elektronischen Zusatzmaterial). Es reichte aus, wenn sich der lineare Zusammenhang im weitesten Sinne zeigte (Schoreit, 2020).

Schließlich musste eine bivariate Normalverteilung vorliegen, die aussagt, dass für jeden Wert der einen Variable die Werte der anderen Variable normalverteilt sind. Dies bestätigte der Shapiro-Wilk-Test mit Werten, die größer als 0,05 sind ($p > 0,05$).

Je nach Größe ist der Korrelationskoeffizient als kleiner, mittlerer oder großer Effekt einzuordnen und im Hinblick auf den Forschungsstand in seiner Bedeutsamkeit zu interpretieren (Schoreit, 2020).

Die Einordnung der Stärke richtete sich nach Cohen (1988) bezogen auf die Pearson-Produkt-Moment-Korrelation r:

$r \approx |0.1| \rightarrow$ schwacher Zusammenhang,

$r \approx |0.3| \rightarrow$ mittlerer Zusammenhang und

$r \approx |0.5| \rightarrow$ starker Zusammenhang.

Kausale Zusammenhangshypothesen können nicht allein mit statistischen Methoden aufgestellt werden. Für die kausalen Interpretationen von Zusammenhängen sind Aspekte der Untersuchungsplanung, der Datenanalyse und der theoriebasierten kritischen Reflexion der Befunde miteinzubeziehen (vgl. Kapitel 14; Bortz und Döring, 2016, S. 678).

10.2.4 Clusteranalyse

Verfahren

Der Begriff Clusteranalyse wird als Oberbegriff für einzelne Verfahren verstanden, die es ermöglichen, Objekte anhand von Merkmalsausprägungen zu homogenen Gruppen (Clustern) zusammenzufassen (Bortz und Döring, 2016). Zwei zentrale Ziele werden bei der Clusteranalyse verfolgt: Erstens soll die Ähnlichkeit der Objekte innerhalb eines Clusters besonders groß sein (hohe Intracluster-Homogenität), zweitens wird eine möglichst geringe Ähnlichkeit zwischen den Clustern angestrebt (geringe Intercluster-Homogenität).

Von einem homogenen Cluster wird gesprochen, wenn die Varianzen innerhalb der Cluster sehr gering sind (Schendera, 2010).

Die Clusteranalyse als exploratives Verfahren bildet Ähnlichkeitsmaße, um strukturelle Ähnlichkeiten wiederzugeben (Distanzmaße). Die Berechnung der euklidischen Distanz als Distanzmaß stellt Ähnlichkeiten bzgl. des Niveaus fest. Lägen die einzelnen Fälle in einem zweidimensionalen Punktediagramm, wäre die euklidische Distanz der Distanz zwischen zwei Punkten. Übertragen auf die metrisch skalierten Merkmale (Variablen) kann die euklidische Distanz zwischen beiden Objekten berechnet werden. Die Distanzen zwischen allen Clustern werden gebildet und jeweils die beiden miteinander verbunden, deren Distanz am geringsten ist. Für dieses Cluster wird das neue Zentrum ermittelt und von vorne begonnen. Schritt für Schritt kann so die Anzahl der Cluster um eins reduziert werden (Schendera, 2010).

Schendera (2010) differenziert zwischen hierarchischer und partitionierender Clusteranalyse (Clusterzentrenanalyse, K-Means). Die hierarchischen Clusterverfahren können in agglomerative und divisive Verfahren unterteilt werden. Bei der Agglomeration werden je zwei Objekte in einem Cluster zusammengefasst, bis sich alle Objekte in einem Cluster befinden. Die Division verfährt umgekehrt. Hier wird davon ausgegangen, dass sich alle Objekte in einem Cluster befinden. Dieses wird so lange aufgeteilt, bis jedes Cluster nur noch ein Objekt enthält (Schendera, 2010). Bei der partitionierenden Clusteranalyse muss die Anzahl der Cluster vorher feststehen. Dieses Verfahren ermöglicht eine Klassifikation von Fällen. „Erst wenn die maximal mögliche Clusterzahl festlegt, kann mit diesem Verfahren die beste Partition berechnet werden, indem die Beobachtungen den Startwerten bzw. den Zentroiden in wiederholten Rechendurchläufen so lange zugeordnet werden, bis die in einem Cluster zusammengefassten Beobachtungen nur minimal vom jeweiligen Zentroiden abweichen" (Schendera, 2010).

Um eine besonders große Intracluster-Homogenität zu erzielen, kann der Ansatz des „nächstgelegenen Nachbarn" durch das Single-Linkage-Verfahren verfolgt werden. Hiermit ist es möglich, Ausreißer im Datensatz zu eliminieren (Schendera, 2010).

Vorgehen
Durch die vorgestellten Verfahren der Clusteranalyse wurden alle teilnehmenden Schülerinnen und Schüler in Gruppen eingeteilt. Innerhalb einer Gruppe weisen die Schülerinnen und Schüler möglichst große Ähnlichkeiten bezüglich der Nutzung des Lernangebots auf. Das primäre Ziel der Clusteranalyse bestand im Auffinden einer empirischen Klassifikation (Gruppeneinteilung, Typologie) auf der Basis von empirischen Beobachtungen (Bacher et al., 2011). Diese Beobachtungen lagen im aufbereiteten Datensatz vor.

Zur Analyse der vorliegenden intervallskalierten Daten wurden Verfahren der hierarchischen Clusteranalyse und das partitionierende Clusterzentrenverfahren (K-Means) angewendet.

In der durchgeführten hierarchischen Clusteranalyse wurde das agglomerative Verfahren genutzt, da von vielen einzelnen Objekten (Fällen) ausgegangen wurde, die zu Clustern zusammengeführt werden sollten.

Das partitionierende Verfahren (K-Means) wurde verwendet, um weitere Einblicke in die Zusammensetzung der Cluster zu erhalten. Die Clusterzentrenanalyse (K-Means) ist nach Schendera (2010) nur für die Klassifikation von Fällen geeignet, nicht für die Gruppierung von Variablen. Aus diesem Grund wurde für die Ermittlung der Clusteranzahl auf das Ward-Verfahren zurückgegriffen, das geeignet ist, homogene Cluster zu bilden (Schendera, 2010).

Alle statistischen Verfahren wurden mithilfe des Statistik-Programmes SPSS durchgeführt.

Die folgende Tabelle gibt eine Übersicht der verwendeten Verfahren und ihrer Ziele in der chronologischen Reihenfolge ihrer Nutzung (Tabelle 10.17).

Tabelle 10.17 Übersicht der verwendeten Clusteranalyseverfahren und deren Ziele

	Clusterverfahren	Ziel
1.	Single-Linkage (Nearest-Neighbour-Method)	Ermittlung der Ausreißer
2.	Ward	Ermittlung der Clusteranzahl
3.	K-Means	Klassifikation der Cluster

Voraussetzungen einer Clusteranalyse

Für die vorliegenden Daten musste beachtet werden, dass die Einheiten der Variablen unterschiedlich waren, was eine Standardisierung der Daten erforderte. Damit bekamen sie die für die Auswertung notwendige gleiche Gewichtung (Bortz und Döring, 2016).

Dementsprechend wurden vor der Berechnung der Distanzen die Variablen durch die Bildung von z-Scores standardisiert. Die Standardisierung brachte die Werte der unterschiedlichen Kategorien in ein einheitliches Format, was eine Vergleichbarkeit der Werte ermöglichte. Berechnet wird der z-Score, indem von dem zu standardisierenden Wert des i-ten Probanden (x_i) der Mittelwert ($\bar{x}$) subtrahiert und durch die Standardabweichung (S_x) dividiert wird. Demgemäß erhält man den z-Score, also den z-Wert des i-ten Probanden (Abb. 10.11).

$$z_i = \frac{x_i - \bar{x}}{S_x}$$

Abbildung 10.11 Formel zur Berechnung des z-Scores[23]

Als weitere Voraussetzungen zum Erreichen homogener Cluster musste eine Normalverteilung der Variablen gegeben sein. Diese wurde bereits in vorhergehenden Verfahren überprüft (vgl. Abschnitt 10.2.1).

Fälle und Variablen der Untersuchung

In der konkreten Untersuchung wurde die Verteilung der Variablen (Kategorien), die die Nutzung des Lernangebots (die Bearbeitungsformen) bezeichnen, auf die verschiedenen Cluster analysiert. Die Cluster wurden auf der Basis der Fälle gebildet.

Es wurden Variablen für die Anzahl der Bestandteile einer Gleichung und der verwendeten Systematiken verwendet sowie die Anzahl der erfundenen Gleichungen (relational genutzte Gleichungen, die Anzahl der Systeme im zweiten Arbeitsauftrag und die maximale Anzahl der Gleichungen in einem System). Diese ausgewählten Variablen aus dem Bereich der Bearbeitungsformen stellten die Grundlage für die Cluster dar (vgl. Abschnitt 10.1.2).

Die Analyse bezog sich auf die Betrachtungen innerhalb eines jeden Clusters und der Cluster miteinander.

Eine Zusammenfassung (Linkage) der Fälle auf Grundlage folgender Variablen (Kategorien) wurde durchgeführt:

---

[23] Schoreit, 2020

GZN_Dok1, MSB_Dok1, SVS_Dok1, GZN_Dok2, AS_Dok2, AGS_M,
MSBS_M, SVS_M.[24]

Die Feststellung von Ausreißern durch das Single-Linkage-Verfahren
Um die beiden Hauptziele der Clusterbildung (eine hohe Intracluster-Homogenität
und eine geringe Intercluster-Homogenität) zu erreichen, wurden Ausreißer ermittelt. Das Single-Linkage-Verfahren (Nearest-Neighbour-Method) kam zur Ermittlung der Ausreißer zum Einsatz. Dieses Verfahren ist ein agglomeratives hierar-
chisches Klassifikationsverfahren (vgl. Abschnitt 10.2.4), das auf der Basis von
Distanzmaßen verwendet wurde (Schendera, 2010).

Definiert ist die Distanz zwischen zwei Clustern bei diesem Verfahren durch die
kleinste Distanz zwischen zwei Objekten der beiden Cluster. Dieses Verfahren wird
aufgrund der Festlegungsmethode auch als Nächstgelegener-Nachbar-Methode
(Nearest-Neighbour-Method) bezeichnet. Es werden wiederholt die Cluster fusioniert, deren Distanz minimal ist (Schendera, 2010).

Demgemäß wurden die Cluster über den geringsten Abstand zweier Fälle ermittelt und die Ausreißer erkannt (Schendera, 2010). Diese wurden aus der weiteren
Analyse ausgeschlossen.

Die Ergebnisse der hierarchischen Klassifikation wurden in Form eines Baum-
diagramms (Dendrogramm) visualisiert.

Der Ausschnitt des Dendrogrammes in Abbildung 10.12 zeigt alle Einzelver-
knüpfungen (Single-Linkage) am Ende aller Verknüpfungen. Der Endbereich ist
für die Feststellung der Ausreißer entscheidend, denn hier zeigen sich die Fälle,
die zuletzt verknüpft wurden. Diese weisen die wenigsten Ähnlichkeiten mit den
übrigen Fällen auf.

Das Single-Linkage-Verfahren (Nearest-Neighbor-Method) lässt die Fälle 40,
47 und 48 als Ausreißer erkennen, denn hier ist der Abstand am größten und die
Verknüpfungen sind erst am Ende möglich (Abb. 10.12).

---

[24] GZN_Dok1 (Gleichheitszeichen relationale Nutzung), MSB_Dok1 (maximale Summe
Bestandteile), SVS_Dok1 (Summe verschiedener Systematiken), GZN_Dok2 (Gleichheitszeichen relationale Nutzung), AS_Dok2 (Anzahl der Systeme), AGS_M (maximale Anzahl
der Gleichungen in einem System), MSBS-M (maximale Summe der Bestandteile im System), SVS-M (maximale Summe verschiedener Systematiken in einem System)

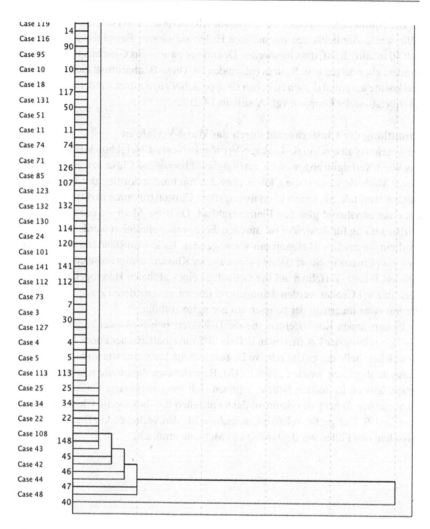

Abbildung 10.12 Single-Linkage-Verfahren zur Ermittlung von Ausreißern lässt die Fälle am Ende aller Verknüpfungen (40, 47, 48) als Ausreißer erkennen (Ausschnitt aus der SPSS-Ausgabe)

Die ermittelten Ausreißer wurden inhaltlich überprüft, was bestätigte, dass diese Fälle wenig Ähnlichkeiten mit anderen Fällen aufwiesen. Beispielsweise fällt für Fall 40 inhaltlich auf, dass im zweiten Dokument zwar sechs Gleichungen erfunden wurden, aber daraus kein System entstanden ist. Diese Beobachtung kam selten vor und konnte aufgrund dessen zu keiner Gruppe sicher zugeordnet werden (inhaltliche Interpretation der Gruppen vgl. Abschnitt 14.2).

Ermittlung der Clusteranzahl durch das Ward-Verfahren

Im Anschluss an das Single-Linkage-Verfahren (Nearest-Neighbor-Method) wurde das Ward-Verfahren angewendet, um möglichst homogene Cluster zu erhalten. Mit dieser Methode werden die Cluster über den minimalen Anstieg der Intraclustervarianz ermittelt. Sie liefert überlappungsfreie Clusterstrukturen und strebt Cluster mit einer annähernd gleichen Elementzahl an. Da diese Methode nach Schendera (2010) anfällig für Ausreißer ist, mussten diese vorher eliminiert werden. Auch hier wird ein metrisches Skalenniveau vorausgesetzt. Es kamen standardisierte Variablen zum Einsatz (z-Scores). Die Fusion zweier Klassen erfolgt abweichend zu dem Single-Linkage-Verfahren auf der Grundlage eines globalen Heterogenitätskriteriums. Je zwei Cluster werden dahingehend fusioniert, dass deren Zusammenlegung die Streuung innerhalb der Klassen am geringsten erhöht.

Es entstanden Koeffizienten, die die Distanzen zwischen zwei Fällen angeben. Die Darstellung der Koeffizienten lieferte SPSS in tabellarischer Form. Je nachdem, an welcher Stelle die größte relative Distanz auftritt, kann eine sinnvolle Anzahl von Clustern abgelesen werden (Tab. 10.18). Befindet sich die größte relative Distanz beispielsweise im letzten Schritt, ergeben sich zwei homogene Cluster. Ist diese im vorletzten Schritt zu erkennen, dann entstehen drei homogene Cluster (Schendera, 2010). Der größte relative Unterschied für den vorliegenden Datensatz bzw. zwischen den Fällen wurde durch diese Methode ermittelt.

Tabelle 10.18 Ausschnitt des letzten (relevanten) Teils der Tabelle zu den von SPSS berechneten und aufgelisteten Distanzen der Koeffizienten (Koeffizienten-Tabelle)

Zuordnungsübersicht

Schritt	Zusammengeführte Cluster Cluster 1	Cluster 2	Koeffizienten	Erstes Vorkommen des Clusters Cluster 1	Cluster 2	Nächster Schritt
138	3	4	268,231	124	109	144
139	20	42	283,306	116	127	143
140	12	69	298,465	132	112	143
141	1	17	319,855	118	134	146
142	44	55	341,546	131	137	150
143	12	20	364,591	140	139	150
144	3	11	391,117	138	130	147
145	8	33	420,708	133	136	147
146	1	10	451,987	141	135	148
147	3	8	503,780	144	145	149
148	1	2	555,886	146	129	152
149	3	76	648,176	147	0	151
150	12	44	747,113	143	142	151
151	3	12	857,718	149	150	152
152	1	3	1216,000	148	151	0

Die größte Distanz wird vom vorletzten (Tab. 10.18, Schritt 151) auf den letzten Schritt (Tab. 10.18, Schritt 152) überbrückt. Dies spricht für zwei deutliche Cluster (s. auch Dendrogramm unten, Abb. 10.13). Allerdings ist es für die spätere inhaltliche Interpretation vorteilhaft (vgl. Kapitel 14), drei Cluster zu bilden. Auch zwischen diesen beiden Schritten (150 und 151) zeigt sich eine relativ große Distanz, was auf eine mögliche 3-Clusterlösung hinweist.

Eine weitere Möglichkeit zur Bestimmung der Clusteranzahl bietet nach Schendera (2010) das Dendrogramm. Anhand des ermittelten Dendrogrammes können die Cluster auf verschiedenen Stufen betrachtet und die passende Anzahl der Cluster gefunden werden (Abb. 10.13). Diese Option wurde zur Überprüfung der aus der Koeffizienten-Tabelle ermittelten Anzahl genutzt (Tab. 10.18). Im Dendrogramm zeigen sich drei Cluster auch noch sehr deutlich (Abb. 10.13).

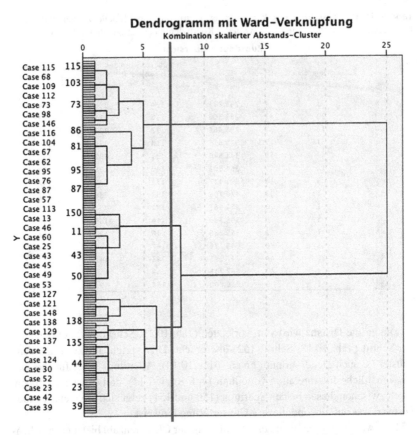

Abbildung 10.13 Dendrogramm zeigt drei Cluster bei Heterogenitätsindex h

Das Dendrogramm visualisiert die Stufen der hierarchischen Klassifikation. Der Heterogenitätsgrad bei der Fusion zweier Gruppen wird durch die Distanz der beiden zuletzt fusionierten Gruppen im Schaubild deutlich. Die waagerechten Linien geben die Heterogenität an. Je länger die Linien werden, umso größer ist die Zunahme an Heterogenität. Die senkrechten Linien führen an, welche Fälle zusammengefasst werden. Die Positionierung der Linien von links nach rechts drückt den Heterogenitätsgrad aus.

Gibt es einen deutlichen Anstieg in der Länge der Linien, erweist es sich als sinnvoll, alle Clusterlösungen ab dieser Stelle zu betrachten.

Aus der obigen Abbildung 10.13 geht hervor, dass bei einem Heterogenitätsindex h drei Cluster entstehen.

Klassifikation der Cluster durch das K-Means-Verfahren

Durch das K-Means-Verfahren (mit vorher festgelegter Anzahl von Clustern) wird eine Überprüfung der ermittelten Clusteranzahl durch die Ward-Methode durchgeführt. Es geht darum, innerhalb der Cluster eine inhaltliche Übereinstimmung zu finden. Die durch die Ward-Methode festgestellten möglichen Anzahlen werden dementsprechend mit dem K-Means-Verfahren auf inhaltliche Passung überprüft, weiterhin mit dem Ziel, inhaltlich (möglichst) homogene Cluster zu bilden.

Wie bei den bereits beschriebenen Clusterverfahren werden auch für das K-Means-Verfahren quantitative Daten vorausgesetzt. Die Berechnung erfolgt mit SPSS durch einen partitionierenden Algorithmus und nicht wie beim Ward-Verfahren durch die hierarchische Methode (Bacher et al., 2011).

Es werden Clusterzentren ermittelt und für die einzelnen Fälle Clusterinformationen in Form von Werten zur Distanz vom Clusterzentrum angegeben. Die Distanzen werden durch die einfache euklidische Distanz berechnet. Vor der Distanzberechnung wird auch hier eine Standardisierung durchgeführt, da die Variablen in unterschiedlichen Einheiten erhoben wurden (die Bestandteile der Gleichungen MSB und die verwendeten Systematiken SVS in der Anzahl der auftretenden Merkmale sowie die übrigen Variablen der Anzahlen von Gleichungen: GZN_Dok1, GZN_Dok2, AS_Dok2, AGS_M).

Die Anzahl der Cluster wird auf drei festgelegt, da sich diese Anzahl im Ward-Verfahren zeigte.

Der Ablauf des K-Means-Verfahrens umfasst fünf Schritte (Bacher et al., 2011):

1. Die Anzahl der Cluster wird definiert (die Anzahl der Cluster ist das K in K-Means).
2. Die Cluster-Mittelpunkte werden zufällig festgelegt.
3. Die Punkte werden den Clustern zugeordnet, indem die Distanz vom ersten Punkt zu jedem der Cluster-Centroids (Clustermittelpunkte) gemessen wird. Der Punkt wird dem Cluster zugeordnet, das ihm am nächsten ist. Dies wird für alle weiteren Punkte wiederholt. Anschließend sind alle Punkte initial einem Cluster zugeordnet.
4. Der Mittelwert von jedem Cluster wird berechnet. Diese neu berechneten Mittelwerte sind die neuen Centroids der Cluster. Die Cluster-Centroids werden damit in die Mittelpunkte der Cluster verlegt.

5. Die Punkte werden den neuen Clustern zugeordnet. Da die Centroids an einem anderen Punkt liegen können, wird wieder jedem Punkt das Cluster zugeordnet, das ihm am nächsten ist.

Die Schritte 4 und 5 werden so lange wiederholt, bis sich die Clusteraufteilungen nicht mehr ändern (Mittelwert von jedem Cluster berechnen, Cluster-Centroid in den Mittelpunkt legen, Punkte den neuen Clustern zuordnen). Verändern sich die Cluster in einer Iteration nicht mehr, ist das Verfahren zu Ende.

Je mehr Cluster existieren, desto geringer ist der summierte Abstand zwischen den Punkten und dem Clustermittelpunkt. Ab der Clusteranzahl, bei der jedes zusätzliche Cluster den summierten Abstand nur noch sehr gering verkleinert, wird dieser Punkt als Anzahl für die Cluster verwendet (Bacher et al., 2011) (Tabelle 10.19).

Tabelle 10.19
Iterationsprotokoll zur
3-Clusterlösung

Iteration	Änderung in Clusterzentren		
	1	2	3
1	9,326	7,882	9,060
2	0,754	0,296	0,361
3	1,202	0,148	0,381
4	1,153	0,294	0,369
5	1,305	0,409	0,339
6	1,809	0,967	0,599
7	0,781	0,577	0,433
8	0,657	0,411	0,515
9	0,360	0,000	0,612
10	0,307	0,131	0,701
11	0,125	0,000	0,225
12	0,000	0,000	0,000

Die Tabelle zeigt, dass Konvergenz aufgrund keiner Änderungen der Clusterzentren bei der 12. Iteration erreicht wurde. Die maximale Änderung der absoluten Koordinaten für jedes Zentrum ist,000.

Es zeigte sich also auch bei dem K-Means-Verfahren eine 3-Clusterlösung als annehmbar. Ebenso konnte die inhaltliche und kriterienbezogene Validitätsprüfung durch die Interpretation der Clusterinhalte dies bestätigen, was in Abschnitt 13.2 detailliert erläutert wird.

Gemäß Schendera (2010) hat die inhaltliche Interpretierbarkeit einer Clusterlösung Vorrang vor ihren formalen Teststatistiken.

In den folgenden Kapiteln des Ergebnisteils werden die Erkenntnisse aus dem theoretischen und dem methodischen Teil zusammengeführt und erläutert. Dabei werden Ausprägungen und Zusammenhänge bezüglich des Lernpotenzials dargelegt. Anschließend werden die theoriebasierten Ansprüche an ein natürlich differenzierendes arithmetsiches Lernangebot zusammenfassend dargestellt. Außerdem werden ermittelte Zusammenhänge zwischen dem Lernpotenzial und der Angebotsnutzung vorgestellt und durch eine ANOVA analysierte Unterschiede zwischen den Clustern aufgezeigt.

Teil III

Ergebnisse

Im folgenden Teil der Arbeit werden die Ergebnisse zum Lernpotenzial und der Nutzung eines natürlich differenzierenden arithmetischen Lernangebots[1] vorgestellt. Beginnend mit einem Kapitel zum Lernpotenzial (Kapitel 11) werden Ausprägungen und Zusammenhänge innerhalb des Lernpotenzials erläutert. Anschließend wird die Entwicklung eines Werts als Repräsentant für das gesamte Lernpotenzial dargestellt. Es folgt ein Kapitel zum Angebot und dessen Auswahlkriterien für die Studie (Kapitel 12). Die Ergebnisse wurden aus theoretischen Analysen abgeleitet. Im darauffolgenden Kapitel werden Lernpotenzial und Angebotsnutzung zusammenhängend betrachtet (Kapitel 13). Es werden Resultate von Korrelationsanalysen dargestellt und die Entwicklung verschiedener Bearbeitungsformen, die sich bei der Angebotsnutzung zeigten, abgebildet. Es wurden Gruppen gebildet, die sich auf die Nutzung des Lernangebots beziehen und damit unterschiedliche Bearbeitungsformen zeigen. Abschließend werden die Aspekte der Bearbeitungsformen und des Lernpotenzials im Zusammenhang betrachtet. Hierzu wurden Korrelationsberechnungen durchgeführt.

Jedem Kapitel dieses Teils werden die betreffenden Forschungsfragen (FF) zur besseren Einordnung der Ergebnisse vorangestellt.

---

[1] Wenn im weiteren Verlauf von Lernangeboten gesprochen wird, ist dies als Kurzform für die natürlich differenzierenden arithmetischen Lernangebote zu verstehen.

Lernpotenzial

11

In diesem Kapitel wird sich mit der Beantwortung der Forschungsfragen im Bereich des *Lernpotenzials* befasst. Die Beantwortung der ersten Forschungsfrage (FF1) erforderte die Auswertung von Daten, die Aufschlüsse über die einzelnen Lernvoraussetzungen und das gesamte Lernpotenzial geben, aber auch über die Zusammensetzung der Stichprobe, insbesondere bezogen auf die Geschlechter, das Alter und die Mehrsprachigkeit (vgl. Kapitel 7). Da theoriebasiert Unterschiede zwischen Mädchen und Jungen bezüglich des Lernpotenzials festgestellt wurden, fand eine Untersuchung der relevanten Faktoren des Lernpotenzials und deren Zusammenhänge untereinander (vgl. Abschnitt 4.2.1; kognitives Vorwissen, Arbeits- und Sozialverhalten, Konzentrationsfähigkeit, Leistungsangst, Selbstkonzept Leistung, Lernmotivation Mathematik, Selbstkonzept Mathematikunterricht) einerseits für die Gesamtgruppe und andererseits geschlechtsspezifisch statt (FF1.1, FF1.2 und FF1.3).

Folgende Forschungsfragen stehen im Forschungsbereich des Lernpotenzials im Fokus (Tabelle 11.1):

© Der/die Autor(en), exklusiv lizenziert an Springer Fachmedien Wiesbaden GmbH, ein Teil von Springer Nature 2023
S. Friedrich, *Natürliche Differenzierung im Arithmetikunterricht*, Mathematikdidaktik im Fokus, https://doi.org/10.1007/978-3-658-42849-5_11

Tabelle 11.1 Forschungsfragen auf der Ebene des Lernpotenzials

Lernpotenzial	FF1: Welche Ausprägungen zeigt das Lernpotenzial bei Schülerinnen und Schülern in den Bereichen, die für die Nutzung des Lernangebots relevant sind (kognitives Vorwissen, Arbeits- und Sozialverhalten, Konzentrationsfähigkeit, Leistungsangst, Selbstkonzept Leistung, Lernmotivation Mathematik, Selbstkonzept Mathematikunterricht)?
	FF1.1: Zeigen sich Unterschiede zwischen Mädchen und Jungen in Bezug auf das ermittelte Lernpotenzial?
	FF1.2: Welche Zusammenhänge zeigen sich bei den verschiedenen Faktoren des Lernpotenzials untereinander?
	FF1.3: Gibt es bei Mädchen und Jungen unterschiedliche Zusammenhänge innerhalb der Faktoren des Lernpotenzials?

11.1 Ausprägungen des Lernpotenzials

Das kognitive Vorwissen wurde anhand eines standardisierten Kompetenztests erhoben (vgl. Abschnitt 9.1.2) und analysiert (vgl. Abschnitt 10.2), der zwei Skalen umfasst. Entsprechend diesen beiden Skalen wurden die Rohwerte der Testergebnisse nach einem gesamtmathematischen Vorwissen (MV) und einem arithmetischen Vorwissen (AV) aufgeteilt. Das gesamtmathematische Vorwissen beinhaltet mathematisches Grundwissen (formales Rechnen, Modellieren, Problemlösen) und das arithmetische Vorwissen formales, algorithmisches Rechnen (May et al., 2014; vgl. Abschnitt 9.1.2). Das kognitive Vorwissen besteht in der vorliegenden Studie aus dem gesamtmathematischen Vorwissen und wird im Folgenden als mathematisches Vorwissen (MV) bezeichnet. Das arithmetische Vorwissen (AV) stellt einen Teilbereich des kognitiven Vorwissens dar.

In der gesamten Stichprobe (n = 153) ergibt sich ein Mittelwert für das mathematische Vorwissen von M = 36,16 mit einer Standardabweichung von SD = 14,16. Das Minimum der erreichten Punkte lag bei 4 und das Maximum bei 68 Punkten. Keine Probandin und kein Proband erreichte den Höchstwert von 74 möglichen Punkten. Mit einem minimalen Wert von 4 wurde im Test ein Ergebnis von nur 3 % richtiger Antworten erreicht.

Ähnliche Resultate sind für den arithmetischen Bereich zu erkennen. Auch hier ergab sich ein minimaler Wert von 4, der sehr niedrig ist, allerdings ein Maximalwert von 58, der den Höchstwert für den arithmetischen Bereich darstellt. Es gab demnach Lernende, die diesen Bereich vollständig richtig bearbeiteten,

Tabelle 11.2 Deskriptive Statistik zum mathematischen und arithmetischen Vorwissen der Gesamtgruppe

Höchst-werte	Stichprobe (n)	Lösungshäufigkeiten insgesamt (%)	Minimum	Maximum	Mittelwert (M)	Standardabweichung (SD)
Mathematisches Vorwissen (MV)	74	153	46	4	68	36,16	14,16
Arithmetisches Vorwissen (AV)	58	153	52	4	58	30,20	10,77
Referenzniveau MV (RN)	5	153	46	1	5	2,94	0,98
Referenzniveau AV (RN-A)	5	153	52	1	5	3,05	0,95

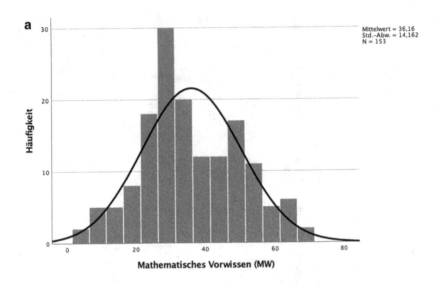

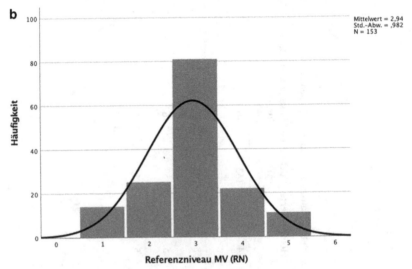

Abbildung 11.1 A und B Normalverteilung der Rohwerte und der Referenzniveaustufen für das mathematische Vorwissen (MV)

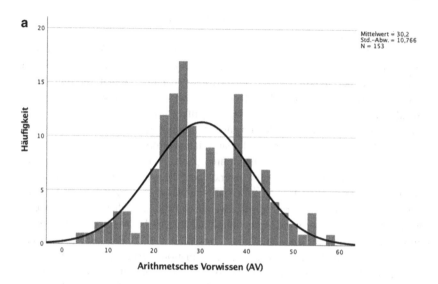

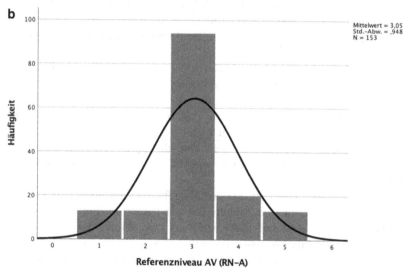

Abbildung 11.2   A und B Normalverteilung der Rohwerte und der Referenzniveaustufen für das arithmetische Vorwissen (AV)

aber im textbasierten (modellierenden und problemlösenden) Bereich fehlerhafte Antworten lieferten.

Die Werte für die Referenzniveaus[1] (RN) zu den beiden Vorwissensbereichen zeigen ebenfalls eine etwas bessere Tendenz zugunsten des arithmetischen Bereichs. Bei den möglichen Referenzniveaus von 1 bis 5 traten alle fünf Niveaustufen in der Stichprobe auf. Mit einem Mittelwert von $M = 3,05$ und einer Standardabweichung von $M = 0,95$ lag der Mittelwert für das arithmetische Vorwissen etwas höher als das Referenzniveau für den gesamten mathematischen Bereich ($M = 2,94$) mit einer Standardabweichung von $SD = 0,98$.

Bei visueller Inspektion der Diagramme (Abb. 11.1 und 11.2) ist eine annähernde Normalverteilung der Daten zu erkennen, die mit dem Shapiro-Wilks-Test geprüft wurde und für alle weiteren Analysen Voraussetzung ist. Es wird deutlich, dass die Daten in Form von Rohwerten aufschlussreicher sind. Die Werte für das Referenzniveau wurden errechnet, indem auf die Werte einer Referenzgruppe Bezug genommen wurde (vgl. Abschnitt 9.1.2). Hier ist es möglich, dass die Daten durch die Berechnungen Informationsgehalt einbüßten. Aufgrund dessen wurden die Daten der Referenzniveaus für das mathematische Vorwissen nur genutzt, um einen ersten Einblick in Zusammenhänge zwischen dem kognitiven Vorwissen und den motivationalen sowie volitionalen Faktoren zu erhalten (vgl. Abschnitt 11.2). Für weitere Berechnungen wurde auf die Rohwerte zurückgegriffen.

In Abbildung 11.1 (A) wird auf visueller Ebene deutlich, dass die Rohwerte für das mathematische Vorwissen zwar normalverteilt sind, aber eine Tendenz nach links aufweisen (leicht linkssteile, rechtsschiefe Verteilung). Das Diagramm für die Werte der Referenzniveaus (Abb. 11.1, B) lässt diese Tendenz nach links nicht erkennen. Hier ist ein großer mittlerer Bereich vorhanden. Für die Rohwerte des arithmetischen Vorwissens ist ebenfalls ein großer mittlerer Bereich vorhanden (Abb. 11.2, A), ebenso für die Referenzniveaus des arithmetischen Vorwissens (Abb. 11.2, B).

Zusammenfassend zeigt sich, dass die Daten für das mathematische Vorwissen annähernd normalverteilt sind. Mithilfe der manifesten Mittelwerte und Verteilungen auf die Rohwerte und Referenzniveaus kann geschlossen werden, dass das bereichsspezifische Vorwissen im arithmetischen Bereich insgesamt etwas stärker ausgeprägt ist als im mathematischen Bereich, der sich aus dem arithmetischen und textbasierten Bereich zusammensetzt. Dadurch, dass das Vorwissen im textbasierten Bereich niedriger ist, ergibt sich ein etwas niedrigeres Vorwissen

---

[1] Die Referenzniveaus entstanden im Vergleich mit einer bundesdeutschen Referenzgruppe (May et al., 2018; vgl. Abschnitt 9.1.2).

im mathematischen Bereich. Durchschnittlich wurden im arithmetischen Bereich 52 % der Aufgaben richtig gelöst, im textbasierten 33 % und im mathematischen Bereich 46 % (vgl. Tab. 11.2).

11.2 Zusammenhänge innerhalb des Lernpotenzials

Zunächst werden die Ergebnisse der Korrelationsanalysen zwischen den Variablen der lern- und leistungsrelevanten Einstellungen untereinander dargestellt (Tab. 11.3).

Tabelle 11.3 Korrelationskoeffizienten (r) und Signifikanz (p) für Zusammenhänge zwischen lern- und leistungsrelevanten Einstellungen untereinander

		AS	KF	LA	SKL	LMM	SKM
Arbeits- und Sozialverhalten (AS)	r	1	0,48**	−0,18*	0,43**	0,37**	−0,04
	p		< 0,001	0,02	< 0,001	< 0,001	0,61
Konzentrationsfähigkeit (KF)	r	0,48**	1	−0,30**	0,48**	0,34**	0,07
	p	< 0,001		< 0,001	< 0,001	< 0,001	0,43
Leistungsangst (LA)	r	−0,19*	−0,30**	1	−0,31**	−0,24**	0,10
	P	0,02	< 0,001		< 0,001	< 0,001	0,22
Selbstkonzept Leistung (SKL)	r	0,43**	0,48**	−0,31**	1	0,32**	0,01
	p	< 0,001	< 0,001	< 0,001		< 0,001	0,88
Lernmotivation Mathematik (LMM)	r	0,37**	0,34**	−0,24**	0,32**	1	−0,07
	p	< 0,001	< 0,001	0,003	< 0,001		0,40
Selbstkonzept Mathematik (SKM)	r	−0,04	0,07	0,10	0,01	−0,07	1
	p	0,61	0,43	0,22	0,88	0,40	

Hochsignifikant korrelieren das Arbeits- und Sozialverhalten mit der Konzentrationsfähigkeit ($r = 0{,}48$, $p < 0{,}001$), mit dem Selbstkonzept Leistung ($r = 0{,}43$, $p < 0{,}001$), mit der Lernmotivation in Mathematik ($r = 0{,}37$, $p < 0{,}001$) und signifikant mit der Leistungsangst ($r = -0{,}19$, $p = 0{,}02$). Die Konzentrationsfähigkeit korreliert hochsignifikant mit der Leistungsangst ($r = -0{,}30$, $p < 0{,}001$), mit dem Selbstkonzept Leistung ($r = 0{,}48$, $p < 0{,}001$) und der Lernmotivation in Mathematik. Weiterhin existieren hochsignifikante Zusammenhänge der Leistungsangst mit dem Selbstkonzept Leistung ($r = -0{,}31$, $p < 0{,}001$) und der Lernmotivation in Mathematik ($r = -0,24$, p < 0,003). Auch das Selbstkonzept Leistung und die Lernmotivation in Mathematik korrelieren hochsignifikant miteinander ($r = 0,32$, p < 0,001).

Auf deskriptiver Ebene werden die Daten für das mathematische Vorwissen und die Mittelwerte der lern- und leistungsrelevanten Einstellungen gemeinsam betrachtet, um Zusammenhänge innerhalb des Lernpotenzials zu ermitteln. Wie in Abschnitt 4.2.1 detailliert erläutert worden ist, gehören zu den ausgewählten Faktoren, die die lern- und leistungsrelevanten Einstellungen bedingen, das Arbeits- und Sozialverhalten (AS_Skala), die Konzentrationsfähigkeit (KF_Skala), die Leistungsangst (LA_Skala), das Selbstkonzept Leistung (SKL_Skala), die Lernmotivation in Mathematik (LMM_Skala) und das Selbstkonzept im Mathematikunterricht (SKM_Skala). Die Verteilung der Mittelwerte der lern- und leistungsrelevanten Faktoren auf die fünf Referenzniveaustufen (fünfstufige Skala) des mathematischen Vorwissens wurde vorgenommen, da auf theoretischer Ebene angenommen wird, dass diese Faktoren miteinander in Zusammenhang stehen. Beispielsweise fanden Murayama et al. (2012) heraus, dass Faktoren wie Motivation und die wahrgenommene eigene Kontrolle eine entscheidende Rolle für den Lernerfolg spielen. Um zu überprüfen, ob dies für die vorliegende Stichprobe gilt, wird eine erste Einschätzung durch die Betrachtung auf deskriptiver Ebene vorgenommen.

Tabelle 11.4 Mittelwerte und Standardabweichungen der Faktoren der lern- und leistungsrelevanten Einstellungen auf die fünfstufigen Referenzniveaus verteilt

	GS[2] n = 151		RN1[3] n = 13		RN2 n = 25		RN3 n = 80		RN4 n = 22		RN5 n = 11	
	M	SD	M	SD	M	SD	M	SD	M	SD	M	SD
AS_ Skala	2,18	0,42	2,00	0,53	2,05	0,49	2,18	0,39	2,35	0,30	2,35	0,48
KF_ Skala	1,91	0,63	1,82	0,35	1,72	0,57	1,89	0,66	2,06	0,54	2,39	0,71
LA_ Skala	0,90	0,81	1,36	0,70	1,28	0,92	0,85	0,81	0,56	0,54	0,45	0,52

(Fortsetzung)

---

[2] GS: Gesamtstichprobe

[3] RN1: Referenzniveau 1 (ebenso gilt für RN2 bis RN 5: Referenzniveau 2 bis Referenzniveau 5)

Tabelle 11.4 (Fortsetzung)

	GS n = 151		RN1 n = 13		RN2 n = 25		RN3 n = 80		RN4 n = 22		RN5 n = 11	
	M	SD	M	SD	M	SD	M	SD	M	SD	M	SD
SKL_ Skala	2,16	0,54	1,85	0,67	1,98	0,53	2,15	0,52	2,36	0,43	2,62	0,34
LMM_ Skala	2,14	1,01	1,64	1,03	1,90	1,13	2,16	1,00	2,48	0,87	2,50	0,77
SKM_ Skala	2,13	0,66	1,80	0,70	2,24	0,57	2,10	0,72	2,17	0,45	2,61	0,41

In Tabelle 11.4 zeigt sich, dass das Arbeits- und Sozialverhalten bei steigendem Referenzniveau leicht zunimmt. Umso höher das Referenzniveau im mathematischen Bereich ist, desto höher sind die Werte für die eigene Einschätzung des Arbeits- und Sozialverhaltens. Der Mittelwert steigert sich von M = 2,00 im ersten Referenzniveau bis zu M = 2,35 im fünften Referenzniveau.

Für die Konzentrationsfähigkeit lässt sich aus den Daten erkennen, dass diese mit steigendem Referenzniveau ebenfalls zunimmt (von M = 1,82 bei RN1 auf M = 2,39 bei RN5). Umso besser die Lernenden im Kompetenztest abschnitten, desto höher schätzten sie ihre Konzentrationsfähigkeit ein. Die Mittelwerte für die Lernangst sinken bei steigendem Referenzniveau (von M = 1,36 bei RN1 und auf M = 0,45 bei RN5).

Für die Mittelwerte des Selbstkonzepts Leistung gilt, dass sie bei steigendem Referenzniveau ebenfalls zunehmen (von M = 1,85 bei RN1 auf M = 2,62 bei RN5).

Die Lernmotivation in Mathematik steigt bei steigendem Referenzniveau, denn auch hier nehmen die Mittelwerte für die eigene Einschätzung der Lernmotivation mit steigendem Referenzniveau zu (von M = 1,64 bei RN1 auf M = 2,50 bei RN5).

Ebenso wie das Selbstkonzept Leistung steigt auch das Selbstkonzept auf den Mathematikunterricht bezogen (von M = 1,80 bei RN1 auf M = 2,61 bei RN5).

Ein Zusammenhang zwischen dem Referenzniveau (also dem mathematischen Vorwissen) und den weiteren lern- und leistungsrelevanten Faktoren liegt auf deskriptiver Ebene vor. Steigt das mathematische Vorwissen, nehmen ebenfalls das Arbeits- und Sozialverhalten, die Konzentrationsfähigkeit, das Selbstkonzept Leistung, die Lernmotivation in Mathematik und das Selbstkonzept im Mathematikunterricht zu. Wie erwartet fällt der Mittelwert für die Leistungsangst bei steigendem mathematischen Vorwissen.

Diese Zusammenhänge werden bei der Berechnung der Korrelationen genauer betrachtet und überprüft und führen zur Beantwortung der Forschungsfrage FF1.2. Um wichtige Informationen über Zusammenhänge der kognitiven, motivationalen und volitionalen Faktoren zu erhalten, werden zuerst die Zusammenhänge innerhalb der Faktoren des Lernpotenzials abgebildet.

Tabelle 11.5 Korrelationskoeffizienten (r) und Signifikanz (p) der verschiedenen Faktoren des Lernpotenzials für die Gesamtgruppe

	Korrelationskoeffizient (r)[4]			
	Mathematisches Vorwissen		**Arithmetisches Vorwissen**	
	r	**P**	*r*	**p**
Arbeits- und Sozialverhalten	0,32**	< 0,001	0,32**	< 0,001
Konzentrationsfähigkeit	0,29**	< 0,001	0,28**	< 0,001
Leistungsangst	−0,39**	< 0,001	−0,38**	< 0,001
Selbstkonzept Leistung	0,34**	< 0,001	0,33**	< 0,001
Lernmotivation Mathematik	0,30**	< 0,001	0,30**	< 0,001
Selbstkonzept Mathematik	0,13	0,10	0,12	0,13

Die Ergebnisse der Korrelationsberechnungen zeigen einen hochsignifikanten mittleren negativen Zusammenhang zwischen dem mathematischen Vorwissen und der Leistungsangst (r = −0,39). Das heißt, dass die Leistungsangst bei niedrigen Werten für das mathematische Vorwissen höher ist bzw. hohe Werte für das mathematische Vorwissen bei niedrigen Werten für die Lernangst zu erwarten sind.

Das mathematische Vorwissen und das Selbstkonzept Mathematik zeigen nur einen schwachen, nicht signifikanten Zusammenhang (r = 0,13), was darauf schließen lässt, dass das Selbstkonzept im mathematischen Bereich unabhängig vom Vorwissen ist.

Bei den weiteren Korrelationen mit den Faktoren der lern- und leistungsrelevanten Einstellungen und dem mathematischen Vorwissen wurde die Erwartung erfüllt, dass diese miteinander korrelieren. Alle Faktoren der lern- und leistungsrelevanten Einstellungen, außer dem Selbstkonzept Mathematik, korrelieren hochsignifikant mit dem mathematischen und arithmetischen Vorwissen. Das Arbeits- und Sozialverhalten (r = 0,32), die Konzentrationsfähigkeit (r = 0,29),

---

[4] Einordnung nach Cohen (1988) r≈|0,1| → schwacher Zusammenhang, r≈|0,3| → mittlerer Zusammenhang, r≈|0,5| → starker Zusammenhang

das Selbstkonzept Leistung ($r = 0{,}34$) und die Lernmotivation im Mathematikunterricht ($r = 0{,}30$) zeigen hochsignifikante mittlere, positive Zusammenhänge. Für die Zusammenhänge des arithmetischen Vorwissens mit den weiteren Faktoren des Lernpotenzials ergaben sich fast identische Stärken (Tab. 11.5).

Resümierend kann festgestellt werden, dass die Werte für das mathematische und das arithmetische Vorwissen mit den Werten für die Einstellungen zum Lernen bzw. Mathematiklernen korrelieren. Für die Ergebnisse der Korrelationen innerhalb des Lernpotenzials wurde die Erwartung erfüllt, dass die einzelnen Faktoren miteinander korrelieren. Die Werte des mathematischen Vorwissens steigen, wenn die Werte für die Einstellungen zum Lernen bzw. Mathematiklernen zunehmen.

11.3 Genderspezifische Untersuchungen

Basierend auf Erkenntnissen aus dem theoretischen Teil dieser Arbeit (Teil I; vgl. Abschnitt 1.3; Walther et al., 2008; Stanat et al., 2017; Stanat et al., 2022) und Beobachtungen bei der Durchführung der Studie wurden die Daten der vorliegenden Stichprobe nach einer genderspezifischen Aufteilung auf Unterschiede hin untersucht. In diesem Abschnitt wird die Beantwortung der Forschungsfragen FF1.1 und FF1.3 nach unterschiedlichen Ausprägungen und Zusammenhängen zwischen Mädchen und Jungen in Bezug auf das ermittelte Lernpotenzial fokussiert.

11.3.1 Ausprägungen des Lernpotenzials

Die Ergebnisse der Datenanalyse bestätigen die theoriebasierten Erkenntnisse, dass im mathematischen Vorwissen Unterschiede bei Mädchen und Jungen existieren (vgl. Abschnitte 1.3 und 4.2.1; Walther et al., 2008; Stanat et al., 2017; Stanat et al., 2022). Die Mittelwerte für das mathematische Vorwissen sind bei den Jungen höher ($M = 37{,}83$; $SD = 14{,}37$) als bei den Mädchen ($M = 33{,}66$; $SD = 13{,}57$). Das heißt, dass die Jungen hier über ein größeres mathematisches Vorwissen gegenüber den Mädchen verfügen. Das Gleiche lässt sich für das arithmetische Vorwissen aus den Daten ablesen. Hier erreichen die Jungen einen Mittelwert von $M = 31{,}42$ mit einer Standardabweichung von $SD = 10{,}83$ und die Mädchen einen Mittelwert von $M = 28{,}34$ mit einer Standardabweichung von $SD = 10{,}48$. Die Ergebnisse des Mittelwertvergleichs werden im folgenden Abschnitt dargestellt (Tab. 11.6).

Tabelle 11.6 Mittelwert (M) und Standardabweichung (SD) für mathematisches und arithmetisches Vorwissen (MV und AV), aufgeteilt nach Mädchen und Jungen

Faktoren der lern- und leistungsbezogenen Einstellungen	Mädchen (n = 61)		Jungen (n = 92)			
	M	SD	M	SD	Signifikanz p	Effektstärke Cohen's d[5]
Mathematisches Vorwissen (MV)	33,66	13,57	37,83	14,37	0,07	0,3
Arithmetisches Vorwissen (AV)	28,34	10,48	31,42	10,83	0,08	0,3

Mit dem ungepaarten t-Test[6] für eine unabhängige Stichprobe (n = 153) und zwei Gruppen fand eine Überprüfung des deskriptiv beobachteten Unterschieds zwischen Mädchen (n = 61) und Jungen (n = 92) bezogen auf das mathematische Vorwissen statt (vgl. Abschnitt 10.2.2). Die Ergebnisse des t-Tests weisen im Bereich des mathematischen Vorwissens (MV) ein besseres Abschneiden der Jungen gegenüber den Mädchen aus (95 %-CI [-.42; 8,76]). Allerdings handelt es sich nicht um signifikante Ergebnisse (p > 0,05).

Beim arithmetischen Vorwissen (AV) liegt die Punktzahl der Jungen ebenfalls höher (95 %-CI[-.41; 6,57]) und ist auch nicht signifikant (p > 0,05).

Anhand der Signifikanz (p-Wert) wurde überprüft, wie wahrscheinlich die beobachteten Mittelwertunterschiede sind, wenn von zufälligen Effekten ausgegangen wird (Herzog et al., 2019). Es gibt gerade keinen signifikanten Unterschied bei dem mathematischen Vorwissen zwischen Jungen und Mädchen, da die zweiseitige Signifikanz mit p = 0,07 größer ist als 0,05 (t(151) = 1,80, p > 0,05 (p = 0,07)). Dies gilt ebenso für das arithmetische Vorwissen mit einer Signifikanz von p = 0,08 (t(151) = 1,74, p > 0,05 (p = 0,08)). Es existiert nach der Einteilung von Cohen ein kleiner Effekt[7] (MV: Cohen's d = 0,3; AV: Cohen's d = 0,3). Der t-Test zeigt gerade keinen statistisch signifikanten Unterschied zwischen den Jungen und Mädchen, wobei das mathematische und arithmetische Vorwissen bei den Jungen höher liegt und sich damit ein geringer Unterschied

---

[5] Interpretation der Effektstärke nach Cohen: kleiner Effekt: |d|=0,2; mittlerer Effekt: |d|=0,5; großer Effekt: |d|=0,8 (Hemmerich, 2015).

[6] Die Überprüfung der Voraussetzungen wurde in Abschnitt 10.2.2 dargestellt. Abhängige Variablen: Referenzniveau, mathematisches Vorwissen, arithmetisches Vorwissen Unabhängige Variable: Geschlecht

[7] Interpretation der Effektstärke nach Cohen: kleiner Effekt: |d|=0,2; mittlerer Effekt: |d|=0,5; großer Effekt: |d|=0,8 (Hemmerich, 2015)

zugunsten der Jungen erkennen lässt (Tab. 11.6). Die p-Werte und Konfidenzintervalle für den Unterschied zwischen Mädchen und Jungen liegen an der Grenze des statistisch Bedeutsamen, deshalb kann von einer Tendenz der höheren Werte der Jungen gesprochen werden.

Zum Vergleich der Unterschiede bezüglich der lern- und leistungsbezogenen Einstellungen wurde ebenfalls ein t-Test durchgeführt, indem die Mittelwerte der lern- und leistungsbezogenen Einstellungen von Mädchen und Jungen verglichen wurden. Das Ziel war es, zu überprüfen, ob genderspezifische signifikante Unterschiede in den relevanten Einstellungen bestehen (Tab. 11.7).

Tabelle 11.7 Mittelwerte und Standardabweichungen der lern- und leistungsbezogenen Einstellungen für Mädchen und Jungen

Faktoren der lern- und leistungsbezogenen Einstellungen	Mädchen (n = 61)		Jungen (n = 92)			
	M	SD	M	SD	Signifikanz p	Effektstärke Cohen's d
Arbeits- und Sozialverhalten	2,19	0,42	2,18	0,43	0,91	0,02
Konzentrationsfähigkeit	1,80	0,62	2,01	0,61	0,04*	0,34
Leistungsangst	0,97	0,82	0,84	0,81	0,36	0,16
Selbstkonzept Leistung	2,08	0,53	2,23	0,51	0,12	0,29
Lernmotivation Mathematik	1,97	1,04	2,23	0,99	0,81	0,26
Selbstkonzept im Mathematikunterricht	2,06	0,65	2,18	0,63	0,26	0,19

Es gibt keinen signifikanten Unterschied zwischen Mädchen und Jungen beim Arbeits- und Sozialverhalten t(148) = −0,12, p > 0,001 (p = 0,91) und damit auch keinen Effekt. Ebenso wurde kein signifikanter Unterschied für die Leistungsangst t(148) = −0,92, p > 0,001 (p = 0,36), das Selbstkonzept Leistung t(148) = 1,58, p > 0,001 (p = 0,12), die Lernmotivation in Mathematik t(148) = 1,76, p > 0,001 (p = 0,81) und das Selbstkonzept im Mathematikunterricht t(148) = −1,13, p > 0,001 (p = 0,26) festgestellt. Allerdings lagen für das Selbstkonzept Leistung (|d| = −0,29) und die Lernmotivation Mathematik (|d| = 0,26) kleine Effekte nach der Interpretation von Cohen vor. Einzig für die Konzentrationsfähigkeit existiert ein signifikanter Unterschied zwischen Mädchen und Jungen t(148) = 2,04, p > 0,001 (p = 0,04) mit einem kleinen Effekt (|d| = 0,34).

Zur Beantwortung der Forschungsfrage nach den Unterschieden zwischen Mädchen und Jungen bezogen auf das Lernpotenzial (FF1.1) lässt sich zusammenfassend für die Faktoren der lern- und leistungsbezogenen Einstellungen der Lernenden feststellen, dass nur ein Faktor (Konzentrationsfähigkeit) einen signifikanten Unterschied zeigt. Die Jungen schätzen ihre Konzentrationsfähigkeit signifikant höher ein als die Mädchen.

11.3.2 Zusammenhänge innerhalb des Lernpotenzials

Eine genderspezifische Untersuchung gibt Aufschluss darüber, ob unterschiedliche Zusammenhänge bei Mädchen und Jungen existieren. Da für das mathematische Vorwissen tendenzielle Differenzen zwischen Jungen und Mädchen ermittelt wurden, liegt das Interesse der Korrelationsuntersuchung darin, zu überprüfen, ob dies auch für Zusammenhänge innerhalb der Faktoren des Lernpotenzials gilt. Auch wenn nur ein geringer Unterschied des Lernpotenzials vorliegt, können verschiedene Zusammenhänge der einzelnen Faktoren des Lernpotenzials unterschiedliche Voraussetzungen darstellen (vgl. Abschnitt 4.2.1).

Korrelationen zwischen den verschiedenen Faktoren des Lernpotenzials für die Gruppe der Mädchen

Tabelle 11.8 Korrelationskoeffizienten (r) und Signifikanz der verschiedenen Faktoren des Lernpotenzials der Mädchen

	Korrelationskoeffizient (r)			
	Mathematisches Vorwissen		Arithmetisches Vorwissen	
	R	p	r	p
Arbeits- und Sozialverhalten	0,24	0,06	0,24	0,06
Konzentrationsfähigkeit	0,21	0,10	0,18	0,16
Leistungsangst	$-0,49^{**}$	$< 0,001$	$-0,46^{**}$	$< 0,001$
Selbstkonzept Leistung	$0,41^{**}$	0,001	$0,39^{**}$	0,002
Lernmotivation Mathematik	0,25	$-0,07$	0,24	$-0,09$
Selbstkonzept im Mathematikunterricht	$-0,07$	$-0,59$	$-0,09$	0,49

Bei den Mädchen hängt das mathematische und arithmetische Vorwissen mit dem Arbeits- und Sozialverhalten, der Konzentrationsfähigkeit und der Lernmotivation Mathematik in schwacher Stärke, allerdings nicht signifikant, zusammen (Tab. 11.8).

Zwischen dem Selbstkonzept Leistung und dem mathematischen und arithmetischen Vorwissen gibt es einen hochsignifikanten Zusammenhang in mittlerer Stärke (r = 0,41; p = 0,001 für MV und r = 0,39; p = 0,002 für AV). Die Mädchen mit einer hohen eigenen allgemeinen Leistungseinschätzung erhielten auch für das kognitive Vorwissen hohe Werte.

Die Korrelation zwischen dem mathematischen und arithmetischen Vorwissen und der Leistungsangst ist mit einem hochsignifikanten negativen mittleren Zusammenhang (r = −0,49; p < 0,001 für MV und r = −0,46; p < 0,001 für AV) ausgeprägter als bei den Jungen (Tab. 11.9). Damit ist für die Mädchen die Lernangst umso größer, desto weniger stark sie im mathematischen und arithmetischen Vorwissen abschneiden.

Die Einschätzung der Mädchen zum Selbstkonzept Mathematik ist unabhängig von ihrem mathematischen und arithmetischen Vorwissen.

Korrelationen zwischen den verschiedenen Faktoren des Lernpotenzials für die Gruppe der Jungen

Tabelle 11.9 Korrelationskoeffizienten (r) und Signifikanz der verschiedenen Faktoren des Lernpotenzials der Jungen

	Korrelationskoeffizient (r)			
	Mathematisches Vorwissen		Arithmetisches Vorwissen	
	R	p	r	p
Arbeits- und Sozialverhalten	0,38**	< 0,001	0,31**	0,002
Konzentrationsfähigkeit	0,31**	0,003	0,31**	0,003
Leistungsangst	−0,32**	0,002	−0,31**	0,002
Selbstkonzept Leistung	0,28**	0,007	0,27*	0,011
Lernmotivation Mathematik	0,30**	0,003	0,32**	0,002
Selbstkonzept im Mathematikunterricht	0,25*	0,017	0,25*	0,02

Bei den Jungen sind hochsignifikante mittlere Zusammenhänge des mathematischen und arithmetischen Vorwissens mit dem Arbeits- und Sozialverhalten ($r = 0,38$; $p < 0,05$ für MV und $r = 0,31$; $p < 0,05$ für AV), der Konzentrationsfähigkeit ($r = 0,31$; $p < 0,05$ für MV und $r = 0,31$; $p < 0,05$ für AV), dem Selbstkonzept Leistung ($r = 0,28$; $p < 0,05$ für MV und $r = 0,27$; $p < 0,05$ für AV) und der Lernmotivation in Mathematik ($r = 0,30$; $p < 0,05$ für MV und $r = 0,32$; $p < 0,05$ für AV) zu erkennen. Das Selbstkonzept Mathematik korreliert signifikant schwach mit dem Vorwissen ($r = 0,25$; $p < 0,05$ für MV und $r = 0,325$; $p < 0,05$ für AV).

Die Leistungsangst nimmt mit steigendem mathematischen Vorwissen ab und ergibt einen hochsignifikanten negativen mittleren Zusammenhang ($r = -0,32$; $p < 0,05$ für MV und $r = -0,31$; $p < 0,05$ für AV).

Beim Vergleich der Ergebnisse für das mathematische und arithmetische Vorwissen sind ähnliche Zusammenhänge sichtbar.

Für die genderspezifischen Korrelationsberechnungen kann zusammenfassend ausgesagt werden, dass sich einige Unterschiede zwischen Mädchen und Jungen zeigen. Das mathematische Vorwissen korreliert beispielsweise mit der Leistungsangst bei den Mädchen stärker als bei den Jungen. Die Ergebnisse machen deutlich, dass die Leistungsangst bei niedrigem Vorwissen generell höher ist, bei den Mädchen jedoch ausgeprägter. Die Einschätzung der Mädchen zum Selbstkonzept Mathematik ist unabhängig vom Vorwissen. Bei den Jungen hingegen ist ein schwacher Zusammenhang vorhanden.

11.4 Ermittlung eines Wertes für das gesamte Lernpotenzial

Nachdem im letzten Abschnitt die Ergebnisse der Ausprägungen und Zusammenhänge der einzelnen Faktoren des Lernpotenzials betrachtet wurden, soll nun der Fokus auf dem gesamten Lernpotenzial liegen. Da Zusammenhänge zwischen den Faktoren festgestellt wurden, insbesondere beim mathematischen Vorwissen mit den lern- und leistungsrelevanten Einstellungen (Tab. 11.4), aber auch innerhalb der lern- und leistungsrelevanten Faktoren (Tab. 11.3), konnte ein aussagekräftiger Wert für das gesamte Lernpotenzial gebildet werden. Auf den theoretischen Erkenntnissen aus Kapitel 4 basierend wurde aus den einzelnen Faktoren des Lernpotenzials ein Wert für das gesamte Lernpotenzial gebildet. Zu den insgesamt 25 Items der neuen Skala gehören alle Items der Skalen des mathematischen und arithmetischen Vorwissens, des Arbeits- und Sozialverhaltens, der Konzentrationsfähigkeit, des Selbstkonzepts Leistung, der Lernmotivation Mathematik und des Selbstkonzepts im Mathematikunterricht. Um die interne Konsistenz der neuen Skala zu bestimmen, wurde Cronbachs Alpha berechnet. Die interne Konsistenz war akzeptabel mit $\alpha = 0,70$ für die Skala Lernpotenzial (LP1) (vgl. Abschnitt 10.1.1).

Angebot

12

In diesem Kapitel werden die Forschungsfragen auf der Ebene des *Angebots* beantwortet, das einen der drei Forschungsbereiche darstellt. Die Forschungsfragen dieser Ebene (Tab. 12.1; FF2, FF2.1) wurden theoriebasiert beantwortet und beruhen auf Erkenntnissen aus den Kapiteln 2 und 3. In diesem Kapitel werden die Ergebnisse mit den entsprechenden Verweisen zusammengetragen. Das Lernangebot „Kombi-Gleichungen" wurde als Prototyp für ein natürlich differenzierendes arithmetisches Lernangebot ausgewählt und die möglichen arithmetischen Tätigkeiten auf verschiedenen Niveaustufen untersucht (vgl. Kapitel 2 und 3; Abschnitt 10.1.2).

Tabelle 12.1 Übersicht der Forschungsfragen auf der Ebene des Angebots

Angebot	FF2: Welches Lernangebot erfüllt die Anforderungen für natürlich differenzierende Lernangebote in der Arithmetik? FF2.1: Welche Niveaustufen bietet das ausgewählte Lernangebot und wie werden sie festgelegt?

Anforderungen an ein natürlich differenzierendes arithmetisches Lernangebot

Zur Beantwortung der Forschungsfrage FF2 (Tab. 12.1) wurden einerseits die Ansprüche an natürlich differenzierende Lernangebote miteinbezogen (vgl. Kapitel 2.2) und andererseits die arithmetischen Inhalte des Mathematikunterrichts (vgl. Kapitel 3).

Ein Lernangebot, das exemplarisch für ein natürlich differenzierendes Lernangebot in Arithmetik genutzt werden kann, muss bestimmte Kriterien aus den beiden genannten Bereichen erfüllen (vgl. Abschnitt 2.2.1 und Kapitel 3). Grundlegende Anforderungen lassen sich aus den vier konstituierenden Merkmalen für

© Der/die Autor(en), exklusiv lizenziert an Springer Fachmedien Wiesbaden GmbH, ein Teil von Springer Nature 2023
S. Friedrich, *Natürliche Differenzierung im Arithmetikunterricht*, Mathematikdidaktik im Fokus, https://doi.org/10.1007/978-3-658-42849-5_12

natürliche Differenzierung (vgl. Abschnitt 2.2.1) von Krauthausen und Scherer (2016) ableiten. Konkret sind dies folgende Merkmale: Ein gemeinsames Lernangebot für die gesamte heterogene Lerngruppe muss gegeben sein, das inhaltlich ganzheitlich und hinreichend komplex ist. Außerdem wird Offenheit bezüglich der Durchdringungstiefe, der Dokumentationsformen, der Hilfsmittel und der Lösungswege benötigt und ein Lernen von- und miteinander muss möglich sein.

Auf inhaltlicher Ebene konnten aus der theoretischen Analyse die notwendigen Anforderungen für ein exemplarisches Lernangebot im Bereich Arithmetik formuliert werden. Bei der Auswahl eines arithmetischen Lernangebots ist darauf zu achten, dass die arithmetischen Basiskompetenzen (bestehend aus inhaltlichen und prozessbezogenen Kompetenzen) bei der Nutzung des Lernangebots umfänglich angesprochen werden (vgl. Kapitel 3). Für die inhaltlichen Kompetenzen bedeutet dies, arithmetische Inhalte anzubieten, die Aktivitäten auf allen drei Anforderungsbereichen der Bildungsstandards zulassen (KMK, 2022) und damit die Möglichkeit bieten, auf unterschiedlichen Schwierigkeitsniveaus zu arbeiten. Um arithmetische Aktivitäten in großem Umfang anzubieten, müssen die Anwendung verschiedener Rechenoperationen und die Verknüpfung von Zahlen aus unterschiedlichen Zahlenräumen ausführbar sein. Damit arithmetische Aktivitäten im Anforderungsbereich III (Verallgemeinern und Reflektieren, KMK, 2022) durchgeführt werden können, muss ein flexibles und verständnisbasiertes Rechnen umsetzbar sein. Außerdem kann durch die Möglichkeit der Nutzung von Rechengesetzen das algebraische Verständnis angebahnt und Rechenstrategien gefestigt werden. Hier können Einblicke in arithmetische und algebraische Zusammenhänge entstehen sowie Verallgemeinerungen formuliert und eigene Lösungen reflektiert werden. Die genannten arithmetischen Aktivitäten können in die drei Anforderungsbereiche (Reproduzieren, Zusammenhänge herstellen, Verallgemeinern und Reflektieren) eingeordnet werden (vgl. Kapitel 3; Tab. 3.2). Damit ist das Arbeiten auf verschiedenen Schwierigkeitsniveaus möglich.

Bei den prozessbezogenen Kompetenzen ist für die Auswahl des natürlich differenzierenden arithmetischen Lernangebots die Kompetenz des mathematischen Problemlösens hervorzuheben. Konkret bedeutet dies, dass die Möglichkeit zur Erkundung eines gemeinsamen komplexen Gegenstands gegeben ist und verschiedene Lösungswege auf unterschiedlichen Schwierigkeitsniveaus vorhanden sind (KMK, 2022; vgl. Kapitel 3; Tab. 3.1). Im Prozess des mathematischen Problemlösens werden weitere Kompetenzen, wie die des mathematischen Argumentierens und die des mathematischen Kommunizierens, ebenfalls angesprochen und gefördert (vgl. Kapitel 3). Diese beziehen sich auf den Austausch und das Begründen von Vorgehensweisen und Verallgemeinerungen und beinhalten ebenfalls das gemeinsame Reflektieren, das Hinterfragen von Aussagen und die Überprüfung von Korrektheit (KMK, 2022; vgl. Kapitel 3; Tab. 3.1).

Nach der Analyse arithmetischer Basiskompetenzen in Kapitel 3 ergaben sich folgende Anforderungen an ein natürlich differenzierendes arithmetisches Lernangebot: Der Lerngegenstand sollte über umfangreiche arithmetische Inhalte verfügen und ein mathematisches Problem anbieten, das auf verschiedenen Wegen auf unterschiedlichen Schwierigkeitsniveaus gelöst werden kann (vgl. Kapitel 3).

Niveaustufen und arithmetische Aktivitäten

Um die genannten Anforderungen an ein natürlich differenzierendes arithmetisches Lernangebot zu erfüllen, muss dieses über eine ausreichende Komplexität verfügen, um auf verschiedenen Schwierigkeitsniveaus arbeiten zu können. In Kapitel 3 wurden bereits die arithmetischen Tätigkeiten detailliert erläutert, die in die drei Anforderungsbereiche (KMK, 2022) eingeordnet werden können und damit unterschiedliche Schwierigkeitsniveaus in den arithmetischen Tätigkeiten zeigen. An dieser Stelle werden die verschiedenen Niveaustufen des ausgewählten Lernangebots „Kombi-Gleichungen" dargelegt, indem die konkreten arithmetischen Tätigkeiten in die drei Anforderungsbereiche eingeordnet werden (Tab. 12.2).

Das Lernangebot „Kombi-Gleichungen" verfügt über verschiedene Niveaustufen (FF2.1), die sich bei der Nutzung des Lernangebots auf natürliche Art und Weise ergeben (Wittmann, 2004; Abb. 3.1). Eine erste Einteilung der mathematischen Aktivitäten erfolgte mithilfe der Anforderungsbereiche, die in den Bildungsstandards beschrieben werden. Diese sind hierarchisch aufgebaut und empirisch überprüft (KMK, 2022). Die folgende Tabelle (Tab. 12.2) gibt einen Überblick über die Einordnung der arithmetischen Aktivitäten bei der Nutzung der „Kombi-Gleichungen" in die drei Anforderungsbereiche (KMK, 2022; detaillierte Erläuterung in Abschnitt 9.2.2).

Tabelle 12.2 Übersicht zur Einordnung arithmetischer Aktivitäten bei der Nutzung der „Kombi-Gleichungen" in die Anforderungsbereiche der Bildungsstandards (KMK, 2022)

Anforderungsbereiche	Allgemeine mathematische Aktivitäten	Arithmetische Aktivitäten bei „Kombi-Gleichungen"
1. Reproduzieren	• Wiedergabe von Grundwissen • Ausführen von Routinetätigkeiten • direkte Anwendung von Begriffen und Verfahren	• Erfinden einfachster Gleichungen durch die Verwendung von nur einer Rechenoperation, einstelligen Zahlen und nur einem Operationsschritt auf jeder Seite der Gleichung (z. B. $2 + 3 = 1 + 4$)
2. Zusammenhänge herstellen	• Erkennen mathematischer Zusammenhänge Verknüpfen von Kenntnissen, Fertigkeiten und Fähigkeiten	• Umgang mit mehrstelligen Zahlen und verschiedenen Rechenoperationen • Verknüpfung unterschiedlicher Terme mit dem Gleichheitszeichen • Nutzen unterschiedlicher Rechenoperationen • Erkennen von Zusammenhängen zwischen diesen
3. Verallgemeinern und Reflektieren	• Übertragen von Erkenntnissen auf unbekannte Fragestellungen • Entwickeln und Reflektieren von Strategien, Begründungen und Folgerungen aufstellen	• Zusammenhänge zwischen Rechenoperationen entdecken • durch leichte Veränderungen einer Gleichung ein System entwickeln

Das Lernangebot „Kombi-Gleichungen" kann als prototypisches Lernangebot im Bereich der Arithmetik betrachtet werden, da sich in der Komplexität der erfundenen Gleichungen umfangreiche inhaltliche und prozessbezogene Kompetenzen zeigen, wie sie in Kapitel 3 erläutert wurden.

Lernpotenzial und Angebotsnutzung

13

In diesem Kapitel werden die Ergebnisse zu den Zusammenhängen zwischen dem *Lernpotenzial und der Angebotsnutzung* dargestellt und folgende Forschungsfragen beantwortet:

Tabelle 13.1 Übersicht der Forschungsfragen auf der Ebene des Lernpotenzials und der Nutzung des Lernangebots

Lernpotenzial und Angebotsnutzung	FF3: Zeigen sich in heterogenen Lerngruppen Zusammenhänge und Unterschiede bezüglich der Bearbeitung eines natürlich differenzierenden arithmetischen Lernangebots?
	FF3.1: Welche Zusammenhänge zeigen sich zwischen den einzelnen Faktoren des Lernpotenzials und der Nutzung des Lernangebots?
	FF3.2: Lassen sich empirisch verschiedene Bearbeitungsformen finden?
	FF3.3: Welche Gruppen zeigen sich bei der Bearbeitung des Lernangebots?

Im folgenden Abschnitt steht die Beantwortung der Forschungsfrage im Zentrum, die auf die Zusammenhänge zwischen den Faktoren des Lernpotenzials und den Kategorien zur Nutzung des Lernangebots abzielt (FF3.1; Tab. 13.1). Anschließend werden Ergebnisse zur Analyse verschiedener Bearbeitungsformen vorgestellt (vgl. Abschnitt 13.2) und schließlich Zusammenhänge zwischen dem gesamten Lernpotenzial und den verschiedenen Bearbeitungsformen aufgezeigt (vgl. Abschnitt 13.3). Mit einer Zusammenfassung der Ergebnisse dieses Kapitels wird der Ergebnisteil beendet (vgl. Abschnitt 13.4).

© Der/die Autor(en), exklusiv lizenziert an Springer Fachmedien Wiesbaden GmbH, ein Teil von Springer Nature 2023
S. Friedrich, *Natürliche Differenzierung im Arithmetikunterricht*,
Mathematikdidaktik im Fokus, https://doi.org/10.1007/978-3-658-42849-5_13

13.1 Zusammenhänge zwischen Faktoren des Lernpotenzials und der Angebotsnutzung

Der Beantwortung der Forschungsfrage FF3.1 nach Zusammenhängen zwischen einzelnen Faktoren des Lernpotenzials und der Nutzung des Lernangebots wird mithilfe von Korrelationsberechnungen nachgegangen. Aufgeteilt wurden die Berechnungen nach mathematischem Vorwissen und lern- und leistungsrelevanten Einstellungen sowie nach den beiden Arbeitsphasen (vgl. Kapitel 8). Beginnend mit dem mathematischen Vorwissen werden die Lernendendokumente der beiden Arbeitsphasen getrennt betrachtet. Anschließend werden die Ergebnisse zu Zusammenhängen zwischen den lern- und leistungsrelevanten Einstellungen und der Angebotsnutzung ebenfalls für die beiden Arbeitsphasen getrennt dargestellt.

13.1.1 Mathematisches Vorwissen und Angebotsnutzung

Erste Arbeitsphase

Für die dokumentierten Bearbeitungen der ersten Arbeitsphase ergeben sich Zusammenhänge mit dem mathematischen Vorwissen (MV) des Lernangebots. Da sich herausstellte, dass die Ergebnisse der Korrelationen für das arithmetische Vorwissen fast identisch mit denen des mathematischen Vorwissens sind, wird im Folgenden weiter mit dem mathematischen Vorwissen gerechnet (vgl. Abschnitt 11.2). Inhaltlich ist dies zu begründen, da das arithmetische Vorwissen ein großer Teilbereich von 76 % des mathematischen Vorwissens ist und dadurch ähnliche Zusammenhänge auftreten.

Tabelle 13.2 Korrelationskoeffizienten (r) und Signifikanz (p) für Zusammenhänge zwischen mathematischem Vorwissen (MV) und Kategorien der ersten Arbeitsphase

		AG[1]_Dok1	AGR[2]_Dok1	GZN[3]_Dok1	MSB[4]_Dok1	SVS[5]_Dok1
MV	r	0,24**	0,23**	0,29**	0,39**	−0,05
	p	0,003	0,005	< 0,001	< 0,001	0,576
	N	153	153	153	153	153

[1] AG: Anzahl Gleichungen
[2] AGR: Anzahl Gleichungen richtig
[3] GZN: Gleichheitszeichen relationale Nutzung
[4] MSB: Maximale Summe Bestandteile
[5] SVS: Summe verschiedener Systeme

Die Ergebnisse der Korrelationsberechnungen für die erste Arbeitsphase des Lernangebots zeigen, dass bei höheren Werten des mathematischen Vorwissens (MV) auch viele Gleichungen erfunden wurden (AG_Dok1), ebenso viele richtige Gleichungen (AGR_Dok1) und auch viele Gleichungen mit relationaler Nutzung des Gleichheitszeichens (GZN_Dok1) (Tab. 13.2).

Besonders die Kategorie der Bestandteile einer Gleichung (MSB_Dok1) zeigt deutlich einen mittleren Zusammenhang mit den erreichten Rohwerten (Tab. 13.2). Zusammenfassend kann für diesen Bereich festgehalten werden, dass Lernende mit einem großen mathematischen Vorwissen das Lernangebot umfangreicher nutzten. Sie erfanden viele Gleichungen in der geforderten Form und entwickelten diese mit vielen Bestandteilen.

Zweite Arbeitsphase

Zwischen den Kategorien des zweiten Dokuments und dem mathematischen Vorwissen sind schwache Zusammenhänge zu erkennen (Tab. 13.3).

Tabelle 13.3 Korrelationskoeffizienten (r) und Signifikanz (p) für Zusammenhänge zwischen mathematischem Vorwissen (MV) und Kategorien der zweiten Arbeitsphase

		AG_ Dok2	AGR_ Dok2	GZN_ Dok2	AS_ Dok2	AGS_M	MSBS_ Dok2	SVS_ Dok2
MV	r	0,28**	0,22**	0,32**	0,20*	0,21**	0,20*	0,11
	p	< 0,001	0,006	< 0,001	0,011	0,009	0,012	0,178
	N	153	153	153	153	153	153	153

Hochsignifikante, aber relativ schwache Korrelationen existieren für die Anzahl der erfundenen Gleichungen (AG_Dok2, AGR_Dok2, AGS_M). Diese Erkenntnis deutet daraufhin, dass einerseits Lernende, die ein großes mathematisches Vorwissen aufweisen, auch in der zweiten Arbeitsphase mehr Gleichungen erfanden. Andererseits erfanden Lernende mit niedrigen Werten im mathematischen Vorwissen eher wenige Gleichungen. Ebenso korrelieren die maximale Anzahl der erfundenen Gleichungen in einem System (AGS_M) und die maximale Summe der Bestandteile einer Gleichung (MSB_Dok2) schwach signifikant mit dem mathematischen Vorwissen. Die Anzahl der Gleichungen, bei denen das Gleichheitszeichen relational genutzt wurde (GZN_Dok2) korreliert in mittlerer Stärke mit dem mathematischen Vorwissen. Interessant ist hier, dass die Anzahl der erfundenen Systeme (AS_Dok2) und die Summe der verschiedenen Systeme (SVS_Dok2) nur einen geringen bzw. kaum einen Zusammenhang mit dem mathematischen Vorwissen aufweisen.

13.1.2 Lern- und leistungsrelevante Einstellungen und Angebotsnutzung

Zwischen den Kategorien der Bearbeitung des Lernangebots und den Variablen der lern- und leistungsrelevanten Einstellungen zeigen sich unterschiedlich starke Zusammenhänge, wie sie in Tabelle 13.4 aufgeführt werden.

Tabelle 13.4 Korrelationskoeffizienten (r) und Signifikanz (p) für Zusammenhänge zwischen lern- und leistungsrelevanten Einstellungen und Kategorien der ersten Arbeitsphase

		AG-Dok1	AGR_ Dok1	GZN_ Dok1	MSB_ Dok1	SVS_ Dok1
Arbeits- und Sozialverhalten	r	0,06	0,12	0,13	0,14	0,04
	p	0,50	0,15	0,11	0,08	0,64
Konzentrationsfähigkeit	r	0,12	0,16*	0,18*	0,29**	0,02
	p	0,15	0,04	0,03	< 0,001	0,79
Leistungsangst	r	−0,08	−0,04	−0,09	−0,33**	0,06
	p	0,31	0,65	0,26	<0,001	0,47
Selbstkonzept Leistung	r	0,17*	0,21**	0,22**	0,24**	0,00
	p	0,04	0,009	0,007	0,003	0,96
Lernmotivation Mathematik	r	0,10	0,14	0,17*	0,27**	0,10
	p	0,21	0,08	0,03	< 0,001	0,22
Selbstkonzept Mathematikunterricht	r	−0,08	−0,05	−0,01	0,06	−0,11
	p	0,32	0,57	0,92	0,50	0,12

Für das Arbeits- und Sozialverhalten zeigt sich zu keiner Kategorie, die für die Nutzung des Lernangebots steht, eine signifikante Korrelation. Das heißt, dass diese Variable des Lernpotenzials scheinbar nicht im Zusammenhang mit der Nutzung des Lernangebots steht. Das Lernangebot wurde also unabhängig vom Arbeits- und Sozialverhalten genutzt: Lernende, die sich in diesem Bereich nicht stark einschätzten, konnten das Lernangebot ebenso nutzen, wie diejenigen, die sich stärker einschätzten.

Die Konzentrationsfähigkeit und die Anzahl der richtigen Gleichungen (AGR) sowie die Anzahl der relational genutzten Gleichungen (GZN) korrelieren signifikant, aber schwach (Tab. 13.4). Die Konzentrationsfähigkeit und die Anzahl der

Bestandteile einer Gleichung (MSB) korrelieren stärker und hochsignifikant. In diesem Bereich des Lernpotenzials sind demnach Zusammenhänge zu erkennen. Die Leistungsangst (LA) zeigt einen hochsignifikanten negativen Zusammenhang mit der Anzahl der Bestandteile (MSB). Lernende mit großer Leistungsangst erfanden Gleichungen mit nur wenigen Bestandteilen.

Das Selbstkonzept Leistung (SKL) korreliert signifikant schwach mit der Anzahl der Gleichungen (AG), etwas stärker und hochsignifikant mit der Anzahl der richtigen Gleichungen (AGR), der Anzahl der Gleichungen mit relationaler Nutzung des Gleichheitszeichens (GZN) und den Bestandteilen einer Gleichung (MSB).

Zwischen dem Selbstkonzept im Mathematikunterricht und den Kategorien der ersten Arbeitsphase ist kein signifikanter Zusammenhang vorhanden.

Zweite Arbeitsphase

Für die zweite Arbeitsphase, die auf das Erfinden von Gleichungssystemen abzielte, sind kaum Zusammenhänge zwischen den Kategorien der Bearbeitung des Lernangebots und den lern- und leistungsrelevanten Einstellungen festzustellen (Tab. 13.5).

Tabelle 13.5 Korrelationskoeffizienten (r) und Signifikanz (p) für Zusammenhänge zwischen lern- und leistungsrelevanten Einstellungen und Kategorien der zweiten Arbeitsphase

		AG Dok2	AGR Dok2	GZN Dok2	AS Dok2	AGS Dok2	MSBS_M	SVS_M
Arbeits- und Sozial- verhal- ten	r	0,17*	0,19*	0,20*	0,09	0,13	0,14	0,17*
	p	0,04	0,02	0,01	0,25	0,12	0,09	0,04
Konzen- trations- fähigkeit	r	0,13	0,12	0,16	0,16*	0,07	0,12	0,03
	p	0,10	0,14	0,06	0,04	0,38	0,15	0,75
Leis- tungs- angst	r	−0,13	−0,60	−0,07	−0,04	0,01	0,01	0,10
	p	0,10	0,46	0,41	0,64	0,01	0,89	0,23
Selbst- konzept Leistung	r	0,18*	0,21**	0,18*	0,03	0,10	0,10	−0,10
	p	0,03	0,01	0,02	0,75	0,23	0,24	0,22

(Fortsetzung)

Tabelle 13.5 (Fortsetzung)

		AG Dok2	AGR Dok2	GZN Dok2	AS Dok2	AGS Dok2	MSBS_ M	SVS_ M
Lernmotivation Mathematik	r	0,15	0,16*	0,14	−0,03	0,04	0,06	0,14
	p	0,06	0,04	0,08	0,69	0,67	0,50	0,13
Selbstkonzept Mathematik	r	−0,14	−0,13	−0,17*	−0,10	0,00	0,01	0,03
	p ara>	0,08	0,12	0,04	0,21	0,98	0,86	0,72

Das Arbeits- und Sozialverhalten (AuS) korreliert signifikant, aber schwach mit der Anzahl der Gleichungen (AG) sowie etwas stärker mit der Anzahl der richtigen Gleichungen (AGR) und denen mit relationaler Nutzung des Gleichheitszeichens (GZN) sowie der Summe der verschiedenen Systematiken (SVS).

Die Konzentrationsfähigkeit korreliert nicht signifikant und nur schwach mit der Anzahl von Gleichungen relationaler Nutzung des Gleichheitszeichens (GZN) und signifikant, aber schwach mit der Anzahl der erfundenen Systeme (AS).

Ein hochsignifikanter schwacher Zusammenhang konnte für das Selbstkonzept Leistung (SKL) und ein signifikanter schwacher Zusammenhang für die richtigen Gleichungen (AGR) sowie die relational genutzten Gleichungen (GZN) berechnet werden.

Das Selbstkonzept Mathematik korreliert signifikant schwach mit der Anzahl der Gleichungen relationaler Nutzung des Gleichheitszeichens (GZN).

Insgesamt wurden wenige und nur schwache Korrelationen zwischen den lern- und leistungsrelevanten Einstellungen und den Kategorien der zweiten Arbeitsphase ermittelt. Lernende mit hohen Werten im motivationalen und volitionalen Bereich des Lernpotenzials nutzten das Lernangebot im zweiten Arbeitsauftrag demnach nicht umfangreicher als Lernende mit niedrigen Werten. Für das Selbstkonzept in Mathematik ist ein signifikanter, aber schwacher Zusammenhang mit der Anzahl der Gleichungen relationaler Nutzung des Gleichheitszeichens (GZN) ermittelt worden.

13.1.3 Zusammenfassung der Korrelationsberechnungen

Die Ergebnisse der Korrelationsberechnungen geben Aufschluss über die einzelnen Lernvoraussetzungen und stellen damit die Grundlage für die Herausarbeitung der weiteren Ergebnisse dar. Diese dienen der Ermittlung der Antwort auf die Forschungsfrage, ob das Arbeitsniveau bei der Nutzung eines natürlich differenzierenden Lernangebots tatsächlich den individuellen Lernvoraussetzungen entspricht (Leitfrage, Tab. 13.3; vgl. Kapitel 5).

Für die gesamte Stichprobe korrelieren die verschiedenen Faktoren des Lernpotenzials überwiegend in mittlerer Stärke untereinander.

Die untersuchten Lernvoraussetzungen, die das Lernpotenzial bilden, korrelieren miteinander und bieten damit unterschiedliche Ausgangspunkte für die Bearbeitung arithmetischer Lernangebote.

13.2 Bearbeitungsformen

Mittels einer Clusteranalyse bezogen auf die Merkmale komplexer Gleichungen bei der Bearbeitung des Lernangebots „Kombi-Gleichungen" wurde empirisch geprüft, ob sich Gruppen ermitteln lassen, die eine ähnliche Nutzung des Lernangebots zeigen. Die Clusteranalyse ergab drei Cluster, die nachfolgend detailliert erläutert werden. Im weiteren Verlauf werden Zusammenhänge zwischen den drei Clustern der Bearbeitungsformen und dem Lernpotenzial ermittelt.

Zur Beantwortung der Forschungsfragen auf der Ebene der Nutzung (FF3, FF3.2 und FF3.3) wurden die Unterschiede der drei ermittelten Cluster herausgearbeitet. Damit soll gezeigt werden, dass es unterschiedliche Bearbeitungsformen gibt und wie diese sich in den Clustern unterscheiden. Die Forschungsfragen FF3.2 und FF3.3 führen mit ihren Ergebnissen zur Beantwortung von Forschungsfrage FF3. Diese kann als übergreifende Forschungsfrage für den Bereich der Nutzung bezeichnet werden. Im ersten Schritt wurden die Cluster empirisch gebildet und anschließend auf die Bearbeitungsformen hin analysiert. Es konnten unterschiedliche Bearbeitungsformen innerhalb der Stichprobe festgestellt werden, die an dieser Stelle vorgestellt werden (vgl. Abschnitt 10.2.4).

Folgende drei Cluster entstanden durch die Analyse:

Tabelle 13.6 Drei Cluster mit ihren Clusterzentren der endgültigen Lösung aufsteigend nach ihren Mittelwerten

	Cluster		
	1 (n = 56)	**2** (n = 63)	**3** (n = 31)
SVS_M	0,55	0	0,65
SVS_Dok1	1,14	0,62	1,84
AS_Dok2	1,14	0,08	1,84
AGS_M	3,41	0,03	5,03
GZN_Dok1	4,12	3,14	9,42
GZN_Dok2	4,66	1,83	10,29
MSB_Dok1	6,27	5,79	6,87
MSBS_M	6,44	0,5	5,74

Analyse der Clustereigenschaften

Ein Vergleich der drei Cluster untereinander macht deutliche Unterschiede sichtbar (Tab. 13.6).

Beispielsweise zeigt Cluster 1 Werte, die alle größer als die aus Cluster 2 sind. Außerdem sind alle Werte in Cluster 3 größer denjenigen aus Cluster 2, außer dem Mittelwert für Kategorie MSBS_M.

Die Verteilung aller Fälle auf die drei Cluster führt zu 56 Fällen in Cluster 1 (ca. 37 %), 63 Fällen in Cluster 2 (ca. 42 %) und 31 Fällen in Cluster drei (ca. 21 %) (Abbildung 13.1).

Die grafische Darstellung der drei Cluster verdeutlicht deren unterschiedliche Variablenausprägungen. Mit einer Varianzanalyse (ANOVA) wurde überprüft, ob die Mittelwerte der drei Cluster signifikant unterschiedlich sind (vgl. Abschnitt 10.2.2). Für alle Variablen ergab sich ein signifikanter Unterschied bezogen auf die drei Cluster (für die Variable MSB_Dok1 gilt: $p = 0,04$, für alle anderen Variablen gilt: $p < 0,001$; Tab. 13.7)

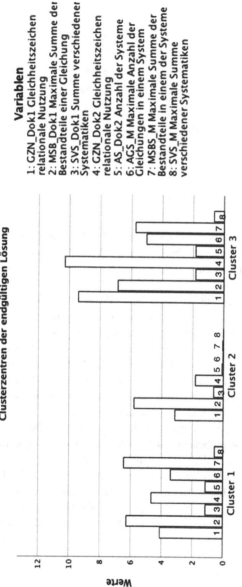

Abbildung 13.1   Grafische Darstellung der Clusterzentren der endgültigen Lösung

$$F(2, 150) = 4,61, p < 0,001, \text{ partielles } \eta^2 = 0,06^6.$$

Tabelle 13.7
Signifikanzen und F-Werte
für die Mittelwerte der drei
Cluster

	ANOVA	
	P	**F**
SVS_M	< 0,001	37,50
SVS_Dok1	< 0,001	11,22
AS_Dok2	< 0,001	66,63
AGS_M	< 0,001	80,17
GZN_Dok1	< 0,001	59,14
GZN_Dok2	< 0,001	112,58
MSB_Dok1	0,04	3,32
MSBS_M	< 0,001	333,41

Die Berechnung der F-Werte dient der Evaluation der Güte der Cluster. Je größer der F-Wert ausfällt, umso wichtiger ist diese Variable für die Clusterbildung (Schendera, 2010; Hemmerich, 2015). Hierbei handelt es sich allerdings nur um einen beschreibenden Wert.

Die höchsten F-Werte finden sich bei MSBM_M (333,41), GZN_Dok2 (112,58), AGS_M (80,19), AS_Dok2 (68,63) und bei GZN_Dok1 (59,14). Da die wichtigsten Variablen – nach dem beschreibenden F-Wert – aus der zweiten Arbeitsphase stammen, hat diese Arbeitsphase den größten Einfluss auf die Clusterbildung. Den mit Abstand höchsten F-Wert liefert die Variable zu der maximalen Anzahl der Bestandteile einer Gleichung (MSBM_M) aus der zweiten Arbeitsphase. Es kann demnach davon ausgegangen werden, dass diese Variable entscheidend für die Zuordnung der Fälle auf die Cluster ist. Auch die Anzahl der gebildeten Gleichungen spielt eine Rolle, was durch die hohen F-Werte der Anzahl der Gleichungen insgesamt (GZN_Dok2) und in einem System (AGS_M) deutlich wird. Weiterhin stellen die Anzahl der erfundenen Systeme (AS_Dok2) und die Anzahl der Gleichungen aus der ersten Arbeitsphase (GZN_Dok1) Indikatoren für die Clusterbildung dar. Weniger entscheidend scheinen die Variablen aus der ersten Arbeitsphase zu sein (MSB_Dok1, SVS_Dok1) und die Anzahl der verschiedenen Systeme, die in der zweiten Arbeitsphase erfunden wurden (SVS_M).

---

[6] Effekte liegen nach Cohen (1988) bei 0,01 (kleiner Effekt), 0,06 (mittlerer Effekt) und 0,14 (großer Effekt).

Die Betrachtung der Abstände der einzelnen Fälle zum Clustermittelpunkt zeigt, wie repräsentativ dieser Fall für das entsprechende Cluster ist. Bei der Betrachtung der jeweils repräsentativsten Fälle können gemeinsame Eigenschaften der Fälle in den Clustern ermittelt werden. Die ermittelten Eigenschaften geben Aufschluss über die Bearbeitungsformen bzw. die Nutzung des Lernangebots der Fälle in jedem der Cluster. Der Fall LEN1006 ist für das Cluster 1 der repräsentativste, weil er mit 1,90 die geringste Distanz aller Fälle in diesem Cluster zum Clusterzentrum hat. Der Fall SAL3010 ist der repräsentativste für Cluster 2 mit einer Distanz von 1,36. Der Fall JNT2304 repräsentiert mit 2,87 das Cluster 3 am besten. Die repräsentativen Fälle zeigen typische Eigenschaften für die entsprechenden Cluster (Tabelle 13.8).

Tabelle 13.8 Repräsentativste Fälle für die drei Cluster mit einzelnen Werten der Variablen

	GZN _Dok1	MSB _Dok1	SVS _Dok1	GZN _Dok2	AS _Dok2	AGS _Dok2	MSBS _M	SVS _M
Cluster 1: LEN1006	4	7	1	5	1	3	8	0
Cluster 2: SAL3010	4	6	0	1	0	0	0	0
Cluster 3: JNT2304	7	6	3	10	2	5	6	1

Für den Repräsentanten des ersten Clusters sind Werte bei allen Variablen außer bei der Anzahl der verschiedenen Systeme in der zweiten Arbeitsphase vertreten (SVS_M). Hieraus lässt sich schließen, dass alle Anforderungen des Lernangebots erfüllt wurden, allerdings bei der hohen Herausforderung des Erfindens von Gleichungssystemen keine Systematik beim Aufstellen der Gleichungen angewandt wurde. Sehr hohe Werte zeigt dieser Fall bei der Variable der Bestandteile einer Gleichung. Es wurden demnach umfangreiche Gleichungen erfunden, diese aber nicht systematisch ermittelt. Für die erste Arbeitsphase wurde eine Systematik dokumentiert.

Der Repräsentant für das zweite Cluster erfand Gleichungen mit mehr als den notwendigen Bestandteilen für die relationale Nutzung des Gleichheitszeichens[7] und auch noch eine Gleichung in der zweiten Arbeitsphase. Er wendete jedoch keine Systematik beim Erfinden an und erfand keine Gleichungssysteme.

---

[7] Es müssen mindestens vier Bestandteile sein, damit eine relationale Nutzung des Gleichheitszeichens möglich ist (mindestens ein Operationszeichen, einstellige Zahlen, zwei Rechenschritte).

Für das dritte Cluster wurde nach der Analyse der Distanzen ein Fall repräsentativ, der für alle Variablen überwiegend hohe Werte erhielt. Er erfand umfangreiche Gleichungen auf die Bestandteile bezogen, ging systematisch vor und zeigte sogar in der zweiten Arbeitsphase zwei Gleichungssysteme.

Die Betrachtung dieser repräsentativen Fälle, wie auch die grafische Darstellung, lässt die Schlussfolgerung zu, dass unterschiedliche Bearbeitungsformen bei der Nutzung des Lernangebots auftraten. Damit wurde die Forschungsfrage FF3.3 beantwortet, bei der danach gefragt wurde, welche Cluster sich bei der Bearbeitung des Lernangebots zeigten.

Genderspezifische Betrachtung der Bearbeitungsformen

Theoriebasiert legte die deutliche Unterscheidung der drei Cluster eine genderspezifische Untersuchung nahe. Es konnte vermutet werden, dass in Cluster 3 tendenziell die Jungen vertreten sind und in Cluster 1 die Mädchen (vgl. Abschnitte 1.3 und 4.2.1; Walther, 2008; Hermann, 2020; Stanat et al., 2022). Allerdings zeigte die Analyse der Verteilung von Mädchen und Jungen auf die drei Cluster eine relativ ausgewogene Anzahl (Tab. 13.9).

Tabelle 13.9 Genderspezifische Verteilung auf die drei Cluster

	Cluster			
	1	2	3	Gesamt
Jungen	32	40	17	89
Mädchen	21	23	17	61
Gesamt	53	63	34	150

Laut der Kreuztabelle sind genauso viele Jungen wie Mädchen in Cluster 3 vertreten, wobei die Jungen in der gesamten Stichprobe einen größeren Anteil ausmachen (ca. 60 %). Allerdings befinden sich in Cluster 1, das auch ein stärkeres Cluster ist, ca. 30 % weniger Mädchen als Jungen. In Cluster 2, das das schwächste Cluster darstellt, sind fast doppelt so viele Jungen wie Mädchen. Es kann nicht festgestellt werden, dass in einem Cluster hauptsächlich Jungen oder Mädchen versammelt sind.

Eingehend auf die Forschungsfrage nach möglichen unterschiedlichen Bearbeitungsformen (FF3), die als übergreifende Frage angesehen wurde, lässt sich im Hinblick auf die Bearbeitungsformen in den verschiedenen Clustern feststellen, dass sich in heterogenen Lerngruppen Unterschiede bezüglich der Bearbeitung eines natürlich differenzierenden arithmetischen Lernangebots zeigten. Es konnten statistisch drei verschiedene Bearbeitungsformen festgestellt werden (Cluster 1, Cluster 2, Cluster 3).

13.3 Zusammenhänge zwischen Lernpotenzial und Bearbeitungsformen

Für die Gesamtbetrachtung ergeben sich weitere Forschungsfragen auf der Ebene aller drei Forschungsbereiche (Tabelle 13.10):

Tabelle 13.10 Übersicht der Forschungsfragen auf der Ebene der Gesamtbetrachtung aller drei Teilbereiche (Lernpotenzial, Angebot, Nutzung)

Lernpotenzial und Angebotsnutzung	FF4: Zeigen sich bei unterschiedlichen Bearbeitungsformen unterschiedliche Ausprägungen im Lernpotenzial? FF4.1: Zeigen sich Zusammenhänge zwischen den verschiedenen Bearbeitungsformen und dem Lernpotenzial? Leitfrage: Wird das Potenzial des natürlich differenzierenden arithmetischen Lernangebots „Kombi-Gleichungen" von Lernenden ihrem Lernpotenzial entsprechend genutzt?

Mittelwertvergleich der Variable des gesamten Lernpotenzials für die drei Bearbeitungsformen
Der ermittelte Gesamtwert für das Lernpotenzial wurde nachfolgend durch einen Mittelwertvergleich für die einzelnen Cluster betrachtet.

Das Maß des Bearbeitungsniveaus wurde in drei Gruppen aufgeteilt, die durch eine Clusteranalyse entstanden sind (Cluster 1: n = 56, Cluster 2: n = 63, Cluster 3: n = 31).

Es wurde eine einfaktorielle ANOVA genutzt, um zu untersuchen, ob sich in den einzelnen Clustern das Lernpotenzial (gemessen durch einen standardisierten Test und einen Fragebogen, vgl. Kapitel 9) unterscheidet. Bei der Berechnung stellten die Cluster die unabhängige Variable dar und das Lernpotenzial die abhängige. Die Voraussetzungen zur Berechnung der ANOVA wurden im Voraus überprüft und waren gegeben (vgl. Abschnitt 10.2.2).

Es ergaben sich zu der 3-Cluster-Lösung der Bearbeitungsformen und dem Lernpotenzial ohne Leistungsangst (LP1) folgende Mittelwerte und Standardabweichungen: für Cluster 1 ein Mittelwert von M = 10,71 mit einer Standardabweichung von SD = 3,04, für Cluster 2 ein Mittelwert von M = 10,28 mit einer Standardabweichung von SD = 3,04 und für Cluster 3 ein Mittelwert M = 12,79 mit einer Standardabweichung von SD = 3,61 (Tab. 13.11).

Tabelle 13.11 Mittelwerte und Standardabweichungen der drei Cluster für die Variable des gesamten Lernpotenzials (LP1)

	Mittelwert (M)	**Standardabweichung (SD)**
Cluster 1 (n = 56)	10,71	3,04
Cluster 2 (n = 63)	10,28	3,04
Cluster 3 (n = 31)	12,79	3,61
Gesamt	10,96	3,69

Die Ergebnisse ANOVA geben Aufschluss darüber, ob für die drei verschiedenen Cluster Unterschiede im Lernpotenzial vorliegen. Hierbei zeigt sich für das Lernpotenzial (LP1) ein statistisch signifikanter Unterschied für die verschiedenen Bearbeitungsformen der drei Cluster ($p = 0{,}006$).[8]

Für die Unterschiede im Lernpotenzial zwischen den drei Clustern ergibt sich ein mittlerer Effekt. Die Grenzen für die Größe des Effekts liegen nach Cohen (1988) bei $\eta^2 = 0{,}01$ (kleiner Effekt), $\eta^2 = 0{,}06$ (mittlerer Effekt) und $\eta^2 = 0{,}14$ (großer Effekt). Diesen Faustregeln zufolge wäre der Effekt der vorliegenden ANOVA mit $\eta^2 = 0{,}08$ mittel.

Das Lernpotenzial (LP1) unterscheidet sich statistisch signifikant für die drei verschiedenen Cluster der Bearbeitungsformen mit einer mittleren Effektstärke, $F(2{,}147) = 5{,}29$, p $= 0{,}006$, $\eta^2 = 0{,}08$.

Um zu überprüfen, ob die gemessenen Unterschiede signifikant sind, wurde der Tukey post-hoc Test durchgeführt und im Folgenden interpretiert.

Einzelvergleiche zwischen den drei Bearbeitungsformen bezogen auf Unterschiede im Lernpotenzial

Mit dem Tukey post-hoc Test wurden alle sechs möglichen Gruppenkombinationen verglichen.

---

[8] Das Signifikanzniveau wurde auf 5 % festgelegt. Das heißt, dass es einen signifikanten Unterschied gibt, wenn der Wert für *Signifikanz* kleiner als 5 % bzw. 0,05 ist (Hemmerich, 2015).

Der Tukey post-hoc Test zeigt einen signifikanten Unterschied ($p = 0{,}029$) der Mittelwerte des Lernpotenzials (LP1) zwischen den Gruppen[9] 1 und 3 (2,08, 95 %-CI[3,98, 0,18]) sowie einen hochsignifikanten Unterschied ($p = 0{,}005$) zwischen den Gruppen 2 und 3 (2,51, 95 %-CI[0,64, 4,38]). Kein signifikanter Unterschied besteht zwischen den Gruppen 1 und 2 ($p = 0{,}791$).

Der durchschnittliche Wert für das Lernpotenzial nimmt von Gruppe 1 zu 3 (2,08, 95 %-CI[3,98, 0,18]) und von Gruppe 2 zu 3 (2,51, 95 %-CI[0,64, 4,38]) zu.

Die Gruppe 1 (Cluster 1) zeigt demzufolge signifikante Unterschiede in ihren Bearbeitungsformen im Vergleich zu der Gruppe 3 (Cluster 3). Ebenso lassen sich signifikante Unterschiede zwischen der Gruppe 2 (Cluster 2) und der Gruppe 3 aufweisen. Zwischen den Gruppen 1 und 2 ist kein signifikanter Unterschied zu erkennen. Diese Bearbeitungsformen unterscheiden sich demnach nicht deutlich voneinander.

In der grafischen Darstellung (Abb. 13.2) lässt sich die Verteilung des Lernpotenzials auf die drei Gruppen visuell verdeutlichen. Hier zeigt sich für Gruppe 1 (M = 10,71) in Relation zu Gruppe 3 (M = 12,79) ein niedriger Mittelwert für das Lernpotenzial. Diese Gruppe nutzte das Lernangebot, jedoch nicht so umfangreich wie Gruppe 3. Noch schwächer fällt der Mittelwert für Gruppe 2 (M = 10,28) aus. Das Lernangebot wurde nur auf fundamentaler Ebene genutzt. Die Arbeitsaufträge wurden zwar umgesetzt, aber nur in der einfachsten Form. Es wurden Gleichungen mit wenigen Bestandteilen und kaum mit systematischem Vorgehen erfunden. Wie in Abschnitt 13.2 erläutert, erfanden die Lernenden in dieser Gruppe keine Gleichungen systematisch und auch keine Gleichungssysteme in der zweiten Arbeitsphase. Den mit Abstand höchsten Mittelwert erzielte Gruppe 3. Diese Gruppe zeigte das höchste Bearbeitungsniveau und auch das höchste Lernpotenzial.

Die Überprüfung eines signifikanten Unterschieds zwischen Mädchen und Jungen durch einen t-Test ergab einen gerade nicht mehr signifikanten Wert. Da der Wert jedoch an der Grenze der üblichen statistischen Signifikanz liegt und ein kleiner Effekt besteht, kann von einem tendenziellen Unterschied ausgegangen werden (95 %-CI[−0,02, 0,68]), t(151) = 1,85, p = 0,7, d = 0,3[10].

---

[9] Die Bezeichnung Gruppe entspricht hier der Bezeichnung Cluster.

[10] Interpretation der Effektstärke für t-Test nach Cohen: kleiner Effekt: |d| = 0,2; mittlerer Effekt: |d| = 0,5; großer Effekt: |d| = 0,8 (Hemmerich, 2015)

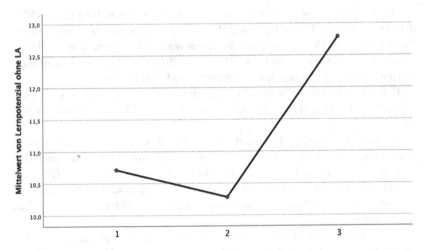

Abbildung 13.2 Grafische Darstellung der Verteilung des Lernpotenzials (LP1) auf die drei Cluster

Mittelwertvergleich der Variable der Leistungsangst für die drei Bearbeitungsformen

Für den Faktor Leistungsangst des Lernpotenzials wurde eine einzelne Analyse durchgeführt, da diese persönliche Einschätzung der Lernenden einen besonderen Stellenwert einnimmt. Bei der Leistungsangst handelt es sich um eine negativ gerichtete Einstellung, die zudem emotional stärker beladen ist als die übrigen Faktoren (Arbeits- und Sozialverhalten, Konzentrationsfähigkeit, Selbstkonzept Leistung, Lernmotivation in Mathematik, Selbstkonzept im Mathematikunterricht) (Weber und Petermann, 2016; Khalaila, 2015; Liu und Huang, 2011).

Eine einfaktorielle Varianzanalyse wurde für die Leistungsangst bezogen auf die drei Cluster berechnet. Für Cluster 1 (n = 55) ergab sich ein Mittelwert von M = 1,02 bei einer Standardabweichung von SD = 0,92, für Cluster 2 (n = 63) ein Mittelwert von M = 0,88 mit einer Standardabweichung von SD = 0,83 und für Cluster 3 (n = 31) ein Mittelwert von M = 0,73 mit einer Standardabweichung von SD = 0,56. Insgesamt (n = 149) konnte für die Leistungsangst ein Mittelwert von M = 0,90 mit einer Standardabweichung von SD = 0,81 berechnet werden (vgl. Abb. 13.3). Zwischen den Gruppen lagen kein signifikanter Unterschied und kein Effekt vor ($F_{(2,146)} = 1,56$; $p = 0,21$, $\eta^2 = 0,15$).

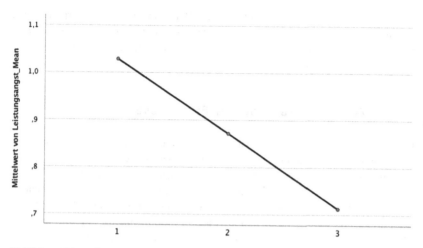

Abbildung 13.3 Grafische Darstellung der Verteilung der Leistungsangst (LA) auf die drei Cluster

Obwohl die rein visuelle Betrachtung der Grafik (Abb. 13.3) unterschiedliche Ausprägungen von Leistungsangst für die drei Cluster annehmen lässt, bestätigt sich dies durch die Berechnungen nicht. Für Cluster 1 ist die Leistungsangst am größten, für Cluster 2 wird sie geringer und für Cluster 3 fällt sie am niedrigsten aus. Die Gruppe auf dem höchsten Bearbeitungsniveau verfügt demnach scheinbar über die geringste Leistungsangst. Wird die Gesamtgruppe nach Mädchen und Jungen aufgeteilt, entfällt für die Mädchen ein Mittelwert von M = 0,97 (SD = 0,81) und für die Jungen ein Mittelwert von M = 0,85 (SD = 0,80). Damit ergibt sich auch hier kein signifikanter Unterschied für die Leistungsangst (t(150) = − 0,93, p = 0,36).

In den ermittelten Gesamtwert für das Lernpotenzial flossen alle einzelnen Faktoren des Lernpotenzials mit ein. Lediglich der Faktor Leistungsangst wurde gesondert betrachtet. Es ergab sich eine Variable für das gesamte Lernpotenzial (LP1), die für die einzelnen Cluster betrachtet werden konnte. Da diese Cluster, wie in Abschnitt 13.2 beschrieben, unterschiedliche Bearbeitungsformen zeigten, konnte untersucht werden, ob bei der unterschiedlichen Nutzung des Lernangebots Differenzen im Lernpotenzial zu beobachten waren. Für die Leistungsangst konnte kein signifikanter Unterschied zwischen den drei Clustern festgestellt werden. Lediglich die grafische Darstellung deutet auf eine höhere Leistungsangst in Cluster 1 und niedrigere Leistungsangst in Cluster 3 hin (Abb. 13.3).

Schlussfolgernd aus den beschriebenen Berechnungen und Interpretationen liegen signifikante Unterschiede im Lernpotenzial bei unterschiedlichen Bearbeitungsformen in den genannten Ausprägungen vor (vgl. Abschnitt 13.2). Damit wurde die Forschungsfrage FF4 beantwortet.

13.4 Zusammenfassung der Ergebnisse

Die Ergebnisse der Korrelationsanalysen weisen darauf hin, dass das Vorwissen in einem mittleren bis starken Zusammenhang zu den Kategorien der Nutzung des Lernangebots steht und damit für die Lernausgangslage von Bedeutung ist, wovon auch theoretisch ausgegangen wird (vgl. Abschnitt 4.2.1). Die Zusammenhänge der lern- und leistungsrelevanten Einstellungen mit den Kategorien der Nutzung des Lernangebots weisen lediglich schwache Zusammenhänge auf. Die Variable MSB (maximale Bestandteile einer Gleichung) zeigt die stärksten Zusammenhänge mit weiteren Variablen. Insbesondere ergeben sich Zusammenhänge mit dem mathematischen Vorwissen und ebenfalls mit den meisten Variablen der lern- und leistungsrelevanten Einstellungen.

Mithilfe einer Clusteranalyse konnten Gruppen, die unterschiedliche Bearbeitungsformen zeigten, ermittelt werden. Zwischen drei entstandenen Clustern wurden signifikante Unterschiede nachgewiesen (FF3.2). Nach der Analyse der Clusterzusammensetzung war es möglich, diese hierarchisch (tendenziell) einzuordnen. Cluster 3 zeigt eindeutig das stärkste Bearbeitungsniveau. Die Werte der anderen beiden Cluster sind deutlich niedriger, allerdings unterscheidet sich Cluster 1 von Cluster 2 durch höhere Werte in der zweiten Arbeitsphase, was eine Trennung dieser beiden Cluster begründet (FF3.3; FF3). Die Analyse der Cluster legt den Schluss nahe, dass in Cluster 2 das niedrigste Bearbeitungsniveau gezeigt wurde, gefolgt von Cluster 1. Das höchste Bearbeitungsniveau wurde in Cluster 3 erzielt. Für Cluster 3 wird das höchste Bearbeitungsniveau am Erfinden vieler komplexer Gleichungen und Gleichungssysteme festgemacht. Hier wurde das Potenzial des Lernangebots am umfangreichsten genutzt. Die Hierarchie zwischen Cluster 1 und Cluster 2 kann hauptsächlich auf die Anwendung von Systematiken bezogen werden. In Cluster 2, das vermutlich das niedrigste Bearbeitungsniveau zeigt, wurden nur Gleichungen ohne systematisches Vorgehen erfunden, während in Cluster 1 auch Systematiken analysiert wurden. In diesen beiden Clustern wurden verschiedene Bearbeitungsformen festgestellt, allerdings nur geringe Steigerungen des Niveaus. Damit ergab sich eine Hierarchie angefangen bei Cluster 2 für das niedrigste Bearbeitungsniveau, über Cluster 1 zu Cluster 3 mit dem höchsten Bearbeitungsniveau. Es wurde kein Unterschied bei der Verteilung von Mädchen und Jungen auf die Cluster festgestellt.

Um zu untersuchen, ob sich bei den drei Clustern Unterschiede bezogen auf das Lernpotenzial zeigen, wurde eine neue Variable für das gesamte Lernpotenzial (LP1) entwickelt. Diese beinhaltet die Faktoren des mathematischen und arithmetischen Vorwissens, des Arbeits- und Sozialverhaltens, der Konzentrationsfähigkeit, des Selbstkonzepts Leistung, der Lernmotivation Mathematik und des Selbstkonzepts im Mathematikunterricht. Der Faktor der Leistungsangst wurde gesondert betrachtet.

Bezogen auf das gesamte Lernpotenzial konnten für die drei Cluster signifikante Unterschiede herausgearbeitet werden (FF4). Es zeigte sich für die drei Cluster, dass hier Differenzen im Lernpotenzial vorlagen. Für die Leistungsangst konnten lediglich geringe Unterschiede ermittelt werden.

Bei der Berechnung der Korrelationen für das gesamte Lernpotenzial und die einzelnen Faktoren mit den drei Clustern konnten signifikante schwache Zusammenhänge gezeigt werden. Überwiegend gingen hohe Werte für das Lernpotenzial mit hohen Werten der Cluster einher. Das heißt, dass Lernende mit hohen Werten des Lernpotenzials am ehesten Cluster 3 zugeordnet wurden (Leitfrage). Da es sich bei den kategorialen Bezeichnungen der Cluster nur um eine Nominalskalierung handelt, wird nicht von einer Hierarchie aufsteigend der Clusterbezeichnungen (Cluster 1 bis 3) ausgegangen. Nach der Umsortierung der Cluster nach aufsteigendem Bearbeitungsniveau konnten keine weiteren signifikanten Zusammenhänge ermittelt werden. Bei der Interpretation der Korrelationsanalysen muss dieser Aspekt Beachtung finden (vgl. Kapitel 14).

Teil IV
Diskussion und Reflexion

In diesem Teil werden zunächst die zentralen Ergebnisse der empirischen Untersuchung zusammenfassend dargestellt und diskutiert. Dabei wird auf die erfassten Bereiche des Lernpotenzials und der Angebotsnutzung einzeln eingegangen. In Bezug auf die Leitfrage der vorliegenden Arbeit, ob Schülerinnen und Schüler bei der Nutzung eines natürlich differenzierenden arithmetischen Lernangebots ihrem Lernpotenzial entsprechend arbeiten, werden das Lernpotenzial und die Angebotsnutzung im Zusammenhang betrachtet. Anschließend werden die eingesetzten Methoden evaluiert. Am Ende dieses Teils stehen ein Fazit und ein Ausblick, hier werden mögliche Bedeutungen für die Forschung und die Unterrichtspraxis aufgezeigt. Die Überlegungen zu den Limitationen der Studie bilden den Abschluss.

Zusammenfassung Und Diskussion der Ergebnisse

In der vorliegenden Arbeit wurde angestrebt, einen Einblick in die Nutzung natürlich differenzierender arithmetischer Lernangebote zu erhalten. Das Hauptaugenmerk lag dabei auf den unterschiedlichen Leistungsvoraussetzungen der Lernenden, die zusammen das Lernpotenzial bilden. Das Lernpotenzial wurde analysiert, die Faktoren einzeln betrachtet und mit der Angebotsnutzung in Zusammenhang gebracht. Die zentralen Ziele waren dabei:

- die Betrachtung der Bereiche des Lernpotenzials, die für die Nutzung des natürlich differenzierenden Lernangebots relevant sind,
- die Auswahl eines Lernangebots, das die Kriterien für ein natürlich differenzierendes arithmetisches Lernangebot erfüllt, und
- der Vergleich von Gruppen bestimmter Angebotsnutzung im Zusammenhang mit dem Lernpotenzial.

In den folgenden Abschnitten werden die Ergebnisse in Anlehnung an die Forschungsfragen für die einzelnen Forschungsbereiche zusammengefasst. Dabei wird der Fokus zuerst auf die untergeordneten Fragestellungen gelegt, um im Anschluss die übergeordnete Leitfrage im Hinblick auf die Nutzung des natürlich differenzierenden Lernangebots in Verbindung mit dem Lernpotenzial zu diskutieren. Da die Erkenntnisse zum Lernpotenzial Auskunft über die Lernausgangslage der Schülerinnen und Schüler geben, sind sie grundlegend für die Interpretationen aller weiteren Ergebnisse. Aufgrund dessen werden die Ergebnisse bezogen auf das Lernpotenzial an erster Stelle zusammengefasst und diskutiert. In den nachfolgenden Abschnitten wird auf die Erkenntnisse zum Lernangebot und dessen Nutzung eingegangen.

S. Friedrich, *Natürliche Differenzierung im Arithmetikunterricht*, Mathematikdidaktik im Fokus, https://doi.org/10.1007/978-3-658-42849-5_14

14.1   Lernpotenzial

Im folgenden Abschnitt werden Ausprägungen des Lernpotenzials sowie die Erstellung des Gesamtwerts für das Lernpotenzial diskutiert. Außerdem werden Zusammenhänge innerhalb des Lernpotenzials besprochen sowie auf Unterschiede zwischen Mädchen und Jungen in diesem Bereich eingegangen.

Welche Ausprägungen zeigt das Lernpotenzial bei Schülerinnen und Schülern in den Bereichen, die für die Nutzung des Lernangebots relevant sind?
Die Ergebnisse weisen deutlich eine breite Streuung beim mathematischen und arithmetischen Vorwissen sowie bei den lern- und leistungsrelevanten Einstellungen auf und damit ein heterogenes Lernpotenzial. Dies wird im Folgenden anhand der einzelnen Ergebnisse differenziert diskutiert.

Die Daten der Studie zeigen für das kognitive Vorwissen eine große Streuung. Obwohl das Leistungsniveau insgesamt niedrig war, konnte von einer Heterogenität im Leistungsbereich ausgegangen werden, da sich die Ergebnisse von 4 bis 68 Rohpunkten verteilten. Dies zeigt sich für den mathematischen Bereich (mathematisches Vorwissen: MV) sowie auch für den arithmetischen Bereich (arithmetisches Vorwissen: AV) und entsprach den Erwartungen, da der arithmetische Bereich als Teilbereich des gesamtmathematischen Bereichs erhoben wurde (vgl. Abschnitt 11.1).

Basierend auf mathematikdidaktischer Literatur kann davon ausgegangen werden, dass das kognitive Vorwissen den stärksten Teil des Lernpotenzials darstellt. Dies bestätigen Arbeiten von Stern (2002), Helmke (2012), Schneider et al. (2014) und Schnepel (2019). Für die vorliegende Studie entspricht das kognitive Vorwissen dem mathematischen Vorwissen, da dieses für die Studie bereichsspezifisch ist. Die Ergebnisse des KEKS-Kompetenztests repräsentieren die Mathematikleistung durch die vorliegenden manifesten Merkmale in Form von Rohwerten (vgl. Abschnitt 4.2.1).

Für das Vorwissen im mathematischen Bereich (MV) ergaben die Rohwerte des standardisierten Tests einen Mittelwert von M = 36,16 und eine Standardabweichung von SD = 14,16 (maximale Punktzahl von 74). Die maximale Punktzahl wurde nicht erreicht. Der niedrigste erreichte Wert von 4 Punkten zeigte ein sehr schwaches Ergebnis. Diese Resultate weisen darauf hin, dass es innerhalb der Stichprobe Lernende gibt, die über ein großes Defizit im Bereich des mathematischen Vorwissens (MV) verfügen. Aufgrund des Mittelwerts, der unterhalb der Hälfte der zu erreichenden Punkte liegt, ist anzunehmen, dass das Leistungsniveau im kognitiven bereichsspezifischen Vorwissen für die Gesamtstichprobe niedrig ist. Grund dafür kann die Durchführung des Tests zu Beginn des dritten Schuljahres sein und die inhaltlichen Defizite, die die Coronapandemie verursacht hat (vgl. Kapitel 1). Da bei den letzten Schulleistungsstudien (TIMSS 2019, IQB 2021) ebenfalls insgesamt niedrige Werte für das mathematische Vorwissen ermittelt wurden, kann auch der allgemeine Leistungsstand der Grundschülerinnen und Grundschüler ein Grund für das niedrige Abschneiden der Stichprobe in der vorliegenden Studie im Bereich des mathematischen Vorwissens sein (KMK, 2022; SWK, 2022).

Ergänzend wurden in der Studie Referenzniveaus (RN) für das kognitive Vorwissen betrachtet. Auf das mittlere Referenzniveau (RN3) konnten mit Abstand die meisten Lernenden eingeordnet werden, doch auch die Randbereiche waren vertreten, was das Auftreten von Heterogenität im Bereich der kognitiven bereichsspezifischen Leistung sicherstellte. Die Referenzniveaustufen wurden von May et al. (2018) für den KEKS-Kompetenztest auf der Grundlage einer bundesweiten Erhebung fünf Kompetenzstufen (RN1 bis RN5) zugeordnet. Die Berechnungen der Referenzniveaus (RN) des kognitiven Vorwissens für die Stichprobe zeigten starke Ausprägungen auf der mittleren Niveaustufe bei einem Mittelwert von $M = 2{,}94$ für den gesamtmathematischen Bereich mit einer Standardabweichung von $SD = 0{,}95$ (RN1 bis RN5) und $M = 3{,}05$ für den arithmetischen Bereich mit einer Standardabweichung von $SD = 0{,}98$ (RN1 bis RN5).

Die Ergebnisse zu den *lern- und leistungsrelevanten Faktoren* des Lernpotenzials weisen ebenfalls eine große Streuung auf (vgl. Abschnitt 11.1; Tab. 11.2 und Tab. 11.3).

Insbesondere tritt in der Studie eine breite Streuung bei der Leistungsangst auf ($M = 0{,}90$; $SD = 0{,}81$; vgl. Abschnitt 11.1). Dies zeigt, dass Lernende der Stichprobe – bezogen auf die Leistungsangst – sehr heterogene Einstellungen besitzen und damit unterschiedliche Voraussetzungen für das Mathematiklernen mitbringen. Das Gleiche gilt für die Lernmotivation ($M = 2{,}14$; $SD = 1{,}01$), auch hier ist eine breite Streuung zu erkennen. Da der Motivation in einer Vielzahl von Studien eine besondere Stellung in Bezug auf das Mathematiklernen zugesprochen wird (vgl. Abschnitt 4.2.1; u. a. Weidinger et al., 2017; Ryan und Deci, 2020; Lepper et al., 2022), kann auch hier von sehr unterschiedlichen Lernvoraussetzungen ausgegangen werden.

Auch wenn laut Stern (2002), Helmke (2012), Schneider et al. (2014) und Schnepel (2019) anhand des mathematischen Vorwissens eine gute Aussage zum Lernpotenzial getroffen werden kann, wurden in der Studie weitere Bedingungsfaktoren für das Lernen betrachtet. Dazu gehören das Arbeits- und Sozialverhalten, die Konzentrationsfähigkeit, die Leistungsangst, die Lernmotivation und das Selbstkonzept, für die neben dem kognitiven Vorwissen ein Einfluss

auf das Lernverhalten und damit auf das Lernpotenzial in weiteren Studien nachgewiesen wurde (vgl. Abschnitt 4.2.1; u. a. Stangl, 2020; Murayama et al., 2012;
Kreisler, 2014; Ryan und Deci, 2020; Lepper et al., 2022).

Gesamtwert für das Lernpotenzial
Bei der Berechnung eines Werts, der stellvertretend für das gesamte Lernpotenzial
steht (LP1), ergab sich ein Skalenwert mit einem Cronbachs Alpha von $\alpha = 0,7$
und damit eine akzeptable Reliabilität (Blanz, 2015).

Durch den Zusammenschluss aller Items der relevanten Konstrukte, bestehend
aus dem Arbeits- und Sozialverhalten, der Konzentrationsfähigkeit, dem Selbstkonzept Leistung, der Lernmotivation Mathematik und dem Selbstkonzept im
Mathematikunterricht sowie dem arithmetischen und mathematischen Vorwissen,
konnte ein umfassendes Bild des Lernpotenzials erstellt werden. Dabei wurde
der Bereich des mathematischen und arithmetischen Vorwissens durch manifeste Angaben repräsentiert. Weniger manifest stellten sich die weiteren Faktoren
der lern- und leistungsrelevanten Einstellungen dar, denn es konnte lediglich
ein kleiner Ausschnitt aus diesen umfangreichen Bereichen ausgewählt werden.
Außerdem handelt es sich um Items, die durch eine Befragung der Lernenden
erhoben wurden und damit eine gewisse Unsicherheit bergen. Der Gesamtwert,
der das Lernpotenzial repräsentiert, ist vom kognitiven Vorwissen demnach stark
beeinflusst, was allerdings dadurch gerechtfertigt werden kann, dass es sich auch
literaturbasiert um den stärksten Teil des Lernpotenzials handelt (u. a. Stern,
2003; Helmke, 2012; Schneider, 2014 und Schnepel, 2019; vgl. Abschnitt 4.2.1).

In den Gesamtwert für das Lernpotenzial flossen alle Items des Vorwissens
und die der lern- und leistungsrelevanten Einstellungen ein, außer den Items
der Leistungsangst (vgl. Abschnitt 11.4). In der Literatur erhält der Faktor der
Leistungsangst überwiegend eine besondere Stellung. In Studien von Khalaila
(2015) sowie Liu und Huang (2011) wurde für die Leistungsangst im emotionalen Bereich ein starker Einfluss auf die schulische Leistung nachgewiesen.
Außerdem zeigten Weber und Petermann (2016) Auswirkungen der Leistungsangst auf die Mathematiknoten besonders bei den Mädchen (vgl. Abschnitt 4.2.1).
Zudem sind die Items, im Gegensatz zu allen anderen, negativ gerichtet, was
ebenfalls auf eine Sonderstellung hinweist. Eine Umkodierung wäre möglich
gewesen, hätte sich jedoch negativ auf die interne Konsistenz der Skala ausgewirkt. Auf Basis der Literatur und der besonderen Stellung der Leistungsangst
wurde diese gesondert betrachtet, um detaillierte und reliable Ergebnisse zu
erhalten. Allergings konnten in der Studie keine signifikanten Unterschiede bei
der Leistungsangst zwischen Mädchen und Jungen und zwischen verschiedenen
Gruppen der Bearbeitungsformen ermittelt werden.

Welche Zusammenhänge zeigen sich bei den verschiedenen Faktoren des Lernpotenzials untereinander?

Die Ergebnisse der Studie machen deutlich, dass hohe Werte im Bereich des mathematischen Vorwissens mit hohen Werten der weiteren Faktoren des Lernpotenzials einhergehen, außer für die Leistungsangst, die geringer wahrgenommen wurde, wenn das mathematische Vorwissen größer war.

Für die Zusammenhänge innerhalb der lern- und leistungsrelevanten Faktoren des Lernpotenzials zeigen die Ergebnisse überwiegend hochsignifikante mittlere Stärken. Lediglich für das Selbstkonzept Mathematik wurden keine signifikanten Zusammenhänge mit den weiteren Faktoren des Lernpotenzials ermittelt. Dies bedeutet für die vorliegende Stichprobe, dass das Selbstkonzept in Mathematik unabhängig von den weiteren Faktoren des Lernpotenzials ist.

Im Folgenden werden diese Ergebnisse im Einzelnen diskutiert. Die Korrelationsanalysen zeigen, dass das eigene Arbeits- und Sozialverhalten besser eingeschätzt wurde, je höher der Wert für das mathematische Vorwissen war ($r = 0,32**$[1]). Zur Erhebung des Arbeits- und Sozialverhaltens wurden Einstellungen zur Zusammenarbeit, zur Hilfestellung, zur Konfliktlösung, zum selbstständigen Arbeiten, zur Anstrengungsbereitschaft und zum ordentlichen Arbeiten abgefragt. Diese Bereiche finden sich unter dem Oberbegriff der Lernstrategien wieder (Abschnitt 4.2.1) und stellen nach Baumert (1993) und Stangl (2020) eine Grundlage des schulischen Lernens dar. Nach Lambrich (2019) bedingen sich soziale Lernformen und eine arbeitsorientierte Lernumgebung. Es kann demnach davon ausgegangen werden, dass Lernende, die sich in diesen Bereichen stark einschätzten, ein hohes Engagement bei schulischen Aufgaben zeigen. Auf die vorliegende Studie bezogen, in der die Nutzung eines natürlich differenzierenden Lernangebots untersucht worden ist, wurde Mitarbeit auf mehreren Ebenen gefordert. Es mussten Ausdauer und Anstrengungsbereitschaft bei der Auseinandersetzung mit dem Lerngegenstand gezeigt werden, Offenheit für Austausch, Hilfestellung und ggfs. auch zur Konfliktlösung. Der hochsignifikante mittlere Zusammenhang zwischen dem mathematischen Vorwissen und dem Arbeits- und Sozialverhalten lässt vermuten, dass Lernende, die in diesen beiden Bereichen hohe Werte erreichten, das Lernangebot umfänglich nutzten (vgl. Kapitel 13).

In den großen Bereich der Lernstrategien fällt ebenfalls die *Konzentrationsfähigkeit*, bei der ebenfalls ein hochsignifikanter (fast[2]) mittlerer positiver Zusammenhang ($r = 0,29**$) mit dem mathematischen Vorwissen festgestellt wurde.

---

[1] * bedeutet: signifikant / ** bedeutet: hochsignifikant

[2] Ab $r \approx 0,3$ spricht Cohen (1988) von einem mittleren Zusammenhang.

Die Daten zeigen für die *Leistungsangst* einen hochsignifikanten mittleren Zusammenhang mit dem mathematischen Vorwissen (r = -0,39**). Hieraus lässt sich schließen, dass Lernende, die über ein hohes mathematisches Vorwissen verfügen, weniger Leistungsangst empfinden. Dies stimmt mit den Erkenntnissen aus den Studien von Khalaila (2015) sowie Liu und Huang (2011) überein (vgl. Abschnitt 4.2.1), die feststellten, dass die Leistungsangst neben der Motivation die stärksten Auswirkungen auf die schulische Leistung im emotionalen Bereich hat. Weber und Petermann (2016) stellten fest, dass sich Leistungsangst negativ auf die Schulnoten in Mathematik auswirkt, was die negativen Einflüsse der Lernangst unterstreicht (vgl. Abschnitt 4.2.1 und 11.2).

Für den Zusammenhang zwischen dem *Selbstkonzept Leistung* mit dem mathematischen Vorwissen liegt ein hochsignifikanter mittlerer Zusammenhang (r = 0,34**) vor. Das heißt, dass das Vertrauen in die eigene Leistung steigt, wenn auch die Werte des mathematischen Vorwissens steigen. Dies deutet für die Stichprobe an, dass das Selbstkonzept einen großen Einfluss auf die allgemeine Lernleistung hat. Diese Feststellung ist konsistent mit Beobachtungen von Praetorius et al. (2016) und Ehm (2012) (vgl. Abschnitt 4.2.1).

Zwischen der *Lernmotivation Mathematik* und dem mathematischen Vorwissen ergab sich ebenfalls ein hochsignifikanter mittlerer Zusammenhang (r = 0,30**). Aufgrund von Befunden bereits durchgeführter Studien wurde dieser Zusammenhang erwartet. Nach Ryan und Deci (2020) findet ein Fortschreiten im Lernprozess insbesondere dann statt, wenn der Lernprozess aus eigenem Antrieb und selbstbestimmt stattfindet. Auch Viljanranta (2014) und Weidinger (2017) konnten zeigen, dass intrinsisch motivierte Lernende häufiger eine höhere Lernbereitschaft zeigten und ihre Lernaktivitäten ausdauernder durchführten (Abschnitt 11.2).

Keinen signifikanten Zusammenhang wies das *Selbstkonzept Mathematik* mit dem mathematischen Vorwissen auf. Dies lässt für die Stichprobe den Schluss zu, dass das mathematische Vorwissen von diesem Faktor unabhängig ist und Lernende, die sich hier eher schlecht einschätzten, trotzdem über ein hohes mathematisches Vorwissen verfügen können (Abschnitt 11.2). Eine Erklärung für diesen Befund könnte in der Feststellung von Praetorius et al. (2016) liegen, die in ihrer Längsschnittstudie zum Ausmaß an Selbstüber- und -unterschätzungen in Bezug auf das Fach Mathematik feststellten, dass der positive Effekt der Selbsteinschätzung im Laufe der Grundschulzeit abnimmt. Da die vorliegende Studie in dritten Schuljahren durchgeführt wurde, könnte dieser Effekt bereits eingesetzt haben. Eine weitere Erklärung für dieses Ergebnis könnte sein, dass sich die Lernenden im allgemeineren Bereich besser einschätzten als im konkreten fachbezogenen, da es weniger um ein spezifisches Fach ging und die Fragen damit etwas abstrakter waren. Beispielsweise wurden die eigenen Leistungen im Vergleich mit anderen eingeschätzt, außerdem wurden das erfolgreiche und problemlösende Arbeiten, die eigene Zufriedenheit und die Zufriedenheit der Lehrkraft thematisiert. Zum Selbstkonzept Mathematik wurden die Lernenden nach der Einschätzung der Schwierigkeit des Faches, der eigenen Begabung, der Ausdauer im Fach und der Merkfähigkeit speziell im Mathematikunterricht befragt. Diese Vermutung könnte durch die Auswirkungen weniger positiver Einstellungen zum Fach Mathematik unterstützt werden. Möglicherweise liegt das weniger positive Selbstkonzept Mathematik am Fach selbst. Schuchardt et al. (2015) stellten in ihrer Studie fest, dass Lernende ihre Stärken und Schwächen sehr differenziert einschätzen können und besonders Kinder mit isolierten Lernschwächen im betroffenen Bereich ihr Können niedriger einschätzen als in anderen Bereichen (vgl. Abschnitt 4.2.1). Es ist demnach möglich, dass in der vorliegenden Studie die Lernenden ihr Selbstkonzept Mathematik fachbezogen und differenziert bewerteten. Außerdem muss beachtet werden, dass es sich bei den Skalen zum Selbstkonzept Leistung (6 Items) und Selbstkonzept Mathematik (4 Items) lediglich um einen sehr kleinen Ausschnitt dieser beiden großen Gebiete der lern- und leistungsrelevanten Einstellungen handelt. Da verschiedene Einstellungen erfragt werden sollten, konnte im Rahmen der Fragebogenbefragung lediglich ein kleiner Teil eines jeden Gebiets aufgenommen werden.

Zeigen sich Unterschiede zwischen Mädchen und Jungen in Bezug auf das ermittelte Lernpotenzial?
Die Ergebnisse der Studie machen deutlich, dass kaum signifikante Unterschiede zwischen Mädchen und Jungen im Bereich des Lernpotenzials existieren. Der einzige signifikante Unterschied zwischen Mädchen und Jungen zeigt sich bei der Konzentrationsfähigkeit. Dies wird im Folgenden diskutiert.

Der signifikante Unterschied bei der Konzentrationsfähigkeit ergab einen kleinen Effekt ($|d| = 0{,}34$). Die Jungen schätzen ihre Konzentrationsfähigkeit höher ein als die Mädchen. Daraus lässt sich schließen, dass die Jungen bei den lern- und leistungsrelevanten Einstellungen für die Konzentrationsfähigkeit bessere Selbsteinschätzungen abgaben und damit in diesem Bereich ein positiveres Selbstbild besitzen. Diese Befunde spiegeln sich in den Ergebnissen von Hermann (2020) wider, die der Frage nachging, warum Mädchen schlechter rechnen und Jungen schlechter lesen. Auf Grundlage der Erforschung von Geschlechtsstereotypen in der Grundschule wurde ermittelt, ob diese zur Bedrohung für das eigene Leistungsvermögen in der Schule werden können. Die Ergebnisse von Hermann

(2020) zeigten, dass ein negativer Einfluss auf die Mädchen im Mathematikunterricht besonders in Testsituationen auftritt, bei denen eine hohe Konzentration erforderlich ist.

Bei den Unterschieden zwischen Mädchen und Jungen kristallisierte sich bei den vorliegenden Daten ein etwas besseres, aber nicht signifikantes Abschneiden im Bereich des mathematischen Vorwissens bei den Jungen heraus (vgl. Abschnitt 11.3). Diese Ergebnisse decken sich mit denen nationaler Schulleistungsstudien (Abschnitt 1.3; u. a. TIMSS 2007; Walther et al., 2008; TIMSS 2015; Wendt et al., 2016; IQB-Bildungstrend 2016; Stanat et al., 2017; IQB-Bildungstrend 2021; Stanat et al., 2022). Im internationalen Kontext ermittelten Voyer und Voyer (2014) ähnliche Mathematiknoten für Mädchen und Jungen, also ebenso keine nennenswerten Unterschiede. Aus diesen Erkenntnissen lässt sich schließen, dass keine bedeutenden Disparitäten zwischen Mädchen und Jungen im mathematischen Bereich, für die Stichprobe, auf nationaler und internationaler Ebene existieren.

Gibt es bei Mädchen und Jungen unterschiedliche Zusammenhänge innerhalb der Faktoren des Lernpotenzials?

Die Ergebnisse der Studie zeigen deutlich, dass bei Mädchen und Jungen unterschiedliche Zusammenhänge innerhalb der Faktoren des Lernpotenzials auftreten. Bei den Mädchen werden hochsignifikante Zusammenhänge bei der Leistungsangst und dem Selbstkonzept Leistung deutlich, während bei den Jungen zwischen allen Faktoren des Lernpotenzials signifikante Zusammenhänge ermittelt wurden. Es zeigen sich eindeutige Unterschiede bei der Leistungsangst. Hier ergab sich für die Mädchen ein wesentlich stärkerer Zusammenhang zwischen mathematischem Vorwissen und der Leistungsangst als bei den Jungen. Ebenso offenbaren sich Differenzen bei Zusammenhängen mit dem Selbstkonzept Leistung und dem Selbstkonzept Mathematik.

Um einen genaueren Einblick in das Lernpotenzial zu erhalten, wurden für die beiden Teilgruppen der Mädchen und Jungen Zusammenhänge zwischen den einzelnen Faktoren des Lernpotenzials betrachtet. Hierbei handelte es sich um explorative Untersuchungen (vgl. Abschnitt 11.3). Die einzelnen Ergebnisse der Korrelationsanalysen werden im Folgenden detailliert diskutiert.

Für die Teilgruppe der Mädchen konnte ein hochsignifikanter (fast) starker Zusammenhang zwischen dem mathematischen Vorwissen und der *Leistungsangst* ($r = -0,49^{**}$) sowie ein hochsignifikanter mittlerer Zusammenhang mit dem *Selbstkonzept Leistung* ($r = 0,41^{**}$) nachgewiesen werden. Für den Faktor Leistungsangst bedeutet dies, dass die Mädchen geringere Leistungsangst empfanden, je größer ihr mathematisches Vorwissen war. Die Werte für das

Selbstkonzept im allgemeinen Leistungsbereich stiegen, wenn die Werte des mathematischen Vorwissens zunahmen. Das heißt, dass sich die Mädchen der Stichprobe stärker einschätzten, wenn sie über mehr mathematisches Vorwissen verfügten. Diese Ergebnisse der Studie zeigen, dass für die Teilgruppe der Mädchen das Selbstkonzept auch schon im Grundschulalter einen großen Einfluss auf die allgemeine Lernleistung hat. Diese Feststellung ist konsistent mit Beobachtungen von Praetorius et al. (2016) in ihrer Studie zum Ausmaß an Selbstüber- und -unterschätzungen von Grundschülerinnen und Grundschülern in Bezug auf das Fach Mathematik (vgl. Abschnitt 4.2.1). Befunde von Steinmayr et al. (2019), die untersuchten, warum Mädchen ihre mathematischen Kompetenzen geringer einschätzen als Jungen, bestätigten Geschlechterunterschiede bei Grundschulkindern in Bezug auf das Selbstkonzept im Mathematikunterricht im Zusammenhang mit mathematischen Leistungsindikatoren.

Für die Teilgruppe der Jungen ergaben sich hochsignifikante mittlere Zusammenhänge des mathematischen Vorwissens mit dem *Arbeits- und Sozialverhalten* ($r = 0,38^{**}$), der *Konzentrationsfähigkeit* ($r = 0,31^{**}$), dem *Selbstkonzept Leistung* ($r = 0,28^{**}$[3]) und der *Lernmotivation Mathematik* ($r = 0,30^{**}$). Das *Selbstkonzept Mathematik* korreliert signifikant, aber schwach ($r = 0,25^{*}$) mit dem mathematischen Vorwissen und damit stärker als bei den Mädchen. Für die *Leistungsangst* ergab sich für die Gesamtgruppe ($r = -0,39^{**}$) und die Teilgruppe der Jungen ($r = -032^{**}$) ein hochsignifikanter mittlerer Zusammenhang, wobei der Zusammenhang bei den Mädchen stärker ausfiel. Die Tatsache, dass die Leistungsangst einen Einfluss auf die Lernleistung und damit auf die Schulnote besonders bei Mädchen hat, bestätigen Weber und Petermann (2016).

14.2 Angebotsnutzung

Neben dem Lernpotenzial bilden die Auswahl und Entwicklung des natürlich differenzierenden Lernangebots die Grundlage für die Beantwortung der Forschungsleitfrage. In diesem Abschnitt werden drei Aspekte das Lernangebot betreffend diskutiert, von denen die ersten beiden theoretisch und der dritte empirisch analysiert wurden. Zu Beginn wird anhand der Anforderungen an ein natürlich differenzierendes Lernangebot in der Arithmetik die Auswahl eines exemplarischen Lernangebots besprochen. Im Anschluss werden die möglichen

---

[3] Ab $r \approx 0,3$ spricht Cohen (1988) von einem mittleren Zusammenhang.

Niveaustufen thematisiert, die den zweiten theoretischen Aspekt bilden. Abschließend werden empirisch ermittelte Unterschiede in den Bearbeitungsformen diskutiert.

Welches Lernangebot erfüllt die Anforderungen für natürlich differenzierende Lernangebote in der Arithmetik?
Aus der theoretischen Analyse konnten allgemeine und inhaltliche Auswahlkriterien für ein exemplarisches Lernangebot entwickelt werden. Im Hinblick auf das Lernangebot „Kombi-Gleichungen" kann festgehalten werden, dass dieses viele Eigenschaften besitzt, die es als Beispiel für natürliche Differenzierung und den inhaltlichen Bereich der Arithmetik auszeichnen (vgl. Abschnitt 2.2 und Kapitel 3). Diese beiden Aspekte bestimmten die Auswahl des Lernangebots, das in der Untersuchung stellvertretend für natürlich differenzierende arithmetische Lernangebote genutzt wurde. Im Folgenden werden die Anforderungen an ein natürlich differenzierendes Lernangebot in der Arithmetik diskutiert.

Zu den relevanten Kriterien gehören die vier konstituierenden Merkmale (1. ein gemeinsames Lernangebot, 2. inhaltlich ganzheitlich und hinreichend komplex, 3. offen bezüglich der Durchdringungstiefe, der Dokumentationsformen, der Hilfsmittel und der Lösungswege, 4. von- und miteinander Lernen), die Krauthausen und Scherer (2016) für natürliche Differenzierung aufstellten, und das Verfügen über umfangreiche arithmetische Inhalte, die problemlösend angeboten werden (vgl. Kapitel 3). Zusammenfassend lässt sich für den Auswahlaspekt der natürlichen Differenzierung festhalten, dass dies einen gemeinsamen Einstieg auf unterschiedlichen Schwierigkeitsstufen bietet. Der Einstieg ist ohne Hürden möglich, bietet aber auch Herausforderungen für leistungsstarke Schülerinnen und Schüler. Die fachliche Komplexität des Lernangebots lässt Differenzierungen in einem breiten Spektrum zu. Es besteht Offenheit in der Wahl der Darstellung, der Lösungswege und der Vorgehensweisen. Außerdem regt es zum Austausch an. Die vier konstituierenden Merkmale der natürlichen Differenzierung wurden damit berücksichtigt (Krauthausen und Scherer, 2016; Abschnitt 2.2.1). Zur Begründung der inhaltlichen Auswahl kristallisierte sich der arithmetische Bereich heraus, da dieser einen großen Teil des Mathematikunterrichts abdeckt, aber in Verbindung mit der natürlichen Differenzierung in der Unterrichtspraxis noch nicht zum alltäglichen Repertoire gehört (vgl. Kapitel 3; Korff, 2015). Die Auswahlkriterien stützten sich auf die Ziele des Arithmetikunterrichts und damit auf die Möglichkeit der Förderung von arithmetischen und prozessbezogenen Kompetenzen (vgl. Kapitel 3 und 12; KMK, 2022). Diese Kompetenzen bilden die Verstehensgrundlagen, ohne die ein erfolgreiches, nachhaltig verständiges und weiterführendes Lernen im Mathematikunterricht nicht möglich ist. Hierbei handelt es sich um sogenannte basale mathematische Kompetenzen (SWK, 2022). Der unzureichende Einsatz didaktischer Konzepte, die den Aufbau basaler mathematischer Kompetenzen fördern, wurde von der Ständigen Wissenschaftlichen Kommission der Kultusministerkonferenz (SWK, 2022) festgestellt. Die natürliche Differenzierung steht für ein Konzept, das basale mathematische Kompetenzen auf unterschiedlichen Schwierigkeitsstufen fördert (vgl. Kapitel 3). Dies unterstreicht die Notwendigkeit, dieses Konzept genauer in den Blick zu nehmen und dadurch wissenschaftliche Grundlagen für einen ertragreichen Einsatz in der Praxis zu schaffen (SWK, 2022).

Neben dem Lernangebot „Kombi-Gleichungen" bieten weitere arithmetische Lernangebote Voraussetzungen, um exemplarisch für die Nutzung eines natürlich differenzierenden arithmetischen Lernangebots untersucht zu werden. Beispielsweise erfüllt das Lernangebot „Zahlenhäuser" von Nührenbörger und Pust (2016) einige der Voraussetzungen. Es lässt allerdings nur eine geringe Offenheit bei der Darstellungsweise und den Schwierigkeitsstufen zu. Für leistungsstarke Kinder müssten ggfs. weiterführende Aufgaben angeboten werden. Ein weiteres Beispiel ist das Lernangebot der Zahlenketten, das Krauthausen und Scherer (2016) für heterogene Lerngruppen empfehlen. Auch dieses Lernangebot erfüllt die geforderten Kriterien weitreichend, aber nicht auf jeder Ebene. Es bietet durch seine inhaltlich arithmetische Komplexität verschiedene Schwierigkeitsstufen an, die natürlich differenziert auftreten können. Die arithmetische Komplexität ist allerdings nur begrenzt gegeben, da nicht alle Grundrechenarten benötigt werden und der Zahlenraum eingeschränkt ist. Außerdem wird die Offenheit bezüglich der Darstellungsweise, der Hilfsmittel und der Lösungswege eingegrenzt. Ebenfalls verfügt das Lernangebot „Aufgabenserien untersuchen und erfinden" (Rathgeb-Schnierer und Rechtsteiner, 2018) über viele geforderte Kriterien für ein natürlich differenzierendes arithmetisches Lernangebot. Allerdings lässt dieses im Umgang mit Zahlen und Operationen weniger Freiheiten als das Lernangebot „Kombi-Gleichungen", bei dem Terme frei erfunden werden können und auf Gleichheit überprüft werden müssen (Rathgeb-Schnierer und Rechtsteiner, 2018; Martignon und Rechtsteiner, 2022). Die Festlegung auf nur ein Lernangebot für die Durchführung der Untersuchung schränkt die Bandbreite der Erkenntnisse ein (vgl. Abschnitt 15.5). Allerdings wurde bei der Auswahl beachtet, dass es einen großen Bereich des Arithmetikunterrichts und die Kriterien der natürlichen Differenzierung abdeckt, um Aussagen diesbezüglich treffen zu können (vgl. Kapitel 2, 3 und 12).

Welche Niveaustufen impliziert das ausgewählte Lernangebot?
Das Lernangebot „Kombi-Gleichungen" bietet unterschiedliche Niveaustufen, die allerdings nicht klar voneinander zu trennen sind. Die ermittelten Niveaustufen werden im Folgenden besprochen.

Aufbauend auf den Anforderungsbereichen der Bildungsstandards (KMK, 2022; Kapitel 3) wurde überprüft, ob überhaupt von unterschiedlichen Schwierigkeitsstufen ausgegangen werden kann. Dies bestätigte sich bei der Überprüfung der mathematischen Tätigkeiten, die beim Erfinden von „Kombi-Gleichungen" herausgefordert werden. Es stellte sich heraus, dass alle drei Anforderungsbereiche der Bildungsstandards (KMK, 2022) für die Nutzung der „Kombi-Gleichungen" relevant sind (Kapitel 3). Allerdings konnten keine klaren Grenzen für die Tätigkeiten gesetzt werden. Weskamp (2019) stellte in ihrer Studie zu heterogenen Lerngruppen im Mathematikunterricht im Rahmen substanzieller Lernumgebungen fest, dass die Schwierigkeitsstufen der von ihr betrachteten Lernumgebungen überlappend waren. Sie bezog sich ebenfalls auf die Anforderungsbereiche der Bildungsstandards (KMK, 2005), was einen Vergleich mit den vorliegenden Ergebnissen zulässt. Die von ihr beobachteten mathematischen Aktivitäten bei der Nutzung der substanziellen Lernumgebungen konnten ebenfalls in alle drei Anforderungsbereiche eingeordnet werden (Weskamp, 2019).

Die vorliegenden Ergebnisse zeigen, dass beispielsweise bei der Nutzung der Kombi-Gleichungen arithmetische Aktivitäten einer Schülerin bzw. eines Schülers unterschiedlichen Niveaustufen zuzuordnen sind. Es kann von Tendenzen gesprochen werden, auf welchem Schwierigkeitsniveau sich die Lernenden befinden. Diesen Befund der zwar existierenden Schwierigkeitsstufen, die aber nicht klar voneinander abgrenzbar sind (Kapitel 3; Kapitel 11), bestätigen Befunde aus der Studie von Scherres (2013) zum niveauangemessenen Arbeiten in selbstdifferenzierenden Lernumgebungen. Sie stellte ebenfalls fest, dass im Rahmen der individuellen Bearbeitungsprozesse verschiedene Anforderungsbereiche identifiziert wurden. Sie spricht von individuellen Niveaubearbeitungsverläufen (Scherres, 2013). Ihre Ergebnisse zeigten, dass leistungsbezogene Niveaustufen nicht klar festzulegen sind, aber das Arbeiten auf unterschiedlichen Niveaustufen möglich ist. Es resultiert hieraus, dass neben dem Blick auf das Bearbeitungsniveau auch die verschiedenen Bearbeitungsformen betrachtet werden müssen. Diese können sehr unterschiedlich und auf verschiedenen Schwierigkeitsniveaus einzuordnen sein.

Zur Beschreibung, wie sich Unterschiede bezüglich der Bearbeitung eines natürlich differenzierenden Lernangebots zeigen, wurden die Ausprägungen in den entwickelten Kategorien betrachtet. Diese konnten Einblicke in Bearbeitungsformen und Bearbeitungsniveaus geben. Dabei fällt in den Anforderungsbereich

I (das Reproduzieren) das Erfinden einfachster Gleichungen durch die Verwendung von nur einer Rechenoperation, einstelligen Zahlen und nur einem Operationsschritt auf jeder Seite der Gleichung (z. B. $2 + 3 = 1 + 4$). In den Anforderungsbereich II (Zusammenhänge herstellen) fällt der Umgang mit mehrstelligen Zahlen und verschiedenen Rechenoperationen, die Verknüpfung unterschiedlicher Terme mit dem Gleichheitszeichen, das Nutzen verschiedener Rechenoperationen und das Erkennen von Zusammenhängen zwischen diesen. Durch die Verwendung einer Systematik zeigt sich das Erkennen von Zusammenhängen, indem eine Gleichung derart verändert wird, dass eine neue entsteht. Dieses Vorgehen erfordert das Erkennen von Zusammenhängen zwischen den Termen. Der Anforderungsbereich III (Verallgemeinern und Reflektieren) umfasst das Entdecken von Zusammenhängen zwischen unterschiedlichen Rechenoperationen und das Entwickeln von Gleichungssystemen durch leichte Veränderungen einer Gleichung. Nach Weskamp (2019) ist es wichtig, dass sich im Rahmen von offenen Lernangeboten alle drei Anforderungsbereiche innerhalb eines Arbeitsauftrags widerspiegeln, damit sich die Möglichkeit, in einem höheren Anforderungsbereich zu arbeiten, für alle Lernenden eröffnet.

Diese deskriptiven Beobachtungen und Einordnungen dienten einem ersten Überblick über mögliche Unterschiede die Bearbeitungsniveaus und Bearbeitungsformen betreffend.

Zeigen sich in heterogenen Lerngruppen Unterschiede bezüglich der Bearbeitung eines natürlich differenzierenden Lernangebots?
Es konnten empirisch drei Gruppen identifiziert werden, die unterschiedliche Merkmale in ihren Bearbeitungen aufwiesen. Insgesamt stellten die drei Gruppen der verschiedenen Bearbeitungsformen eine Hierarchie für die Angebotsnutzung dar: Gruppe 2 zeigte dabei das niedrigste Bearbeitungsniveau, Gruppe 1 ein höheres und Gruppe 3 das höchste. Die Analyse der Gruppenzusammensetzungen konnte keine genderspezifische Verteilung zeigen. Mädchen und Jungen verteilten sich relativ gleichmäßig auf die drei ermittelten Gruppen (vgl. Abschnitt 13.2).

Die verschiedenen Merkmale der drei Bearbeitungsformen konnten in die drei Anforderungsbereiche der Bildungsstandards eingeordnet werden, waren jedoch teilweise überlappend (vgl. Abschnitt 13.2; KMK, 2022). Dieser Befund deckt sich mit den Erkenntnissen aus weiteren Studien zu niveauangemessenem Arbeiten. Nach den Ergebnissen von Weskamp (2019) und Scherres (2013) ist ein Arbeiten mit offenen Aufgaben bzw. in substanziellen Lernumgebungen auf unterschiedlichen Schwierigkeitsniveaus möglich, allerdings nicht genau festzulegen, da das Arbeiten auf vielen Ebenen stattfindet.

Nachfolgend werden Details hinsichtlich der Unterschiede der drei Bearbeitungsformen diskutiert:

Den größten Einfluss auf die Gruppenbildung hatten Kategorien aus der zweiten Arbeitsphase des Lernangebots. Für Gruppe 2 gingen die Werte für die zweite Arbeitsphase gegen Null, was einen deutlichen Unterschied gegenüber den anderen beiden Gruppen ausmachte und damit eine Trennung von Gruppe 1 erforderte. Zu diesen Kategorien gehören die maximale Summe der Bestandteile einer Gleichung und die Anzahl der erfundenen Gleichungen sowie die Anzahl der erfundenen Systeme. Weniger Einfluss auf die Gruppenbildung hatten Kategorien aus der ersten Arbeitsphase (vgl. Abschnitt 13.2). Da die beiden Arbeitsphasen so konzipiert wurden, dass sie aufeinander aufbauten und in der zweiten Arbeitsphase höhere Anforderungen durch das Nutzen von arithmetischen Zusammenhängen angeregt wurden, kann interpretiert werden, dass die Gruppen tatsächlich unterschiedliche Bearbeitungsniveaus zeigten (vgl. Kapitel 12).

Zur Unterscheidung der verschiedenen Bearbeitungsformen in den gebildeten drei Gruppen wurden die repräsentativsten Merkmale aus den empirischen Ergebnissen abgeleitet (vgl. Abschnitt 13.2). Dabei stellte sich heraus, dass ein repräsentatives Merkmal für Gruppe 3 die Quantität und Qualität darstellen. In dieser Bearbeitungsform (Gruppe 3) wurde am meisten dokumentiert. Bei Gruppe 1 kann davon ausgegangen werden, dass die Lernenden aktiv am Lernangebot beteiligt waren, da sie ebenfalls in beiden Arbeitsphasen Gleichungen und Systeme erfanden, aber nicht im gleichen Umfang wie Gruppe 3. In Gruppe 2 wurden insgesamt wenige Bearbeitungen gezeigt und dementsprechend quantitativ und auch qualitativ wenig dokumentiert (vgl. Abschnitt 13.2).

Für die drei verschiedenen Bearbeitungsformen werden im Einzelnen folgende Merkmale deutlich:

Gruppe 3 zeigte das höchste Bearbeitungsniveau. Im Vergleich zu den beiden anderen Gruppen wurden hier die meisten Gleichungen erfunden, ebenso komplexe Gleichungen mit den meisten Bestandteilen. Systematiken wurden bereits in der ersten Arbeitsphase verwendet, in der dies noch nicht explizit gefordert wurde. Ein besonders großer Unterschied zu den beiden anderen Gruppen zeigte sich in der zweiten Arbeitsphase durch eine hohe Anzahl erfundener, richtiger Gleichungen, bei denen das Gleichheitszeichen relational genutzt wurde und die ein System bildeten. Insgesamt ist in beiden Arbeitsphasen ein hohes Bearbeitungsniveau sichtbar, das in den Anforderungsbereich III (Verallgemeinern und Reflektieren, KMK, 2022; Kapitel 12; Tab. 12.2 und Abschnitt 13.2) eingeordnet werden konnte. Dies zeigte sich durch das Entdecken und Anwenden von

Zusammenhängen zwischen Rechenoperationen und durch das Entwickeln eines Systems durch leichte Veränderungen einer Gleichung.

Die Lernenden in Gruppe 1 produzierten weniger Gleichungen als die aus Gruppe 3, wendeten aber auch Systematiken an. Es sind dennoch einige sehr komplexe Gleichungen vorhanden, insbesondere in der zweiten Arbeitsphase. Insgesamt ist hier ein mittleres bis hohes Bearbeitungsniveau in beiden Arbeitsphasen zu erkennen. Für diese Gruppe ist keine eindeutige Zuordnung in die Anforderungsbereiche (KMK, 2022) möglich. Es kann allerdings festgehalten werden, dass grundsätzlich Bearbeitungsformen im Anforderungsbereich II (Zusammenhänge herstellen) vorlagen, teilweise sogar im Anforderungsbereich III (KMK, 2022; Kapitel 12; Tab. 12.2 und Abschnitt 13.2). In den Anforderungsbereich II fielen in dieser Gruppe das Verknüpfen unterschiedlicher Terme mit dem Gleichheitszeichen, das Nutzen verschiedener Rechenoperationen und das Erkennen von Zusammenhängen zwischen diesen. Wenige Bearbeitungen konnten in den Anforderungsbereich III eingeordnet werden, die das Entwickeln eines Systems zeigten.

Gruppe 2 dokumentierte insgesamt wenige Bearbeitungen und nutzte keine Systematiken. Zwar wurde der Arbeitsauftrag umgesetzt, allerdings mit geringeren Werten als in den beiden anderen Gruppen. Für diese Gruppe wurden im Allgemeinen Bearbeitungsformen analysiert, die dem Anforderungsbereich I (Reproduzieren, KMK, 2022; vgl. Kapitel 12; Tab. 12.2 und Abschnitt 13.2) zuzuordnen waren. Die Lernenden dieser Gruppe konnten den Arbeitsauftrag umsetzen, allerdings nur in einfacher Form. Teilweise konnten höhere Niveaustufen erreicht, aber nicht eindeutig zugeordnet werden. In dieser Gruppe der Bearbeitungsformen herrschte das Erfinden einfachster Gleichungen durch die Verwendung von nur einer Rechenoperation, einstelligen Zahlen und nur einem Operationsschritt auf jeder Seite der Gleichung vor, was für den Anforderungsbereich I spricht.

14.3 Gesamtbetrachtung von Lernpotenzial und Angebotsnutzung

Im folgenden Abschnitt werden die Ergebnisse der Zusammenhänge zwischen einzelnen Faktoren des Lernpotenzials und der Nutzung des Lernangebots diskutiert. Anschließend werden die verschiedenen Ausprägungen der drei Bearbeitungsformen besprochen. Danach findet eine Auseinandersetzung mit den Zusammenhängen zwischen Bearbeitungsformen und den einzelnen Faktoren des Lernpotenzials statt.

Welche Zusammenhänge zeigen sich zwischen den einzelnen Faktoren des Lernpotenzials und der Nutzung des Lernangebots?

Die Resultate offenbaren hochsignifikante Zusammenhänge zwischen dem mathematischen Vorwissen und der Anzahl der erfundenen Gleichungen sowie den Bestandteilen einer Gleichung für die erste Arbeitsphase. Für die zweite Arbeitsphase ist ebenfalls ein hochsignifikanter Zusammenhang mit der Anzahl der Gleichungen zu erkennen. Kein signifikanter Zusammenhang besteht zwischen dem mathematischen Vorwissen und dem Erfinden von Gleichungssystemen.

Für die Diskussion der Zusammenhänge zwischen dem Lernpotenzial und der Nutzung des Lernangebots wird das Lernpotenzial nach mathematischem Vorwissen und den lern- und leistungsrelevanten Einstellungen aufgeteilt. Zunächst werden Zusammenhänge zwischen dem mathematischen Vorwissen und der Nutzung des Lernangebots in der ersten und zweiten Arbeitsphase zusammenfassend dargestellt und diskutiert. Im Anschluss werden Zusammenhänge mit den lern- und leistungsrelevanten Faktoren ebenfalls für die erste und zweite Arbeitsphase beleuchtet.

Für die *erste Arbeitsphase* (Erfinden von Gleichungen; vgl. Kapitel 8) konnte gezeigt werden, dass das *mathematische Vorwissen* hochsignifikant, aber schwach mit der Anzahl der erfundenen korrekten Gleichungen (GZN) korrelierte (r = 0,29**). Für die Bestandteile einer Gleichung (MSB) konnte ein hochsignifikanter mittlerer Zusammenhang ermittelt werden (r = 0,39**). Diese Kategorie ist entscheidend für die Komplexität einer Gleichung. Durch den mittleren Zusammenhang kann davon ausgegangen werden, dass Lernende, die über ein breites mathematisches Vorwissen verfügen, komplexe Gleichungen erfanden. Hier deutet sich bereits an, dass Lernende mit einem Lernpotenzial auf hohem Niveau vergleichsweise viele Gleichungen mit einigen Bestandteilen erfanden. Kein signifikanter Zusammenhang wurde mit der Kategorie für systematisches Vorgehen (SVS) festgestellt, die ebenfalls für die Komplexität einer Gleichung ausschlaggebend ist. Demzufolge gingen Lernende mit einem umfangreichen mathematischen Vorwissen nicht systematischer vor als Lernende mit niedrigerem mathematischen Vorwissen.

Für die *zweite Arbeitsphase*, bei der es um das Erfinden von Gleichungssystemen ging (vgl. Kapitel 8), zeigten sich hochsignifikante schwache bis mittlere Zusammenhänge zwischen dem mathematischen Vorwissen und der Angebotsnutzung. Deutlich wurde auch in dieser Arbeitsphase der hochsignifikante mittlere Zusammenhang (r = 0,32**) zwischen dem mathematischen Vorwissen und der Anzahl der richtigen erfundenen Gleichungen, bei denen das Gleichheitszeichen relational genutzt wurde (GZN). Außerdem war bei der maximalen Anzahl der Gleichungen in einem System (AGS-M) ein hochsignifikanter, aber

schwacher Zusammenhang (r = 0,21**) erkennbar. Diese Befunde lassen darauf schließen, dass auch in dieser Arbeitsphase die Anzahl der Gleichungen, die
dem Arbeitsauftrag entsprechend gebildet wurden, im Zusammenhang mit dem
mathematischen Vorwissen steht. Aber auch hier zeigte sich kein signifikanter
Zusammenhang mit der Verwendung von Systematiken (SVS).

Erwartungsgemäß hätten auch in den Kategorien, die das systematische Vorgehen darstellten (AS und SVS), die Schülerinnen und Schüler mit hohen
Vorwissenswerten stärker abgeschnitten und mehr Systeme erfunden. Da das
Erfinden von Gleichungssystemen das Erkennen von Zusammenhängen zwischen
den Gleichungen voraussetzt, wird ein höherer Anforderungsbereich (II) angesprochen (vgl. Abschnitt 13.2; KMK, 2022). Ein großes Vorwissen, das als
wichtigster Teil für das Lernpotenzial gilt (Schneider et al., 2014; Helmke, 2012;
Stern, 2003), ließ vermuten, dass dieses mit den Kategorien für die Anzahl
der erfundenen Gleichungssysteme korreliert. Diese Erwartung konnte in der
Untersuchung nicht bestätigt werden.

Für die weiteren *lern- und leistungsrelevanten Faktoren* zeigten sich in beiden Arbeitsphasen unterschiedlich starke Zusammenhänge mit der Nutzung des
Lernangebots.

In der *ersten Arbeitsphase* ließen sich für die Konzentrationsfähigkeit signifi-
kante, aber schwache Zusammenhänge mit der Anzahl der richtigen Gleichungen
(AGR, r = 0,16*) und der Anzahl der Gleichungen mit relationaler Nutzung
des Gleichheitszeichens (GZN, r = 0,18*) sowie ein hochsignifikanter mittlerer
Zusammenhang mit der maximalen Summe der Bestandteile einer Gleichung
(MSB, r = 0,29**) erkennen. Für das Selbstkonzept Leistung konnten die meisten Zusammenhänge mit Kategorien der Angebotsnutzung festgestellt werden.
So ergaben sich hochsignifikante schwache Zusammenhänge mit der Anzahl der
richtigen Gleichungen (AGR, r = 0,21**), der Anzahl der Gleichungen mit relationaler Nutzung des Gleichheitszeichens (GZN, r = 0,22**) und der maximalen
Summe der Bestandteile einer Gleichung (MSB, r = 0,27**). Aus diesen Analysen kann geschlossen werden, dass die Schülerinnen und Schüler, die von ihrer
Leistungsfähigkeit überzeugt waren, das Lernangebot ausgiebig nutzten und viele
richtige Gleichungen erfanden. Die Befunde der Studie von Murayama et al.
(2012), die ebenfalls den großen Einfluss des Selbstkonzepts feststellten, untermauern diese Ergebnisse (vgl. Abschnitt 4.2.1). Es sind keine Zusammenhänge
zwischen der Anzahl der genutzten Systematiken (SVS) und den Lern- und Leistungseinstellungen zu erkennen. Das Nutzen von Systematiken stellt eine große
Herausforderung dar (Anforderungsbereich II; vgl. Abschnitt 13.2; KMK, 2022),
weswegen hier mit einem Zusammenhang gerechnet wurde. Vermutlich erfanden einerseits auch Lernende, die ihre Lern- und Leistungseinstellungen niedrig

einschätzten, ebenfalls Systeme. Dies kann für die Offenheit der Schwierigkeitsniveaus bei der Nutzung des Lernangebots sprechen. Andererseits kann eine
weitere Erklärung darin bestehen, dass die Anzahl der erfundenen Gleichungen
und die Verwendung vieler Bestandteile, für die sich Zusammenhänge mit der
Nutzung ergaben, eher auf ein hohes Schwierigkeitsniveau schließen lassen als
die Verwendung von Gleichungssystemen (vgl. Abschnitt 15.5).

Für die *zweite Arbeitsphase* konnten signifikante schwache Zusammenhänge
zwischen dem Arbeits- und Sozialverhalten und der Anzahl der erfundenen
Gleichungen, auch der richtigen erfundenen Gleichungen und denen mit relationaler Nutzung des Gleichheitszeichens festgestellt werden (AG, $r = 0,17*$;
AGR, $r = 0,19*$; GZN, $r = 0,20*$). Ebenso ergab sich ein signifikanter schwacher Zusammenhang zwischen dem Arbeits- und Sozialverhalten und der Summe
der verschiedenen Systematiken (SVS, $r = 0,17*$). Auch für das Selbstkonzept Leistung konnten signifikante schwache Zusammenhänge mit der Anzahl
der Gleichungen (AG, $r = 0,18*$) und der Anzahl der Gleichungen mit relationaler Nutzung (GZN, $r = 0,18*$) ermittelt werden sowie ein hochsignifikanter
schwacher Zusammenhang mit der Anzahl der richtigen Gleichungen (AGR, $r = 0,21**$). Damit zeigten diese beiden Faktoren (Arbeits- und Sozialverhalten und
Selbstkonzept Leistung) des Lernpotenzials die meisten Zusammenhänge mit den
Kategorien der Angebotsnutzung aus der zweiten Arbeitsphase. Außerdem ist ein
signifikanter schwacher negativer Zusammenhang des Selbstkonzepts Mathematik
mit der Anzahl der richtigen erfundenen Gleichungen bemerkenswert. Dies kann
bedeuten, dass Lernende, die nicht überzeugt von ihrem mathematischen Können
sind, trotzdem viele richtige relational genutzte Gleichungen erfanden. Ein hohes
Selbstkonzept auf Mathematik bezogen deutet demnach nicht unbedingt auf gute
Leistungen bei der Nutzung natürlich differenzierender Lernangebote hin.

*Zeigen sich bei unterschiedlichen Bearbeitungsformen unterschiedliche Ausprägun-
gen im Lernpotenzial?*
Die Ergebnisse der Studie weisen eindeutige Unterschiede in den Ausprägungen des Lernpotenzials zwischen den drei unterschiedlichen Bearbeitungsformen
auf. Lernende aus der Gruppe 3 verfügen über das größte Lernpotenzial. Im Vergleich zu Gruppe 2 zeigen die Daten, dass bei einer geringeren Angebotsnutzung
im Durchschnitt ein niedrigeres Lernpotenzial vorliegt. Es gibt statistisch keine
Hinweise auf Unterschiede bezogen auf die Leistungsangst zwischen den drei
Gruppen.

Details zu den Ergebnissen werden im Folgenden diskutiert.

Die Daten zeigen einen statistisch signifikanten Unterschied mit einem mittleren Effekt ($\eta^2 = 0,08$) für das Lernpotenzial zwischen den drei Gruppen (G1:

M = 10,71; G2: M = 10,28; G3: M = 12,79). Beim Einzelvergleich der Gruppen zeigen sich deutlichere Unterschiede zwischen den Gruppen 3 und 2 sowie zwischen den Gruppen 3 und 1. Geringer fielen die Unterschiede zwischen den Gruppen 1 und 2 aus, deren Mittelwerte nah beieinander liegen. Bei der inhaltlichen Betrachtung der Gruppen 1 und 2 fällt allerdings auf, dass in Gruppe 2 der zweite Arbeitsauftrag im Allgemeinen nicht wie gefordert ausgeführt wurde. Es wurden kaum Gleichungssysteme erfunden, was nicht für Gruppe 1 beobachtet wurde. Demnach war eine Trennung dieser beiden Gruppen auf inhaltlicher Ebene für die differenzierte Betrachtung wichtig (vgl. 14.2: Beschreibung der einzelnen Gruppen).

Da für Gruppe 3 bei der Analyse der Bearbeitungsformen die umfangreichste Angebotsnutzung ermittelt wurde, kann davon ausgegangen werden, dass ein hohes Lernpotenzial mit einer umfangreichen Angebotsnutzung einhergeht. Die Ergebnisse zeigen für Gruppe 1 eine etwas umfangreichere Angebotsnutzung als für Gruppe 2 und ebenso ein höheres Lernpotenzial.

Aus diesen Ergebnissen kann hergeleitet werden, dass große Unterschiede im Lernpotenzial zwischen einer sehr umfangreichen Angebotsnutzung (vermutlich einem hohen Bearbeitungsniveau) und einer einfachen Angebotsnutzung (vermutlich niedriges Bearbeitungsniveau) liegen.

Die Tatsache, dass Leistungsangst auch bei leistungsstarken Lernenden auftreten kann, zeigen Studien von Weber und Petermann (2016) sowie Knoppick et al. (2015). Dies offenbaren die Daten der vorliegenden Studie nicht. Der Mittelwertvergleich der drei Gruppen für die Leistungsangst zeigte keinen signifikanten Unterschied und damit ebenfalls keinen Effekt (G1: M = 1,02; G2: M = 0,88; G3: M = 0,72).

14.4 Übergeordnete Leitfrage

Wird das Potenzial des natürlich differenzierenden Lernangebots „Kombi-Gleichungen" von Lernenden ihrem Lernpotenzial entsprechend genutzt?
In der Studie konnte gezeigt werden, dass im Rahmen des Mathematikunterrichts in dritten Klassen Lernende ihrem Lernpotenzial entsprechend das natürlich differenzierende Lernangebot „Kombi-Gleichungen" auf unterschiedlichen Schwierigkeitsniveaus nutzen konnten (vgl. Abschnitt 14.3).

Die Ergebnisse der gesamten Analyse machen deutlich, dass unterschiedliche Niveaustufen existieren, aber nicht eindeutig voneinander zu trennen sind. Bei der Nutzung des Lernangebots sind Leistungsunterschiede zu erkennen, die sich in der Komplexität der erfundenen Gleichungen und Gleichungssysteme zeigen (vgl. Abschnitt 13.2). Die Niveaustufen der Schwierigkeitsniveaus sind überlappend. Die Ergebnisse offenbaren für einige Lernende in einzelnen Kategorien hohe Werte und in anderen sehr niedrige. Leistungsstarke Lerner erhielten nicht in allen Kategorein hohe Werte. Generell fand eine inhaltlich sehr produktive Beschäftigung mit dem Lernangebot statt.

Weitere Studien, in denen sich mit der Ermittlung von Bearbeitungsniveaus im Mathematikunterricht beschäftigt wurde, zeigen ebenfalls, dass Unterschiede erkennbar sind, aber sehr komplex und vielschichtig, sodass es innerhalb der Niveaustufen zu Überschneidungen kommt (Weskamp, 2019; Scherres, 2013). Nach Krauthausen und Scherer (2016) eignen sich die Anforderungsbereiche der Bildungsstandards (KMK, 2022) zu einer ersten theoretischen Auslotung des Bearbeitungsspektrums, was in der vorliegenden Studie genutzt wurde (Kapitel 3). Ebenfalls auf dieser Grundlage wies Weskamp (2019) in ihrer Studie empirisch nach, dass Überlappungen zwischen den Anforderungsbereichen in Erscheinung treten können. Für den Einsatz eines offenen Lernangebots ist demzufolge zu bedenken, dass sich alle drei Anforderungsbereiche in einem Arbeitsauftrag wiederfinden (Weskamp, 2019). In ihrer Studie zu Niveauverläufen im Rahmen von Arbeitsprozessen in selbstdifferenzierenden Lernumgebungen konnte Scherres (2013) individuelle Bearbeitungsniveauverläufe nachweisen. Es konnten jedoch keine pauschalen Einordnungen von Arbeitsprozessen hinsichtlich ihrer Niveauangemessenheit vorgenommen werden, da das mathematische Arbeitsniveau im Verlauf der Bearbeitung als sehr schwankend festgestellt wurde. Auf diesen Ergebnissen aufbauend wurden die Bearbeitungsniveaustufen der vorliegenden Studie betrachtet, aber ebenfalls die einzelnen Ausprägungen bei der Analyse berücksichtigt. So konnte ein hierarchischer Aufbau der Niveaustufen nur tendenziell festgehalten werden (vgl. Abschnitt 13.2 und 14.2).

Reflexion des Vorgehens 15

Im Folgenden wird das Vorgehen bezogen auf die Stichprobe (vgl. Abschnitt 15.1), die genutzten Erhebungsinstrumente (vgl. Abschnitt 15.2), die Auswertungsmethoden (Abschnitt 15.3) sowie die gesamte Studiendurchführung (vgl. Abschnitt 15.4) reflektiert und evaluiert. Hierbei werden ebenfalls die Limitationen der Studie adressiert (vgl. Abschnitt 15.5).

15.1 Stichprobe

Das Ziel der Stichprobenziehung bestand darin, Lernende für das Projekt zu gewinnen, die möglichst heterogene Lernvoraussetzungen zeigten. Durch die Verteilung der beteiligten Klassen auf städtische und ländliche Schulen konnte eine sehr heterogene Lernendengruppe zusammengestellt werden (vgl. Kapitel 7). Neben den sozioökonomischen Unterschieden ergaben sich in weiteren Facetten der Heterogenität unterschiedliche Voraussetzungen (u. a. in Bezug auf Alter, Geschlecht, Kultur, Beeinträchtigungen). Damit war die Grundlage für die Untersuchung in Form einer ausreichend großen Stichprobe mit heterogenen Leistungsvoraussetzungen gegeben.

Der vorausgegangene Mathematikunterricht der teilnehmenden Klassen folgte unterschiedlichen Konzepten. Aus diesem Grund konnte nicht gewährleistet sein, dass alle Schülerinnen und Schüler über dieselben Voraussetzungen im Hinblick auf die Arbeit mit natürlich differenzierenden Lernangeboten verfügen (vgl. Abschnitt 2.2). Der Aspekt, dass die Schülerinnen und Schüler mit unterschiedlichen Unterrichtsmethoden vertraut waren, führte jedoch zu keiner Verzerrung der Untersuchung. Die ersten beiden Erhebungsinstrumente zur Erfassung des Lernpotenzials waren vollstandardisiert und damit reliabel sowie unabhängig von schulischen Vorerfahrungen der Kinder. Bei der Durchführung des Lernangebots

traten ebenfalls keinerlei Schwierigkeiten auf. Die hindernisfreie Nutzung des
Lernangebots konnte für alle Kinder gewährleistet werden, da die Forscherin den
Unterricht in allen Klassen durchführte und der Aufbau des Lernangebots methodisch voraussetzungsfrei war (vgl. Kapitel 8). Somit konnte in allen Klassen das
Lernangebot aktiv und zielorientiert genutzt werden. Allerdings ergaben sich sehr
unterschiedliche Ergebnisse im Vergleich der Klassen miteinander. Dieser Befund
konnte durch verschiedene Vorerfahrungen, aber auch andere Faktoren verursacht
worden sein, was in weiterführenden Forschungen thematisiert werden könnte
(vgl. Abschnitt 16.1).

In den insgesamt neun Klassen wurden drei Erhebungsinstrumente eingesetzt. Von 93 % der teilnehmenden Schülerinnen und Schüler (n = 153) lag
ein kompletter Datensatz bestehend aus den Daten aller drei Erhebungen vor.

Trotz der Umstände, dass im Erhebungszeitraum Einschränkungen aufgrund
der Coronapandemie vorlagen, konnten die Erhebungen planmäßig durchgeführt
werden. Die Schülerinnen und Schüler mussten während der gemeinsamen Unterrichtsphasen im Sitzkreis eine Mund-Nasen-Bedeckung tragen. Dieser Umstand
hemmte das gemeinsame Arbeiten in keiner Weise, da die Kinder diese Regel
seit einigen Wochen kannten und sich dadurch nicht gestört fühlten.

15.2   Passung der Erhebungsinstrumente

Die Datenbasis entstand durch den Einsatz drei unterschiedlicher Erhebungsinstrumente. Die Erhebung der motivationalen und volitionalen Voraussetzungen
in Form der lern- und leistungsrelevanten Einstellungen der Schülerinnen und
Schüler fand durch einen Fragebogen (vgl. Abschnitt 9.1.1) statt. Zur Erfassung
der kognitiven Voraussetzungen in Form des mathematischen Vorwissens wurde
ein standardisierter Kompetenztest (KEKS; May et al., 2018) durchgeführt (vgl.
Abschnitt 9.1.2). Die bei der Nutzung des Lernangebots entstandenen Dokumente
lieferten die Datenbasis für die Bearbeitungsformen (vgl. Abschnitt 9.2). Objektive Beobachtungen werden im folgenden Abschnitt durch subjektive Feldnotizen
ergänzt, die auf einer alltagssprachlichen Ebene betrachtet werden.

Motivationale und volitionale Voraussetzungen
Um die relevanten Faktoren für die motivationalen und volitionalen Voraussetzungen zu erhalten, wurde ein Fragebogen entwickelt und in allen neun Klassen
durchgeführt. Wie in Abschnitt 9.1.1 erläutert, bestand der Fragebogen aus Skalen
etablierter Studien zum Arbeits- und Sozialverhalten, zur Konzentrationsfähigkeit,
zur Leistungsangst, zum Selbstkonzept Leistung, zur Lernmotivation Mathematik

und zum Selbstkonzept im Mathematikunterricht (IGLU Bos et al., 2005; Bos et al., 2010; TIMSS Bos et al., 2008; EDUCARE de Moll et al., 2016).

Das gemeinsame Bearbeiten des Fragebogens funktionierte in allen Klassen problemlos. Jedes Item wurde von der Forscherin vorgelesen, die Kinder kreuzten ihre Antwort an und gingen zum nächsten Item weiter. Da die Kinder zwischen vier Antwortmöglichkeiten auf der Likert-Skala wählen konnten, wurde ein tiefer Einblick in ihre lern- und leistungsrelevanten Einstellungen ermöglicht (vgl. Abschnitt 9.1.1). Die Schülerinnen und Schüler waren sehr motiviert, alle Items zu beantworten. Vermutlich lag dies daran, dass keine Leistungen abgefragt wurden, sondern persönliche Einstellungen. Diese Form der Fragen war für die meisten Lernenden neu und wahrscheinlich deshalb besonders interessant. Es kann davon ausgegangen werden, dass die Antworten überwiegend gut überlegt und ehrlich abgegeben wurden, da die Anonymität gewährleistet war und kein Nachbarkind die Antworten einsehen konnte.

Im Anschluss an die Befragung wurden Interessensfragen auf den Fragebogen und die Studie bezogen geklärt. Zu einzelnen Themen des Fragebogens bedurfte es weiterer Diskussionen, beispielsweise zum Thema Leistungsangst, was für viele Lernende mit starken Emotionen verbunden war.

Inhaltlich passten die Skalen zu den relevanten Faktoren des Lernpotenzials. Die Aufspaltung des Lernpotenzials in einzelne für die Studie relevante Faktoren wurde nach dem theoretischen Hintergrund des Angebots-Nutzungs-Modells von Helmke (2012) vorgenommen (vgl. Abschnitt 4.2.1). Die Skalen wurden entsprechend diesen theoretischen Überlegungen zusammengestellt. Da die Skalen zu den großen Themen der lern- und leistungsrelevanten Einstellungen nur einen kleinen Ausschnitt abfragten, sind hier nur Neigungen bezüglich der einzelnen Faktoren zu erkennen. Insgesamt konnten die Ergebnisse des Fragebogens zur Beantwortung der Forschungsfragen beitragen.

Kognitive Voraussetzungen

Mit dem Kompetenztest wurden Werte für das gesamtmathematische Vorwissen, für algorithmisches Rechnen und textbasiertes Rechnen ermittelt. Da speziell das arithmetische Vorwissen von Interesse war, wurden die Skalen für das gesamtmathematische und das algorithmische Rechnen genutzt. Die Items dieser Skalen passten inhaltlich zu den arithmetischen Anforderungen im Lernangebot „Kombi-Gleichungen".

In Relation zu einer repräsentativen Referenzgruppe (May et al., 2014) schnitten die Lernenden der Stichprobe schlechter ab. Dies lag vermutlich daran, dass die Untersuchung zu Beginn der dritten Klasse durchgeführt wurde und Defizite durch den eingeschränkten Unterricht aufgrund der Coronapandemie vorlagen. Da diese

Bedingungen für alle Teilnehmerinnen und Teilnehmer der Untersuchung galten, war ein Vergleich uneingeschränkt möglich.

Die Länge des Tests stellte für einige Kinder eine Herausforderung dar. Konzentrationsschwächen machten sich teilweise durch langsames Bearbeiten, Ablenkungs- und Vermeidungsversuche bemerkbar. Letztendlich konnten aber fast alle Daten dieses Erhebungsteils genutzt werden. Sie zeigten sehr unterschiedliche Resultate, womit allerdings gerechnet wurde, da es sich um heterogene Lerngruppen handelte.

Der KEKS-Kompetenztest für Mathematik in dritten Klassen (May et al., 2018) erwies sich für die Erhebung des bereichsspezifischen Vorwissens als geeignet.

Angebotsnutzung

Entscheidend für die Beantwortung der Forschungsfragen im Bereich der Angebotsnutung war es, allen Lernenden einen Zugang zum Lernangebot zu bieten und ein Arbeiten nach individuellen Voraussetzungen zu ermöglichen.

Als Erhebungsinstrument, das Einblicke in die Angebotsnutzung der Lernenden ermöglichte, wurde das natürlich differenzierende Lernangebot „Kombi-Gleichungen" (Baireuther und Kucharz, 2007; Rechtsteiner, 2017) ausgewählt und weiterentwickelt. Im Sinne der Forschungsfragen fand ein freies Erkunden und Experimentieren der Lernenden im arithmetischen Bereich statt. Anhand der Lernendendokumentationen wurde auf das Bearbeitungsniveau geschlossen. Hierzu wurden Blanko-DinA4-Blätter ausgeteilt, die keinerlei Vorgaben für die Dokumentationen lieferten. Die Lernenden wurden lediglich dazu aufgefordert, ihre erfundenen Gleichungen zu notieren. Alternativ hätten die Kinder aufgefordert werden können, ihre Erfindungen verbal (-schriftlich) zu dokumentieren. In einzelnen Fällen hätte das zu weiteren Informationen bezüglich des Bearbeitungsniveaus geführt. Allerdings wären einige Kinder überfordert worden. Der Fokus hätte sich vom eigentlichen arithmetischen Schwerpunkt zu sehr auf das schriftliche Begründen verlagert.

In der fachdidaktischen Literatur existiert eine Vielzahl von Anregungen zu arithmetischen Lernangeboten. Aus dieser Vielfalt musste ein Lernangebot ausgewählt werden, das zum Konzept der natürlichen Differenezierung passt und in diesem Sinne eine hinreichende inhaltliche Komplexität bietet. Das Lernangebot „Kombi-Gleichungen" wurde ausgewählt, da hier viele arithmetische Basiskompetenzen angesprochen werden (vgl. Kapitel 3). Es bietet ebenfalls einen sehr einfachen Zugang, der nur eines geringen Vorwissens bedarf. Durch die Einbeziehung algebraischer Inhalte wird nach Steinweg (2013) das mathematische Potenzial über die arithmetischen Inhalte hinaus sogar noch erweitert.

Die Voraussetzungen für ein natürlich differenzierendes Lernangebot erfüllten die „Kombi-Gleichungen" umfänglich (vgl. Abschnitt 2.2.1 und Kapitel 12). Die Durchführung des natürlich differenzierenden arithmetischen Lernangebots lief in allen neun Klassen planmäßig. Dank einer studentischen Hilfskraft konnte der Ablauf umfangreich dokumentiert und bildlich festgehalten werden. Dies erleichterte die Nachbereitung und Analyse des Ablaufs. Die Abläufe wurden in allen Klassen identisch durchgeführt, mit vorgegebenen Arbeitsaufträgen und Impulsen (vgl. Abschnitt 9.2 und 10.1.2). Für diesen Teil der Erhebung ergab sich eine erwartungsgemäß große Datenbasis, die aufbereitet werden musste (vgl. Abschnitt 10.1).

Schon während die Schülerinnen und Schüler das Lernangebot nutzten, wurden große Unterschiede in der Bearbeitung deutlich. Durch eine strukturierende Inhaltsanalyse wurden die Dokumente auf unterschiedliche Bearbeitungsformen untersucht und die Differenzen sachlich dargestellt (Mayring, 2010). Die Analyse der Lernendendokumente bestätigte die Beobachtung und bot eine umfangreiche Datenlage in Bezug auf unterschiedliche Nutzungen bzw. Bearbeitungen des Lernangebots. Es konnte eine ganze Bandbreite verschiedener Bearbeitungsformen in Bezug auf die Komplexität der Gleichungen, Vielschichtigkeit der Vorgehensweisen und Menge der Bearbeitungen ausgewertet werden.

Insgesamt erscheint die Wahl der Erhebungsinstrumente als geeignet, um die Datenbasis zum Forschungsanliegen (Kapitel 5) zu bilden.

15.3 Kritische Betrachtung der Auswertungsverfahren

In diesem Abschnitt werden die einzelnen Auswertungsverfahren, bezogen auf die unterschiedlichen Messungen, kritisch betrachtet. Zur Beantwortung der Forschungsfragen wurden verschiedene Messungen durchgeführt, die unterschiedliches Datenmaterial lieferten.

Zur Messung des Lernpotenzials kamen zwei verschiedene Instrumente zum Einsatz: zum einen ein Fragebogen zur Erhebung der lern- und leistungsrelevanten Einstellungen und zum anderen ein standardisierter Kompetenztest zur Erhebung des mathematischen Vorwissens (vgl. Abschnitt 15.2). Für den Bereich des Lernpotenzials wurden die Skalenwerte des Fragebogens genutzt (vgl. Abschnitt 9.1.1) und die Rohwerte des Kompetenztests (vgl. Abschnitt 9.1.2). Die Ergebnisse des Kompetenztests bildeten das mathematische Vorwissen aussagekräftig ab. Hauptsächlich umfasste der Test Aufgaben aus dem arithmetischen Bereich und ermöglichte die Erhebung und Auswertung des bereichsspezifischen

Vorwissens, was für die Studie notwendig war. Die ermittelten Rohwerte für alle Lernenden ergaben manifeste Werte, die mit SPSS ausgewertet werden konnten. Die Datenbasis zu den lern- und leistungsrelevanten Einstellungen wurde aus verschiedenen Skalen etablierter Studien gebildet, was die Reliabilität und Validität absicherte (vgl. Abschnitt 9.1.1). Bei den ausgewählten Skalen handelt es sich allerdings nur um kleine Ausschnitte, die ein Konstrukt beschreiben und damit nur einen kleinen Einblick in die Einstellungen der Lernenden geben. Für die großen Bereiche wie Motivation, Lernangst und Selbstkonzept existieren vielfältige Skalen, um diese Konstrukte zu messen. Die Auswahl für die vorliegende Studie richtete sich nach der Reliabilität der Skalen und dem Inhalt der Items, der verständlich und passend zum Umgang mit dem vorliegenden Lernangebot sein musste. Insbesondere das Konstrukt des Selbstkonzepts Mathematik hätte durch eine alternative Skala möglicherweise aussagekräftigere Ergebnisse geliefert (vgl. Abschnitte 10.2.3 und 11.2). Eine weitere Einschränkung betrifft die freiwillige Angabe der Lernenden. Die eigenen Angaben der Lernenden zu lern- und leistungsrelevanten Einstellungen sind immer Momentaufnahmen und spiegeln Tendenzen wider.

Bevor die statistischen Auswertungsverfahren zum Einsatz kamen, musste eine umfangreiche Datenaufbereitung stattfinden (vgl. Abschnitt 10.1).

Die Daten zur Angebotsnutzung wurden durch eine strukturierte Inhaltsanalyse nach Mayring (2010) aufbereitet. Es zeigte sich, dass der Schritt der Kategorienüberarbeitung durch eine Expertengruppe sehr nützlich war und wiederholt werden musste, um gute Kodiererübereinstimmungen zu erhalten (vgl. Abschnitt 9.2; Abb. 9.3, 7. Schritt). Das entstandene Kategoriensystem ermöglichte eine Kodierung der Lernendenergebnisse aus den beiden Arbeitsphasen des Lernangebots. Zur Absicherung der eindeutigen Kodierung wurde die Kodierer-Reliabiltät überprüft (vgl. Abschnitt 10.1.2.5). Damit konnte sichergestellt werden, dass es sich um valide und reliable Daten (Bortz und Döring, 2016) handelte, mit denen weitergearbeitet werden konnte. Der im Prozess entstandene Kodierleitfaden wurde mehrfach einer Revision unterzogen und innerhalb einer Expertengruppe getestet und geschärft. Da es sich bei der vorliegenden Studie um eine quantitative Studie handelt, mussten die Daten eindeutig aus den Dokumenten zu extrahieren sein. Diese Möglichkeit bot das Kategoriensystem. Für eine qualtiative Studie hätten die Lernendendokumente anhand der Anforderungsbereiche der Bildungsstandards (KMK, 2022) eingeordnet werden können.

Die statistischen Auswertungsverfahren wurden mithilfe des Statistik-Programms IBM-SPSS 2021 durchgeführt. Die deskriptiven Auswertungsmethoden erzielten eine gute Übersicht über das Datenmaterial, in Form von Mittelwerten und Häufigkeiten (vgl. Abschnitt 10.2.1). Durch Korrelationsanalysen wurden Zusammenhänge zwischen einzelnen Faktoren innerhalb des Lernpotenzials sichtbar, aber auch zwischen dem Lernpotenzial und der Angebotsnutzung. Es wurde durch die Zusammenhangsanalysen allerdings keine Aussage über kausale Zusammenhänge getroffen. In welcher Richtung die Wirkung stattfand, wurde nicht ermittelt, da die vorliegende Studie auch nicht darauf abzielte (vgl. Abschnitt 10.2.3; Abschnitt 15.5).

Durch die eingesetzten Clusteranalyseverfahren konnten Gruppen ermittelt werden, die eine ähnliche Nutzung des Lernangebots zeigten. Die Möglichkeiten der Clusterbildung und ihrer Darstellungsformen ließen es zu, Interpretationen über die Zusammensetzung der Gruppen auf manifesten Merkmalen aufzubauen (vgl. Abschnitt 10.2.4). Dieses Verfahren erbrachte zur Beantwortung der Kernfrage des Forschungsinteresses sehr geeignete Ergebnisse (Kapitel, 5; Kapitel 13 und Abschnitt 14.3).

Für die Beantwortung der Forschungsfragen ergaben die ausgewählten Auswertungsverfahren eine gute Passung. Für weitere Fragestellungen können aufbauend auf den Ergebnissen dieser Verfahren andere genutzt werden, beispielsweise die Regressionsanalyse, um Resultate über Wirkungsrichtungen zu erhalten.

15.4 Bewertung der Studiendurchführung

Die Durchführung der Studie (vgl. Kapitel 6) basierte auf drei Komponenten, die als Schwerpunkte dem Angebots-Nutzungs-Modell (Helmke, 2012) entnommen wurden. Damit war ein theoretisch und empirisch abgesicherter Rahmen gegeben. Da das Forschungsanliegen genau in diese drei Schwerpunkte eingeordnet werden konnte, stellten sie eine optimale Ausgangsposition für den Studienaufbau und die Studiendurchführung dar.

Im Hinblick auf die Umsetzbarkeit musste ein Studienaufbau gestaltet werden, der diese drei Schwerpunkte beinhaltete, aber auch in dritten Grundschulklassen durchführbar ist.

Für alle drei Forschungsbereiche konnten aussagekräftige Daten erhoben werden. Es zeigte sich anhand der erhobenen Datenbasis, dass ausreichend Analysematerial vorhanden war, um der Beantwortung der Forschungsfragen nachzugehen.

Die Durchführung der drei Erhebungsteile führte zu keiner Überforderung der Lernenden. Die Dauer und Abfolge der Erhebungen wurden im Voraus so geplant, dass sie mit der Konzentrations- und Leistungsfähigkeit von Drittklässlerinnen und Drittklässlern vereinbar waren. Die drei Teile der Erhebung wurden innerhalb einer Woche mit einer Klasse durchgeführt. Jede Teilerhebung fand an einem anderen Tag statt, um eine Überforderung der Lernenden zu vermeiden. Allerdings durften die einzelnen Teile zeitlich nicht weit auseinanderliegen, um die Vergleichbarkeit des Lernpotenzials und der Angebotsnutzung zu gewährleisten.

Die Reihenfolge der Erhebungen stellte sich ebenfalls als zielführend heraus (vgl. Kapitel 6). Da im Laufe der Untersuchung ein vertrauensvolles Verhältnis mit der Forscherin aufgebaut wurde, konnte die Durchführung des Lernangebots als letzte Komponente auf diesen Voraussetzungen aufbauen. Die persönlichen lern- und leistungsrelevanten Einstellungen wurden unbeeinflusst als erstes erhoben und benötigten keine besondere persönliche Beziehung zwischen den Lernenden und der Forscherin. Dies galt ebenso für die Durchführung des Kompetenztests.

Der ethische Aspekt der Untersuchung wurde beachtet, indem alle Kinder gleichermaßen von dem Projekt profitierten, aber niemand gezwungen wurde, daran teilzunehmen, oder mit schlechten Beurteilungen rechnen musste. Das Unterrichtsklima war lernförderlich – in einem entspannten, wertschätzenden Rahmen.

Zur Beantwortung der Forschungsfragen stellte der durchgeführte Studienaufbau eine adäquate Grundlage dar.

15.5   Limitationen

Inhaltlich fand eine Beschränkung durch die Auswahl des Lernangebots statt. Dieses gehört zum Inhaltsfeld Zahlen und Operationen sowie auch zum übergeordneten Inhaltsfeld Muster und Strukturen (KMK, 2022). Eine weitere Eingrenzung ergab das exemplarische Vorgehen mit einem ausgewählten Lernangebot aus der Arithmetik. Dieses wurde zwar so ausgewählt, dass ein Großteil des arithmetischen Inhaltsspektrums bei der Angebotsnutzung abgedeckt wurde, eine Untersuchung mit anderen arithmetischen Lernangeboten könnte gleichwohl zu anderen Ergebnissen führen.

Analytisch kam es zu Beschränkungen, da aus den statistischen Ergebnissen nicht genau herauszulesen war, wie umfangreich bzw. kompliziert das im Lernangebot verwendete System ist. Die Analyse der Unterkategorien ermöglichte zwar eine Aussage über das verwendete System, jedoch nicht darüber, welche mathematischen Prozesse dahintersteckten. Daraus ergibt sich ein Ziel für ein weiterführendes Projekt auf qualitativer Ebene. Eine qualitative Analyse der verwendeten Systematiken könnte Erkenntnisse zum genauen mathematischen Vorgehen liefern. Es könnten Interviews auf der Grundlage der Lernendendokumente im Anschluss oder während der Nutzung des Lernangebots geführt werden.

Eine weitere Beschränkung hinsichtlich der Analyse bezieht sich auf die Korrelationsberechnungen. Es konnte analysiert werden, dass Zusammenhänge zwischen dem Lernpotenzial und der Angebotsnutzung für die Stichprobe vorlagen, aber nicht, welcher kausale Zusammenhang besteht. Hierzu sind weitere statistische Berechnungen zu weiterführenden Fragestellungen notwendig.

Eine weitere Grenze stellten die allgemeinen unterschiedlichen unterrichtsbedingten Vorerfahrung in den Klassen dar. Aus den Ergebnissen der Studie kann nicht abgelesen werden, ob diese strukturellen und methodischen Unterschiede einen Einfluss auf die Angebotsnutzung hatten. An dieser Stelle wäre es interessant, eine Analyse der großen Leistungsunterschiede zwischen den Klassen durchzuführen.

Weitere allgemeine Faktoren, die ebenfalls Einfluss auf die Angebotsnutzung haben könnten, wurden im Einzelnen nicht betrachtet. So können beispielsweise auf der Ebene der Lehrkraftintervention, der Lernendeninteraktion oder des eingesetzten Materials weiterführende Untersuchungen durchgeführt werden.

Fazit und Ausblick

16

Zu den diskutierten Ergebnissen wird im folgenden Kapitel ein Fazit gezogen sowie die Bedeutungen auf Forschungs- und Unterrichtsebene dargestellt. Auf der forschungstheoretischen Ebene werden Ansätze für mögliche Anschlussforschungen und Weiterentwicklungen zu bereits bestehenden Forschungen in angrenzenden Gebieten aufgezeigt. Zur Verbindung von Theorie und Praxis und zur Weiterentwicklung von Unterrichtsqualität im Mathematikunterricht werden Konsequenzen für den Unterricht beschrieben.

Als Fazit dieser Arbeit, in der untersucht wurde, ob das Potenzial des natürlich differenzierenden Lernangebots „Kombi-Gleichungen" von Lernenden ihrem Lernpotenzial entsprechend genutzt wird, können folgende Erkenntnisse festgehalten werden:
Die Gesamtbetrachtung der vorgestellten Ergebnisse zeigt, dass die Mehrzahl der Lernenden mit unterschiedlichen Lernpotenzialen ihrem persönlichen Lernpotenzial entsprechend das natürlich differenzierende Lernangebot „Kombi-Gleichungen" nutzte, wobei die Niveaustufen der Schwierigkeitsniveaus nicht eindeutig abgrenzbar sind (vgl. Abschnitt 14.2). Um zu einer Präzisierung der Niveaustufen zu kommen, müssten durch qualitative Anschlussstudien die genutzten Niveaustufen im Einzelnen betrachtet und mit dem gezeigten individuellen Lernpotenzial verglichen werden.

Trotz der methodischen Grenzen dieser empirischen Untersuchung, insbesondere durch die beschränkte Verallgemeinerung nur eines natürlich differenzierenden Lernangebots in einer ausgewählten Stichprobe und schwer zu erfassender Lernpotenziale (vgl. Abschnitte 14.1), können Forschungsbefunde festgehalten werden, die die Annahme bestätigen, dass das Nutzen eines natürlich differenzierenden Lernangebots dem individuellen Lernpotenzial entsprechend möglich ist.

S. Friedrich, *Natürliche Differenzierung im Arithmetikunterricht*,
Mathematikdidaktik im Fokus, https://doi.org/10.1007/978-3-658-42849-5_16

Die Schülerinnen und Schüler einer heterogenen Lerngruppe konnten anhand ihrer gezeigten Bearbeitungsformen in drei unterschiedliche Gruppen eingeteilt werden. Damit zeigte sich generell, dass Bearbeitungsformen verschiedener Ausprägungen Gemeinsamkeiten aufwiesen und damit gruppiert werden konnten. Dabei war noch nicht klar, ob es sich hierbei um Gruppen handelte, die nicht nur verschiedene Bearbeitungsformen, sondern auch Unterschiede im Bearbeitungsniveau zeigten. Die Analyse der Gruppenzusammensetzungen machte es möglich, unterschiedliche Niveaustufen zu ermitteln. Die Daten weisen darauf hin, dass es sich bei Gruppe 3 um die Gruppe mit dem höchsten Bearbeitungsniveau handelt. Die Gruppen 1 und 2 sind nicht ganz eindeutig in die Hierarchie einzuordnen. Es kann jedoch davon ausgegangen werden, dass das gezeigte Bearbeitungsniveau in Gruppe 1 höher ist als das der Gruppe 2, da besonders im zweiten Arbeitsauftrag in Gruppe 1 wesentlich umfangreichere Bearbeitungen gezeigt wurden. Die Interpretation der statistischen und inhaltlichen Betrachtung spricht für eine Hierarchie der Bearbeitungsniveaus von Gruppe 2 über Gruppe 1 bis Gruppe 3.

Ergänzend wurden in der Studie die einzelnen Faktoren des Lernpotenzials ausführlich betrachtet. Diese wurden zusammengefasst und in Bezug auf die gebildeten Gruppen hin analysiert. Dabei zeigen die Daten, dass das höchste Lernpotenzial bei der Gruppe zu finden ist, für die das höchste Bearbeitungsniveau ermittelt wurde (Gruppe 3). Das niedrigste Lernpotenzial fällt auf Gruppe 2, die auch das niedrigste Bearbeitungsniveau zeigte. Dabei fiel das Lernpotenzial für Gruppe 1 und 2 sehr ähnlich aus, unterschied sich allerdings stark von dem der Gruppe 3. Für die Leistungsangst konnten keine deutlichen Unterschiede zwischen den Gruppen ermittelt werden, diese hat demnach für die Stichprobe keinen oder nur einen geringen Einfluss auf die Angebotsnutzung.

Innerhalb der Arbeitsphasen entstanden unterschiedliche Ergebnisse der Lernenden, die differente Bearbeitungsformen zeigten. Beim Vergleich der Angebotsnutzung mit dem ermittelten Lernpotenzial war erkennbar, dass Lernende mit geringeren Lernvoraussetzungen das Lernangebot zwar nutzten, aber auf einem niedrigeren Niveau. Sie erfanden weniger komplexe Gleichungen und kaum Gleichungssysteme. Allerdings konnte festgestellt werden, dass auch diese Lernenden von dem Lernangebot profitierten, da sie viele Gleichungen erfanden und sich dadurch intensiv mit mathematischen Zusammenhängen auseinandersetzten. Sie setzten den Arbeitsauftrag umfangreich um, was an der Menge der dokumentierten Gleichungen zu erkennen war, und wurden nicht von einer großen Anzahl gestellter Aufgaben verängstigt oder überfordert. Diese Möglichkeit stellte Schnepel (2019) für einen herkömmlichen Mathematikunterricht fest. Beim Blick auf die Lernenden mit einem höheren Lernpotenzial erwies sich das Lernangebot als Möglichkeit, einen Schritt in die Zone der nächsten Entwicklung zu wagen.

Bei der Analyse der Dokumente wurden die komplexesten Gleichungen häufig nach einigen vorausgehenden Versuchen erfunden. Dieses Vorgehen der Lernenden lässt darauf schließen, dass sie erst mit einfachen Termen ausprobierten und später mit mehrschrittigen, mehreren Operationszeichen und mehrstelligen Zahlen arbeiteten.

Die Resultate der Studie zeigen, dass das natürlich differenzierende Lernangebot „Kombi-Gleichungen" den Empfehlungen der Ständigen Wissenschaftlichen Kommission der Kultusministerkonferenz entspricht, die u. a. besagt, dass didaktische Konzepte in die Praxis getragen und flächendeckend umgesetzt werden müssen, die einer heterogenen Lerngruppe gerecht werden (SWK, 2022).

16.1 Forschungsdesiderate

Die vorliegende Studie macht deutlich, dass natürlich differenzierende Lernangebote eine Möglichkeit für Mathematiklernen in heterogenen Lerngruppen darstellen. Ausgehend von dem gemeinsamen Lerngegenstand „Kombi-Gleichungen" konnte empirisch nachgewiesen werden, dass Lernende entsprechend ihrem Lernpotenzial das Angebot unterschiedlich bearbeiteten. Da sich die Erkenntnisse bislang ausschließlich auf ein exemplarisches Lernangebot beziehen, sind weitere Forschungsarbeiten in diesem Bereich nötig – auch weil davon auszugehen ist, dass sich das Heterogenitätsspektrum in Grundschulklassen in den kommenden Jahren weiterhin ausdehnen wird (Schwippert et al., 2020; Stanat et al., 2022; SWK, 2022).

An die Ergebnisse der vorliegenden Studie können weitere Forschungsarbeiten anknüpfen. Im Folgenden werden vier mögliche Forschungsbereiche hervorgehoben: die Erweiterung des Lernangebots „Kombi-Gleichungen" auf weitere Schul- und Klassenstufen, die entwicklungspsychologische Sicht auf das Lernangebot, die Adaption des Kategoriensystems und die Ausweitung auf weitere Heterogenitätssettings.

Die Untersuchung der Nutzung natürlicher Differenzierung kann auf weitere Schul- und Klassenstufen übertragen werden. Zur Ermittlung von Bearbeitungsformen eignet sich das Lernangebot „Kombi-Gleichungen" für alle Schuljahre, sobald ein Ordinal- und Kardinalzahlverständnis gegeben ist und mindestens zwei Grundrechenarten sicher beherrscht werden. Es wäre interessant, zu überprüfen, inwieweit jüngere Lernende das Angebot nutzen und welche Bearbeitungsformen sich zeigen, wenn das mathematische Vorwissen in geringerem Maße vorhanden ist. Im Gegensatz dazu könnte untersucht werden, wie in höheren Klassen (Sekundarstufe 1) das größere Vorwissen bei der Bearbeitung genutzt wird und

ob sich ein breiteres Spektrum an Bearbeitungsformen zeigt. Es kann davon
ausgegangen werden, dass der Einsatz eines natürlich differenzierenden Lernangebots besonders zu Beginn der Sekundarstufe 1 gewinnbringend eingesetzt
werden kann und damit die Anschlussfähigkeit im Übergang von der Grundschule
zur weiterführenden Schule unterstützt. Um tiefere Einblicke in die Entwicklung
des Lernpotenzials und die Nutzung eines natürlich differenzierenden Lernangebots zu erhalten, sei auf die Möglichkeit einer Längsschnittstudie verwiesen.
Die Beobachtung der Entwicklung über mehrere Schuljahre könnte zu Erkenntnissen über die Wirkung regelmäßig durchgeführter natürlich differenzierter
Lernangebote führen.

Ein weiteres Forschungsinteresse könnte sich den Vorerfahrungen aus unterrichtlichen Kontexten annehmen. Hier wären die Auswirkungen der Vorerfahrungen auf vorangegangenen Unterricht im Fokus der Untersuchung. Dabei
könnten grundsätzliche strukturelle Unterschiede (z. B. Eingangsstufe, Flex-
klasse) in den Blick genommen werden, aber auch spezielle Unterrichtsmethoden
im Mathematikunterricht.

Diese Untersuchungen könnten aufbauend auf dem entwickelten Kategoriensystem zur Ermittlung der Nutzung des Lernangebots durchgeführt werden.
Damit würde gleichzeitig eine Überprüfung des Kategoriensystems in weiteren
Bereichen erfolgen. Durch die Anpassung des Kategoriensystems könnte dieses
ebenfalls für Untersuchungen mit anderen natürlich differenzierenden arithmetischen Lernangeboten genutzt werden. Hier könnte an weiteren Beispielen gezeigt
werden, ob das Arbeiten dem individuellen Lernpotenzial entsprechend auch
bei anderen natürlich differenzierenden Lernangeboten erreichbar ist. Für die
„Kombi-Gleichungen" konnte eine unterschiedliche Nutzung des Lernangebots
festgestellt werden, was für das inhaltliche Potenzial der Aufgabe spricht. Dieser Aspekt könnte für weitere arithmetische Lernangebote überprüft werden,
aber auch für Aufgaben aus anderen Inhaltsfeldern, wie beispielsweise aus der
Geometrie.

Mit Schwerpunkt auf entwicklungspsychologischer Forschung könnte ein weiteres Augenmerk auf die fachlichen Austauschphasen gelegt werden. Es zeigte
sich in der zweiten Arbeitsphase des Lernangebots bei vielen Lernenden ein systematisches Vorgehen und schließlich das Entwickeln von Gleichungssystemen.
Dieses mathematisch anspruchsvolle Vorgehen kann durch den vorhergegangenen
Austausch initiiert worden sein. Welche Auswirkungen der Austausch in dieser
Form hat, kann für die weitere Forschung im Bereich der natürlichen Differenzierung von großem Interesse sein. Es gibt bereits einige Studien, in denen sich
mit der Kommunikation und Kooperation befasst wird (u. a. Gysin, 2017; Häsel-
Weide und Hintz, 2017; Bertram, 2022). Die Frage, ob der Austausch zwischen

Lernenden, in dem sie ihre Vorgehensweisen erklären, hilfreich ist, stellt ein weiteres interessantes Forschungsgebiet dar. Es könnte konkret untersucht werden, inwieweit die Handlungen in der zweiten Arbeitsphase vom Zwischenaustausch geprägt sind.

Das Thema Inklusion und inklusive Settings werden in der vorliegenden Arbeit nicht explizit thematisiert. Allerdings können die Ergebnisse der vorliegenden Studie eine Bedeutung für den Bereich der sonderpädagogischen Förderung einnehmen, denn einige Lernende mit sehr niedrigem Vorwissen nutzten das Lernangebot meist auf einem höheren Niveau, als es ihr Lernpotenzial vermuten ließ (vgl. Abschnitt 14.3). Die Ergebnisse der vorliegenden Studie zeigen, dass alle Lernenden das natürlich differenzierende Lernangebot nutzen konnten. Besonders auffällig waren die Resultate der leistungsschwächeren[1] Lernenden, die motiviert arbeiteten und viele Gleichungen erfanden, diese allerdings weniger Komplexität aufwiesen als die der leistungsstärkeren.

Es existieren bereits Publikationen im Themenbereich der Inklusion, in denen sich mit dem Mathematikunterricht in heterogenen Lerngruppen auseinandergesetzt und der Fokus auf das gemeinsame Lernen inklusive behinderungsbedingter Differenzen gelegt wird (u. a. Franz et al., 2017; Goschler, 2016; Schnepel, 2019). Die Zugangsweisen zu den mathematischen Inhalten müssen dieser Zielgruppe nach Franz et al. (2017) und Goschler (2016) auf mehreren Ebenen ermöglicht werden. Zu diesen Ebenen zählen Wahrnehmungsprozesse, Handlungen, Veranschaulichungen und Abstraktionen, die möglichst gleichberechtigt den Lernprozess begleiten und unterstützen. Das natürlich differenzierende Lernangebot „Kombi-Gleichungen" bietet diese verschiedenen Zugangsweisen. Eventuell könnte in einer nachfolgenden Studie untersucht werden, inwiefern das Konzept der natürlichen Differenzierung – oder konkret die „Kombi-Gleichungen" – in inklusiven Settings eingesetzt werden kann. Dazu müssten Anpassungen vorgenommen und überprüft werden, ob beispielsweise das Bearbeitungsspektrum erweitert werden muss.

Das Vorhaben, das Konzept der natürlichen Differenzierung auf inklusive Settings zu adaptieren, kann einen großen Wert für die sonderpädagogische Forschung bedeuten und würde zu einer weiteren Vernetzung der fachdidaktischen Forschung Mathematik und der sonderpädagogischen Forschungsgebiete führen.

Die gewonnenen Erkenntnisse aus den empirischen Analysen bieten eine Grundlage für die Weiterentwicklung von Lernangeboten, die natürlich differenzieren. Sie zeigen Möglichkeiten eines produktiven Umgangs mit Heterogenität

---

[1] Leistungsschwach und leistungsstark bezieht sich auf den erreichten Wert für das mathematische Vorwissen.

auf und den Aspekt, dass ein Arbeiten am gleichen Unterrichtsgegenstand auf unterschiedlichen Bearbeitungsniveaus möglich ist. Von besonderer Bedeutung ist die Adaption des Konzepts der natürlichen Differenzierung auf inklusive Settings, da sie eine Erweiterung heterogener Lerngruppen darstellen.

Im folgenden Abschnitt wird auf die Bedeutung der Erkenntnisse dieser Arbeit zur natürlichen Differenzierung für die Unterrichtspraxis eingegangen.

16.2 Bedeutung für die Unterrichtspraxis

Mit dem Lernangebot „Kombi-Gleichungen" konnte in der vorliegenden Studie gezeigt werden, dass es möglich ist, mathematische Lernangebote als gemeinsamen Lerngegenstand für heterogene Lerngruppen zu schaffen, die in ihrer fachlichen Komplexität eine Bearbeitung auf unterschiedlichen Schwierigkeitsniveaus anbieten und damit ein Arbeiten entsprechend dem individuellen Lernpotenzial ermöglichen. Auch wenn es bei der Analyse der Daten nicht möglich war, unterschiedliche Schwierigkeitsniveaus exakt abzugrenzen, zeigten sich dennoch komplexe und vielfältige Bearbeitungen in verschiedenen Facetten (Komplexität der Gleichungen, Menge der Gleichungen und Systeme), die den individuellen Niveaus entsprechen. So erfanden Lernende mit umfangreichen Vorkenntnissen im arithmetischen Bereich und hohen lern- und leistungsrelevanten Einstellungen komplexe Gleichungen und Gleichungssysteme, während Lernende mit geringen Vorkenntnissen und niedrigen lern- und leistungsrelevanten Einstellungen eher einfache Gleichungen und keine Systeme erfanden.

Die vorliegenden Ergebnisse zeigen, dass das gewählte natürlich differenzierende Lernangebot die vieldiskutierte, wünschenswerte Teilhabe aller Lernender am Mathematikunterricht ermöglicht (Werner, 2018; Stanat et al., 2022; KMK, 2022). Lernende mit einem sehr geringen Lernpotenzial finden einen Einstieg in das Lernangebot und können dieses nutzen, ebenso werden Herausforderungen für Lernende mit hohem Lernpotenzial ermöglicht. So kann der Schritt in die Zone der nächsten Entwicklung (Vygotzky, 1938; Schütte, 2008) bei dieser Form des Lernangebots von selbst, also natürlich geschehen. Bei der Unterrichtsplanung nach dem Konzept der natürlichen Differenzierung müssen keine Niveaustufen festgelegt werden, allerdings sind einige Aspekte für die Planung zu beachten, damit ein erfolgreiches Arbeiten für alle Lernenden möglich wird. Nach den Erkenntnissen der vorliegenden Studie ist es entscheidend, bei der Auswahl des Lernangebots darauf zu achten, dass es ausreichend Potenzial für unterschiedliche Bearbeitungsformen bietet. Damit wird gewährleistet, dass alle

Lernenden einer heterogenen Lerngruppe nach ihrem individuellen Lernpotenzial gefördert, aber auch gefordert werden. Weitere Kriterien für die Entwicklung sind gemeinsames Arbeiten an einem Lerngegenstand und daraus resultierend die Möglichkeit eines Austauschs und damit eines Lernens von- und miteinander. Außerdem lässt ein Lernangebot, das über Offenheit bezüglich der Lösungswege, Darstellungsformen und Hilfsmittel verfügt, verschiedene Lernprozesse und Schwierigkeitsniveaus zu. Um Lernangebote zu entwickeln, die diese Kriterien erfüllen, ist ein Verständnis des mathematischen Gegenstands grundlegend. Das Verfügen der Lehrkräfte über den Einblick in mathematische Zusammenhänge und das Erkennen von substanziellen Aufgaben stellt eine bedeutsame Voraussetzung für die Planung und Durchführung eines Mathematikunterrichts nach dem Konzept der natürlichen Differenzierung dar und kann nur mit den entsprechenden Kenntnissen und Vorbereitungen zu einem Lernzuwachs für alle Lernenden einer heterogenen Lerngruppe führen. Abgesehen von der Bedeutung für den Lernzuwachs bietet das Arbeiten mit natürlich differenzierenden Lernangeboten weitere Vorteile, die im diagnostischen Bereich einzuordnen sind. Die Lernendendokumente, die bei der Bearbeitung natürlich differenzierender Lernangebote entstehen, können für Diagnosezwecke genutzt werden, um Lernstände zu ermitteln und ggfs. weitere Lernangebote oder Fördermaßnahmen zu planen (Eichler et al., 2022; Streit et al. 2019).

Entsprechend kann das Lernangebot in höheren Schulstufen genutzt und der funktionale Zusammenhang fokussiert werden (Martignon und Rechtsteiner, 2022).

In der vorliegenden Arbeit wurde deutlich, welchen Mehrwert das Konzept der natürlichen Differenzierung für den Mathematikunterricht besitzt. Es konnte nachgewiesen werden, dass die Schülerinnen und Schüler das arithmetische Lernangebot ihrem individuellen Lernpotenzial entsprechend nutzen konnten. Schülerinnen und Schüler der besonders leistungsschwachen und leistungsstarken Gruppen zeigten umfangreiche Bearbeitungen, die tendenziell über das individuelle Lernpotenzial hinausgingen. Da genau in diesen beiden Gruppen bei den letzten Schulleistungsstudien keine Besserung und damit Handlungsbedarf zu erkennen waren, ist eine Ausweitung natürlich differenzierender Konzepte (nicht nur im Mathematikunterricht) möglicherweise ein Schritt in die Richtung einer Verbesserung für Schülerinnen und Schüler dieser beiden Gruppen, aber entsprechend auch für alle anderen.

Literaturverzeichnis

Alter, A., Aronson, J., Darley, J., Rodrigues, C. und Ruble, D. (2010). Rising to the threat: Reducing stereotype threat by reframing the threat as a challenge. *Journal of Experimental Social Psychology, 46*. S. 166–171. https://doi.org/10.1016/j.jesp.2009.09.014.

Bönig, D. (1995). *Multiplikation und Division. Empirische Untersuchungen zum Operationsverständnis bei Grundschülern.* Münster: Waxmann.

Bönsch, M. (2004). *Differenzierung in Schule und Unterricht.* München.

Bacher, J., Pöge, A. und Wenzig, K. (2011). *Clusteranalyse 3.A: Anwendungsorientierte Einführung in Klassifikationsverfahren.* München: Oldenbourg Wissenschaftsverlag. https://doi.org/10.1524/9783486710236.

Baireuther, P. und Kucharz, D. (2007). Mathematik in jahrgangsheterogenen Lerngruppen. *Grundschulunterricht Mathematik(11)*, S. 25–30.

Baumert, J. (1993). Lernstrategien, motivationale Orientierung und Selbstwirksamkeitsüberzeugungen im Kontext schulischen Lernens. *Unterrichtswissenschaft*, S. 327–354.

Baumert, J., Kunter, M., Blum, W., Brunner, M., Voss, T. und Jordan, A. (2010). Teachers' mathematical knowledge, cognitive activation in the classroom, and student progress. *American Educational Research Journal, 47(1)* S. 133–180. (https://doi.org/10.3102/000 2831209345157).

Bauer, R. und Maurach, J. (2014). *Einstern 1.* Hannover: Cornelsen.

Beauftragte der Bundesregierung für die Belange von Menschen mit Behinderungen. (2017). *UN-Behindertenrechtskonvention.* Berlin: Hausdruckerei BMAS, Bonn.

Benz, C. (2018). Den Blick schärfen: Grundlage für arithmetische Kompetenzen. In A. Steinweg, *Inhalte im Fokus – Mathematische Strategien entwickeln. Tagungsband des AK Grundschule in der GDM.* (Bd. 8).

Berlinger, N., und Dexel, T. (2017). *Natürliche Differenzierung.* Von http://www.inklusionlexikon.de/_N0.htm. abgerufen.

Bertram, J. (2022). Modell der professionellen Handlungskompetenz von Lehrkräften für inklusiven Mathematikunterricht. In *Lernprozesse von Lehrkräften im Rahmen einer Fortbildung zu inklusivem Mathematikunterricht* (S. 63–90). Wiesbaden: Springer Spektrum.

Bezold, A. (2012). Förderung von Argumentationskompetenzen auf der Grundlage von Forscheraufgaben. Eine empirische Studie im Mathematikunterricht der Grundschule. *Mathematica Didactica*, S. 73–103.

Blanz, M. (2015). *Forschungsmethoden und Statistik für die Soziale Arbeit: Grundlagen und Anwendungen.* Stuttgart: Kohlhammer.

© Der/die Herausgeber bzw. der/die Autor(en), exklusiv lizenziert an Springer Fachmedien Wiesbaden GmbH, ein Teil von Springer Nature 2023
S. Friedrich, *Natürliche Differenzierung im Arithmetikunterricht,* Mathematikdidaktik im Fokus, https://doi.org/10.1007/978-3-658-42849-5

Bochnik, K. (2017). *Sprachbezogene Merkmale als Erklärung für Disparitäten mathematischer Leistung.* In A. Heinze, und M. Schütte (Hrsg.) *Empirische Studien zur Didaktik der Mathematik.* Münster, New York: Waxmann.

Bonsen, M., Kummer, N., Lintorf, K., Frey, K. und Bos, W. (2009). *TIMSS 2007.* Waxmann.

Borg, I. und Staufenbiel, T. (2007). *Lehrbuch Theorien und Methoden der Skalierung.* Bern: Huber.

Bortz, J. und Döring, N. (2016). *Forschungsmethoden und Evaluation in den Sozial- und Humanwissenschaften.* Berlin Heidelberg: Springer.

Bos, W., Bonsen, M., Baumert, J., Prenzel, M., Selter, C. und Walther, G. (2008). *TIMSS 2007. Mathematische und naturwissenschaftliche Kompetenzen von Grundschulkindern in Deutschland im internationelen Vergleich.* Münster: Waxmann.

Bos, W., Bonsen, M., Kummer, N., Lintorf, K. und Frey, K. (2009). *TIMSS 2007. Dokumentation der Erhebungsinstrumente zur "Trends in International Mathematics and Science Study".* Münster u. a.: Waxmann.

Bos, W., Hornberg, S., Arnold, K.-H., Faust, G., Fried, L., Lankes, E.-M., Schwippert, K., Valtin, R. (2008a). *IGLU-E 2006. Die Länder der Bundesrepublik Deutschland im nationalen und internationlen Vergleich.* Münster: Waxmann.

Bos, W., Lankes, E.-M., Prenzel, M., Schwippert, K. und Walther, G. (2003). *Erste Ergebnisse aus IGLU. Schülerleistungen am Ende der vierten Jahrgagnsstufe im internationalen Vergleich.* Münster: Waxmann.

Bos, W., Lankes, E.-M., Prenzel, M., Schwippert, K., Valtin, R., Voss, A. und Walther, G. (2005). *IGLU. Skalenhandbuch zur Dokumentation der Erhebungsinstrumente.* Münster: Waxmann.

Bos, W., Strietholt, R., Goy, M., Stubbe, T. C., Tarelli, I. und Hornberg, S. (2010). *IGLU 2006. Dokumentation der Erhebungsinstrumente.* Münster; New York; München; Berlin: Waxmann.

Bos, W., Wendt, H., Köller, O. und Selter, C. (2012). *TIMSS 2011. Mathematische und naturwissenschaftliche Kompetenz von Grundschulkindern in Deutschland im internationalen Vergleich.* Münster: Waxmann.

Brügelmann, H. (2011). Den Einzelnen gerecht werden – in der inklusiven Schule. Mit einer Öffnung des Unterrichts raus aus der Individualisierungsfalle! *Zeitschrift für Heilpädagogik, 62,* S. 355–362.

Brunner, E. (2017). Mathematikunterricht in Mehrjahrgangsklassen der Primarschule: Eine Deskription entlang verschiedener Gestaltungselemente und Einschätzungen der Lehrpersonen. *Journal für Mathematik-Didaktik JMD, 38*(1), S. 57–91.

Brunner, E., Gasteiger, H., Lampart, J. und Schreieder, K. (2019). Mathematikunterricht in jahrgangsübergreifenden Klassen der Grundschule in der Schweiz und in Deutschland: eine vergleichende Studie. *Schweizerische Zeitschrift für Bildungswissenschaften, 41 (1)*DOI: https://doi.org/10.25656/01:17730. S. 160–176.

Buholzer, A. und Kummer Wyss, A. (2010). *Alle gleich – alle unterschiedlich! Zum Umgang mit Heterogenität in Schule und Unterricht.* (A. Kummer Wyss, Hrsg.) Seelze.

Buró, S. und Prediger, S. (2019). *Low entrance or reaching the goals? Mathematics teachers' categories for differentiating with open-ended tasks in inclusive classrooms.* Eleventh Congress of the European Society for Research in Mathematics Education. Utrecht, Netherlands: Utrecht University.

Carle, U. und Metzen, H. (2014). *Wie wirkt Jahrgangsübergreifendes Lernen? Internationale Literaturübersicht zum Stand der Forschung, der praktischen Expertise und der pädagogischen Theorie.* Frankfurt am Main: Grundschulverband e. V.. DOI: https://doi.org/10.25656/01:18829

Carpenter, T. und Lehrer, R. (1999). Teaching and learning mathematics with understanding. In E. Fennema, & T. Romber, *Mathematics classrooms that promote understanding.* (S. 19–32). London: Lawrence Erlbaum Associates.

Cicchetti, D. (1994). Guidelines, Criteria, and Rules of Thumb for Evaluating Normed and Standardized Assessment Instruments in Psychology. *Psychological Assessment, 6*(4), S. 284–290.

Cohen, J. (1988). Statistical power analysis for the behavioral sciences (2nd ed). Hillsdale, N.J: L. Erlbaum Associates.

Corno, L. (2008). On teaching adaptively. *Educational Psychologist, 43*(3), S. 161–173.

Cummins, J. (1984). *Bilingualism and Special Education.*

Decristan, J., Hess, M., Holzberger, D. und Praetorius, A.-K. (2020). Oberflächen- und Tiefenmerkmale. Eine Reflexion zweier prominenter Begriffe der Unterrichtsforschung. *Zeitschrift für Pädagogik, 66,* S. 102–116.

Decristan, J., Naumann, A., Fauth, B., Rieser, S., Büttner, G. und Klieme, E. (2014). Heterogenität von Schülerleistungen in der Grundschule. Bedeutung unterschiedlicher Leistungsindikatoren und Bedingungsfaktoren für die Einschätzung durch Lehrkräfte. *Zeitschrift für Entwicklungspsychologie und pädagogische Psychologie, 46*(4), S. 181–190.

de Moll, F., Bischoff, S., Lipinska, M., Pardo-Puhlmann, M. und Betz, T. (2016). *Projekt EDUCARE: Skaltendokumentation zur Kinderbefragung an Grundschulen.* Frankfurt am Main: Goethe-Universität.

Eichler, A., Rathgeb-Schnierer, E. und Volkmer, J. (2022). Das Beurteilen von Lernprodukten als Facette diagnostischer Kompetenz fördern. *J Math Didakt* https://doi.org/10.1007/s13138-022-00216-8.

Eccles, J., Wigfield, A., Harold, R. und Blumenfeld, P. (1993). Age and gender differences in children's self- and task perceptions during elementary school. *Child Development, 64,* S. 830–847.

Ehm, J.-H. (2012). Akademisches Selbstkonzept im Grundschulalter. Entwicklungsanalyse dimensionaler Vergleiche und Exploration differenzieller Unterschiede.

Erhardt, M. und Senn, J. (2019). *Umgang mit Heterogenität am Beispiel der Jahrgangsmischung in der Grundschule. Frühkindliche Inklusion und Übergänge.*

Faust-Siehl, G., Garlichs, A., Ramseger, J., Schwarz, H. und Warm, U. (1996). *Die Zukunft beginnt in der Grundschule. Empfehlungen zur Neugestaltung der Primarstufe.* . Frankfurt am Main: Arbeitskreis Grundschule – Der Grundschulverband e. V.

Fauth, B., Decristan, J., Rieser, S., Klieme, E. und Büttner, G. (2014). Student ratings of teaching quality in primary school: dimensions and prediction of student outcomes. *Learning and Instruction, 29,* S. 1–9.

Fend, H. (1981). *Theorie der Schule.* München, Wien, Baltimore: Urban und Schwarzenberg.

Fetzer, M. (2019). Mit Objekten Mathematik lernen. In A. Frank, S. Krauss, und K. Binder, *Beiträge zum Mathematikunterricht* (S. 233–236). Münster: WTM-Verlag.

Fischer, U., Roesch, S. und Moeller, K. (2017). Diagnostik und Förderung bei Rechenschwäche. Lernen und Lernstörungen.

Flewelling, G., und Higginson, W. (2001). *A Handbook on Rich Learning Tasks Centre for Mathematics, Science, and Technology Education.* Kingston: Queen's Universtiy.

Freudenthal, H. (1973). *Mathematik als pädagogische Aufgabe* (Bd. 1). Stuttgart: Klett.

Franz, J., Goschler, W. und Ratz, C. (2017). Das Pascalsche Dreieck als "Gemeinsamer Lerngegenstand" für Schülerinnen und Schüler mit dem Förderschwerpunkt geistige Entwicklung in heterogenen Gruppen. In: E. Fischer, *Inklusion – Chancen und Herausforderungen für Menschen mit geistiger Behinderung.* (S. 192–209). Weinheim: Beltz Juventa.

Fritz, A. und Ricken, G. (2008). *Rechenschwäche.* München: Ernst Reinhardt Verlag.

Fritz, A., Ehlert, A. und Leutner, D. (2018). *Arithmetische Konzepte aus kognitiventwickungspsychologischer Sicht.* JMD. https://doi.org/10.1007/s13138-018-0131-6

Fromme, M. (2017). *Stellenwertverständnis im Zahlenraum bis 100. Theoretische und empirische Analysen.* Wiesbaden: Springer Spektrum.

Götze, D., Selter, C. und Zannetin, E. (2019). *Das KIRA Buch: Kinder rechnen anders.* Seelze: Kallmeyer.

Gaidoschik, M., Moser-Opitz, E., Nührenbörger, M. und Rathgeb-Schnierer, E. (2021). Besondere Schwierigkeiten beim Mathematiklernen. *Special Issue der Mitteilungen der Gesellschaft für Didaktik der Mathematik, 47.*

Gasteiger, H. (2011). *Mathematisches Lernen von Anfang an. Kompetenzorientierte Förderung im Übergang Kindertagesstätte – Grundschule.* Kiel: IPN.

Gerstenmaier, J. und Mandl, H. (1995). Wissenserwerb unter konstruktivistischer Perspektive. *Zeitschrift für Pädagogik, 41*(6), S. 867–888.

Gerster, H.-D. und Schultz, R. (2004). *Schwierigkeiten biem Erwerb mathematischer Konzepte im Anfangsunterricht. Bericht zum Forschungsprojekt Rechenschwäche – Erkennen, Beheben, Vorbeugen.* Freiburg im Breisgau: PH Freiburg.

Gogolin, I., Neumann, U. und Roth, H.-J. (2005). Sprachdiagnostik im Kontext sprachlicher Vielfalt. Zur Einführung in die Dokumentation der Fachtagung am 14. Juli 2004 in Hamburg . In I. Gogolin, U. Neumann und H.-J. Roth, *Sprachdiagnostik bei Kindern und Jugendlichen mit Migrationshintergrund. Dokumentation einer Fachtagung am 14. Juli 2004 in Hamburg.* (S. 7–16). Münster: Waxmann.

Goldan, J., Geist, S. und Lütje-Klose, B. (2020). Schüler* innen mit sonderpädagogischem Förderbedarf während der Corona-Pandemie. Herausforderungen und Möglichkeiten der Förderung–Das Beispiel der Laborschule Bielefeld . S. 189–201.

Goodlad, J. und Anderson, R. (1987 zuerst 1959). *The nongraded elementary school.* (2. Auflage). New York: Teachers College Press (Columbia University).

Goschler, W. (2016). Gemeinsames Lernen in heterogenen Gruppen – Das Pascalsche Dreieck im Spannungsfeld zwischen Individualisierung/Differenzierung und gemeinsamen Lernen. In C. Schmude, und H. Wedekind, *Lernwerkstätten an Hochschulen – Orte einer inklusiven Pädagogik.* (S. 127–144). Bad Heilbrunn: Klinkhardt.

Grabinger, R. und Dunlap, J. (1995). Rich environments for active learning: A Definition. *Association for Learning Technology Journal, 3*(2), S. 5–34.

Griffin, P. (2009). What makes a rich task? *Mathematics Teaching, 212,* S. 32–34.

Grunder, H.-U. (2009). *Zum Umgang mit Heterogenität in der Schule. 1.* Baltmannsweiler: Schneider-Verlag.

Guay, F., Marsh, H. und Boivin, M. (2003). Academic self-concept and academic achievement: Developmental perspectives on their causal ordering. *Journal of Educational Psychology, 95,* S. 124–136.

Guay, F., Ratelle, C., Roy, A. und Litalien, D. (2010). Academic self-concept, autonomous academic motivation, and academic achievement: Mediating and additive effects. *Learning and Individual Differences, 20*, S. 644–653.

Guder, K.-U. (2011). *Mathematische Kompetenzen erheben, fördern und herausfordern.* Kiel: IPN.

Gysin, B. (2017). *Lerndialoge von Kindern in einem jahrgangsgemischten Anfangsunterricht Mathematik. Chancen für eine mathematische Grundbildung.* Empirische Studien zur Didaktik der Mathematik, Band 31. Münster, Nex York: Waxmann.

Häsel-Weide, U. (2016). Mathematik gemeinsam lernen. Lernumgebungen für den inklusiven Mathematikunterricht. In A. S. Steinweg, *Inklusiver Mathematikunterricht – Mathematiklernen in ausgewählten Förderschwerpunkten.* Bamberg: University of Bamberg Press.

Häsel-Weide, U., und Hintz, A. (2017). Soziale Begegnungen beim (kooperativen) Lernen im Mathematikunterricht. In U. Häsel-Weide und M. Nührenbörger (2017). *Gemeinsam Mathematik lernen. Mit allen Kindern rechnen* (S. 78–87). Frankfurt a. M.: Grundschulverband e. V.

Häsel-Weide, U. und Nührenbörger, M. (2017). *Gemeinsam Mathematik lernen – mit allen Kindern rechnen.* Beiträge zur Reform der Grundschule, 144. Frankfurt am Main: Beltz.

Hammer, S. R. (2015). *Mathematische Kompetenz in PISA 2015: Ergebnisse, Veränderungen und Perspektiven. PISA.*

Hardy, I., Decristan, J. und Klieme, E. (2019). Adaptive teaching in research on learning and instruction. *Journal for Educational Research Online, 11*(2), S. 169–191.

Hardy, I., Mannel, S. und Meschede, N. (2020). Adaptive Lernumgebungen. In M. Kampshoff und C. Wiepcke, *Heterogentiät in Schule und Unterricht.* Stuttgart: Kohlhammer.

Hattie, J. (2009). *Visible Learning. A synthesis of over 800 metaanalyses relating to achievement.* New York.

Heinze, A., Herwartz-Emden, L., Braun, C. und Reiss, K. (2011). Die Rolle von Kenntnissen der Unterrichtssprache beim Mathematiklernen. Ergebnisse einer quantitativen Längsschnittstudie in der Grundschule. In S. Prediger und E. Özdil, *Mathematiklernen unter der Berücksichtigung der Mehrsprachigkeit. Stand und Perspektiven der Forschung und Entwicklung in Deutschland.* Münster: Waxmann.

Heinzel, F. (2008). Umgang mit Heterogenität in der Grundschule. In J. Ramseger, und M. Wagener, *Chancengleichheit in der Grundschule. Ursachen und Wege aus der Krise* (S. 133–138). Wiesbaden: VS.

Helmke, A. (1998). Vom Optimisten zum Realisten? Zur Entwicklung des Fähigkeitsselbstkonzepts vom Kindergarten bis zur 6. Klassestufe. In: W. Schneider, und F. Weinert, *Entwicklung im Kindesalter* (S. 116–132). Weinheim: Beltz.

Helmke, A. (2003). *Unterrichtsqualität – erfassen, bewerten, verbessern.* Seelze-Velber: Klett-Kallmeyer.

Helmke, A. (2007). Guter Unterricht – nur ein Angebot? Interview mit dem Unterrichtsforscher Andreas Helmke. *Friedrich Jahresheft*, S. 62–65.

Helmke, A. (2010). *Unterrichtsqualtiät und Lehrerprofessionalität. Diagnose, Evaluation und Verbesserung des Unterrichts (3. Auflage).* Seelze-Velber: Klett-Kallmeyer.

Helmke, A. (2012). *Unterrichtsqualität und Lehrerprofessionalität – Diagnose, Evaluation und Verbesserung des Unterrichts.* Seelze-Velber: Friedrich/ Klett/ Kallmeyer.

Helmke, A. und Schrader, F.-W. (2006). Lehrerprofessionalttät und Unterrichtsqualität. Den eigenen Unterricht reflektieren und beurteilen. *Schulmagazin*, 5–10 (9).

Hemmerich, W. (2015). *StatiskikGuro*. Von Cohen's d berechnen: https://statistikguru.de/rec hner/cohens-d.html abgerufen

Hermann, J. (2020). Warum Mädchen schlechter rechnen und Jungen schlechter lesen – Wenn Geschlechtsstereotype zur Bedrohung für das eigene Leistungsvermögen in der Schule werden. In S. Glock und H. Kleen, *Stereotype in der Schule* (S. 33–70). Wiesbaden: Springer VS. https://doi.org/10.1007/978-3-658-27275-3.

Hengartner, E. (2010). *Lernumgebungen für Rechenschwache bis Hochbegabte: natürliche Differnezierung im Mathematikunterricht*. Stuttgart: Klett.

Hermann, J. (2020). Warum Mädchen schlechter rechnen und Jungen schlechter lesen – Wenn Geschlechtsstereotype zur Bedrohung für das eigene Leistungsvermögen in der Schule werden. In S. Glock, und H. Kleen, *Stereotype in der Schule* (S. 33–70). Wiesbaden: Springer VS. https://doi.org/10.1007/978-3-658-27275-3

Herzog, M., Francis, G. und Clarke, A. (2019). *Understanding statistics and experimental design: How to not lie with statistics. Learning materials in biosciences*. Cham, Switzerland: Springer.

Hirt, U. und Wälti, B. (2010). *Lernumgebungen im Mathematikunterricht. Natürliche Differenzierung für Rechenschwache bis Hochbegabte*. Seelze-Velber: Kallmeyer-Klett.

Hoegel, B. (2022). *Arithmetik*. Abgerufen am Dezember 2022 von https://www.biancahoe gel.de/mathe/rechnen/arithmetik.html

Hußmann, A., Wendt, H., Bos, W., Bremerich-Vos, A., Kasper, D., Lankes, E.-M., . . . Valtin, R. (2017). *IGLU 2016. Lesekompetenzen von Grundschulkindern in Deutschland im internationalen Vergleich*. Münster, New York: Waxmann.

Humbach, M. (2008). *Arithmetische Basiskompetenzen in der Klasse 10: Quantitative und qualitative Analysen*. Berlin: Köster.

Hurrelmann, K. (2021). Inklusion noch einmal von vorne denken. *Gemeinsam lernen, 7*(1), S. 98–101.

Inckemann, E. (2014). Binnendifferenzierung – Individualisierung – adaptiver Unterricht. In W. Einsiedler, M. Götz, A. Hartinger, F. Heinzel, J. Kahlert, und U. Sandfuchs. *Handbuch Grundschulpädagogik und Grundschuldidaktik* (S. 374–384). Bad Heilbrunn: Julius Klinkhardt.

Jütte, H. und Lüken, M. (2021). Mathematik inklusiv unterrichten – Ein Forschungsüberblick zum aktuellen Stand der Entwicklung einer inklusiven Didaktik für den Mathematikunterricht in der Grundschule. *Zeitschrift für Grundschulforschung, 14*, S. 31–48.

Jones, J. (2020). *Attitudes of Primary School Teachers towards Inclusive Education in Belize: A Systematic Review*. University of South Wales: Online Submission, M.A. Dissertation.

König, J., Gräsel, C. und Decristan, J. (2017). Adaptiver Umgang mit Heterogenität im Unterricht. *Zeitschrift für Lernforschung. Unterrichtswissenschaft* (45), S. 195–206.

Käpnick, F. (2016). *Verschieden verschiedene Kinder: Inklusives Fördern im Mathematikunterricht der Grundschule*.

Käpnick, F. und Benölken, R. (2020). *Mathematiklernen in der Grundschule* (2. Auflage). Berlin: Springer Spektrum.

Kamii, C. (1989). *Young Children continue to reinvent arithmetic. 2nd Grade. Implications of Piaget's theory*. New York.

Khalaila, R. (2015). The Relationship Between Academic Self-Concept, Intrinsic Motivation, Test Anxiety, and Academic Achievement Among Nursing Students: Mediating and modera¬ ting effects. *Nurse Education Today, 35(3)*, S. 432–438.

Klafki, W. und Stöcker, H. (1976). *Innere Differenzierung des Unterrichts*. In W. Klafki (Hrsg.) *Neue Studien zur Bildungstheorie und Didaktik*. Weinheim: Beltz.

Klafki, W. (2007). *Neue Studien zur Bildungstheorie und Didaktik*. Weinheim: Beltz.

Klauer, K. und Leutner, D. (2012). *Lehren und Lernen. Einführung in die Instruktionspsychologie*. Weinheim: Beltz/PVU.

Kluge, F. (1995). *Etymologisches Wörterbuch der deutschen Sprache*. Berlin.

KMK (2004). *Bildungsstandards im Fach Mathematik für den Primarbereich*. München: Luchterhand.

KMK (2005). *Bildungsstandards der Kultusministerkonferenz. Erläuterungen zur Konzeption und Entwicklung*. München: Luchterhand.

KMK (2011). *Bildungsstandards und Inhaltsfelder. Das neue Kerncurriculum für Hessen. Primarstufe. Mathematik*. Wiesbaden.

KMK (2022). *Bildungsstandards für das Fach Mathematik Primarbereich. Beschluss der Kultusministerkonferenz vom 15.10.2004, i. d. F. vom 23.06.2022.*

Knoche, N. (2002). Die PISA-2000-Studie, einige Ergebisse und Analysen. *Journal für Mathematik-Didaktik, 23(3)*, S. 159–202.

Koo, T. und Li, M. (2016). A Guideline of Selecting and Reporting Intraclass Correlation Coefficients for Reliability Research. *J Chiropr Med, 15(2)*, S. 155–163.

Knoppick, H., Becker, M., Neumann, M., Maaz, K. und Baumert, J. (2015). Der Einfluss des Übergangs in differenzielle Lernumwelten auf das allgemeine und schulische Wohlbefinden von Kindern. *Zeitschrift für Pädagogische Psychologie, 29(3–4)*, S. 163–175.

Korff, N. (2015). *Inklusiver Mathematikunterricht in der Primarstufe*. Baltmannsweiler: Schneider.

Korten, L. (2020). *Gemeinsame Lernsituationen im inklusiven Mathematikunterricht – Zieldifferentes Lernen am gemeinsamen Lerngegenstand des flexiblen Rechnens in der Grundschule*. Wiesbaden: Springer.

Kramer, M. (2014). *Überlegungen zur Zone der proximalen Entwicklungen im Licht der Inklusionsdebatte – ein tätigkeitstheoretischer Ansatz*. In D. Hollick, M. Kramer, J. Reitinger, und M. Neißl. *Heterogenität in pädagogischen Handlungsfeldern. Perspektiven. Befunde. Konzeptionelle Ansätze* (S. 7–24). Kassel: kassel university press.

Krauthausen, G. und Scherer, P. (2010). *Heterogenität, Differenzierung, Individualisierung – Hintergründe des EU-Projekts NaDiMa (Natürliche Differenzierung im Mathematikunterricht)*.

Krauthausen, G. und Scherer, P. (2010a). *Umgang mit Heterogenität. Handreichungen des Programms SINUS an Grundschulen*. Kiel: IPN.

Krauthausen, G. und Scherer, P. (2014). *Einführung in die Mathematikdidaktik*. (3. Auflage, Nachdruck). Heidelberg: Springer Spektrum.

Krauthausen, G. und Scherer, P. (2016). *Natürliche Differenzierung im Mathematikunterricht. Konzepte und Praxisbeispiele aus der Grundschule*. Seelze: Kallmeyer.

Kreisler, M. (2014). *Motivatinale Prozesse in der Förderung sozialer und personaler Kompetenzen in berufsbildenden Schulen*. München und Mering: Hampp-Verlag.

Krippner, W. (1992). *Mathematik differenziert unterrichten*. Hannover: Schroedel.

Kuckartz, U. (2012). *Qualitative Inhaltsanalyse. Methoden, Praxis, Computerunterstützung.* Weinheim und Basel: Beltz Juventa.

Kuger, S. (2016). Curriculum and learning time in international school achievement studies. In S. Kuger, E. Klieme, N. Jude, und D. Kaplan. *Assessing contexts of learning* (S. 395–422). Berlin: Springer.

Kuhn, J., Schwenk, C., Souvignier, E. und Holling, H. (2019). Arithmetische Kompetenz und Rechenschwäche am Ende der Grundschulzeit. Die Rolle statusdiagnostischer und lernverlaufsbezogener Prädiktoren. *Empirische Sonderpädagogik, 11(2)*, S. 95–117.

Kuhnke, K. (2013). *Vorgehensweisen von Grundschulkindern beim Darstellungswechsel – Eine Untersuchung am Beispiel der Multiplikation im 2. Schuljahr.* Wiesbaden: Springer.

Kunter, M. (2005). *Multiple Ziele im Mathematikunterricht.* Münster: Waxmann.

Kunter, M. und Voss, T. (2011). Das Modell der Unterrichtsqualität in COACTIV: Eine multikriteriale Analyse. In M. Kunter, J. Baumert, W. Blum, U. Klusmann, S. Krauss, und M. Neubrand, *Professionelle Kompetenz von Lehrkräften* (S. 85–113). Münster: Waxmann.

Kunter, M., Klusmann, U., Baumert, J., Richter, D., Voss, T. und Hachfeld, A. (2013). Professional competence of teachers: effects on instructional quality and student development. *Journal of Educational Psychology, 105(3)*, S. 805–820.

Lütje-Klose, B. und Miller, S. (2015). Inklusiver Unterricht – Forschungsstand und Desiderata. In A. Peter-Koop, T. Rottmann, und M. Lüken, *Inklusiver Mathematikunterricht in der Grundschule.* (S. 10–32). Offenburg: Mildenberger Verlag.

Lambrich, H. (2019). Nonkognitive Kompetenzen in der Grundschule. *Fokus Grundschule, 1*, S. 33–39.

Lamnek, S. (2010). *Qualitative Sozialforschung.* Weinheim: Beltz Verlagsgruppe.

Langhorst, P. (2011). Das Teil-Teil-Ganze-Konzept. *MNU-Primar, 3(1)*, S. 10–17.

Largo, R.-H. und Beglinger, M. (2009). *Schülerjahre. Wie Kinder besser lernen.* München: Piper.

Lauermann, F., Tsai, Y.-M. und Eccles, J. (2017). Math-related career aspirations and choices within Eccles et al.'s expectancy-value theory of achievement-related behaviors . *Developmental Psychology, 53(8).* S. 1540–1559. https://doi.org/10.1037/dev0000367)

Lepper, C., Stang, J. und McElvany, N. (2022). Bedeutung der wahrgenommenen Motivierungsqualität für intrinsische Motivation und Selbstkonzept von Grundschulkindern. *50(1)*, S. 125–147.

Leuders, T. (2009). Intelligent üben und Mathematik erleben. *Mathemagische Momente, 1*, S. 130–143.

Leuders, T. und Prediger, S. (2017). *Flexibel differenzieren erfordert fachdidaktische Kategorien.* In J. Leuders, T. Leuders, S. Prediger, und S. Ruwisch (Hrsg.) *Mit Heterogenität im Mathematikunterricht umgehen lernen. Konzepte und Perspektiven für eine zentrale Anforderung an die Lehrerbildung.* Wiesbaden: Springer Spektrum.

Leuders, T. und Prediger, S. (2012). *"Differenziert Differenzieren". Mit Heterogenität in verschiedenen Phasen des Mathematikunterrichts umgehen.* In A. Ittel und R. Lazarides (Hrsg.). *Differenzierung im mathematisch-naturwissenschaftlichen Unterricht – Implikationen für Theorie und Praxis.* (S. 35–66). Bad Heilbrunn: Klinkhardt.

Lindenskov, L. und Lindhardt, B. (2020). Exploring approaches for inclusive mathematics teaching in Danish public schools. *Mathematics Education Research Journal, 32*, S. 57–75.

Lipowsky, F., Rakoczy, K., Drollinger-Vetter, B., Koeme, E., Reusser, K. und Pauli, C. (2009). Quality of geometry instruction and its short-term impact on students? Understanding of Pythagorean Theorem. *Learning and Instruction, 19(6)*, S. 527–537.

Liu, M. und Huang, W. (2011). An Exploration of Foreign Language Anxiety and English Learn¬ ing Motivation. *Hindawi Publishing Corporation Education Research International*, S. 1–8.

Lompscher, J. (1995). *Erfassung von Lernstrategien mittels Fragebogen.* Zentrum für Lehrerbildung. Potsdam: LLF-Berichte/Universität.

Lorenz, J. H. (2000). *Aus Fehlern wird man ... Irrtümer in der Mathematikdidaktik des 20. Jahrhunderts.* Offenburg: Mildenberger.

Lorenz, J. H. (2011). Anschauungsmittel und Zahlenrepräsentation. In *Tagungsband des AK Grundschule in der GDM.* (Bd. 1, S. 39–54).

Müller, G., Steinbring, H. und Wittmann, E. (2004). *Arithmetik als Prozess.* Hannover: Friedrich.

Müller, G., Steinbring, H. und Wittmann, E. (1997). *10 Jahre "Mathe 2000". Bilanz und Perspektiven.* Düsseldorf: Klett.

Maheady, L. und Gard, J. (2010). Classwide peer tutoring: Practice, theory, research, and personal narrative. *Intervention in School and Clinic. 46(2)*, S. 71–78.

Martignon, L. und Rechtsteiner, C. (2022). The Benefits of an Interdisciplinary Approach to Mathematics Education on Issues Around Computation in School. *Front. Psychol., 13:533402.* doi: https://doi.org/10.3389/fpsyg.2022.533402.

May, P., Bennöhr, J. und Berger, C. (2014). Abgerufen September 2022 von Lernentwicklungsmonitoring mit KEKS: http://www.peter-may.de/Dokumente/May_doc/May_Bennoehr_Berger_2014_KEKS_Test_Trends.pdf

May, P., Bennöhr, J., Kinze, J., Büchner, I., Ricken, G., Berger, C., . . . Hildenbrand, C. (2018). *KEKS Kompetenzerfassung in Kindergarten und Schule – Handbuch Konzept, theoretische Grundlagen und Normierung.* (P. May, und J. Bennöhr, Hrsg.) Berlin: Cornelsen.

Mayring, P. (2002). *Qualitative Sozialforschung.* Weinheim und Basel: Beltz Verlag.

Mayring, P. (2010). *Qualitative Inhaltsanalyse.* Weinheim: Beltz Verlagsgruppe.

Meyer, H. (2011). *Was ist guter Unterricht?* Berlin: Cornelsen.

Mietzel, G. (2007). *Pädagogische Psychologie des Lernens und Lehrens.* Göttingen: Hogrefe.

Moate, J., Kuntze, S., und Chan, M. (2021). Student participation in peer interaction – Use of material resources as a key consideration in an open-ended problem-solving mathematics task. *LUMAT: International Journal on Math, Science and Technology Education, 9(1)*, S. 29–55. https://doi.org/10.31129/LUMAT.9.1.1470.

Moser Opitz, E. (2010). Innere Differenzierung durch Lehrmittel: Entwicklungs-Möglichkeiten und Grenzen am Beispiel von Mathematiklehrmitteln. *Beiträge zur Lehrerbildung, 28.* S. 53–61. DOI: https://doi.org/10.25656/01:13731.

Moser, V. und Redlich, H. (2011). Qualitätsmaßstäbe für inklusive Schulen. Zur Notwendigkeit von Qualitätsmaßstäben für inklusive Schulentwicklungen. *Mathematik lehren, 55(14)*, S. 9–12.

Murayama, K., Pekrun, R. und Lichtenfeld, S. (2012). *Predicting long-term growth in Students'Mathematics Achievement: The Unique Contributions of Motivation and Cognitive Strategies. Child Development.* München.

Nührenbörger, M. und Lehrkräfte. (2010). Differenzierung und Jahrgangsmischung. Start in den Unterricht. *Mathematik Anfangsunterricht*, S. 13–17.

Nührenbörger, M. und Pust, S. (2006). *Mit Unterschieden rechnen. Lernumgebungen und Materialien für einen differenzierten Anfangsunterricht Mathematik.* Seelze: Kallmeyer-Klett.

Nührenbörger, M. und Pust, S. (2016). *Mit Unterschieden rechnen. Lernumgebungen und Materialien für einen differenzierten Anfangsunterricht Mathematik.* Seelze: Kallmeyer-Klett.

Nührenbörger, M., Schwarzkopf, R. und Ossietzky, C. (2017). *TU Dortmund.* Von https:// eldorado.tu-dortmund.de/bitstream/2003/36591/1/BzMU-2017-NUEHRENBOERGER. pdf abgerufen

OECD (2021). *Kompetenzbereiche (PISA).* Technische Universität München. Abgerufen am September 2022 von https://www.pisa.tum.de/pisa/kompetenzbereiche/

Oechsle, U. (2020). *Mathematikunterricht im Kontext von Inklusion. Fallstudien zu gemeinsamen Lernsituationen.* Wiesbaden: Springer Spektrum.

Oldenburg, M. (2021). *Schüler*innen – Studierende – Inklusion. Orientierungen auf dem Weg zu differenzsensibler Lehrer*innenbildung?* Bad Heilbrunn: Julius Klinkhardt. DOI: https://doi.org/10.25656/01:23746.

Padberg, F. und Benz, C. (2021). *Didaktik der Arithmetik. Fundiert, vielseitig, praxisnah* (Bd. 5. überarbeitete Auflage). Berlin: Springer.

Pape, M. (2016). *Didaktisches Handeln in jahrgangsheterogenen Grundschulklassen. Eine qualitative Studie zur Inneren Differenzierung und zur Anleitung des Lernens.* Bad Heilbronn: Julius Klinkhardt. DOI: https://doi.org/10.25656/01:11804.

Parsons, S., Vaughn, M., Scales, R., Gallagher, M., Parsons, A., Davis, S. und Allen, M. (2018). Teachers' Instructional Adaptations: A Research Synthesis. *Review of Educational Research, 88(2),* S. 205–242.

Patrick, H., Kaplan, A. und Ryan, A. (2011). Positive classroom motivational environments: convergence between mastery goal structure and classroom social climate. *Journal of Educational Psychology, 103(2),* S. 367–382.

Peter-Koop, A. und Lüken, M. (2017). Early years mathematics learning – Comparing traditional and inclusive classroom settings. . In T. Dooley und G. Gueudet, *Proceedings of the Tenth Congress of the European Society for Research in Mathematics Education. CERME 10* (S. 1942–1943). Dublin, Ireland: Institute of Education, Dublin City University.

Peter-Koop, A., Rottmann, T. und Lüken, M. (2015). *Inklusiver Mathematikunterricht in der Grundschule.* Offenburg: Mildenberger Verlag.

Pliquet, V., Selter, C. und Korten, L. (2017). Aufgaben adaptieren. Gemeinsames Mathematiklernen anregen und individuelle Lernfortschritte ermöglichen. In U. Häsel-Weide und M. Nührenbörger, *Gemeinsam Mathematik lernen – mit allen Kindern rechnen* (S. 34–45). Frankfurt am Main: Grundschulverband e. V.

Polya, G. (1949 (mehrere Auflagen seitdem)). *Schule des Denkens – Vom Lösen mathematischer Probleme.* Bern: Francke.

Polya, G. (1995). *Schule des Denkens. Vom Lösen mathematischer Probleme.* Tübingen.

Praetorius, A., Rogh, W. und Kleickmann, T. (2020). Blinde Flecken des Modells der drei Basisdimensionen von Unterrichtsqualität? Das Modell im Spiegel einer internationalen Synthese von Merkmalen der Unterrichtsqualität. *Unterrichtswissenschaft, 48(3),* S. 303–318. https://doi.org/10.1007/s42010-020-00072-w

Praetorius, A.-K., Kastens, C., Hartig, J. und Lipowsky, F. (2016). Haben Schüler mit optimistischen Selbsteinschätzungen die Nase vorn? *Zeitschrift für Entwicklungspsychologie und pädagogische Psychologie*(48), S. 14–16.

Prammer-Semmler, E. (2017). Heterogenität. In K. Ziemen, *Lexikon Inklusion* (S. 91–02). Göttingen: Vandenhoeck und Ruprecht.

Prediger, S. (2017). Auf sprachliche Heterogenität im Mathematikunterricht vorbereiten. Fokussierte Problemdiagnose und Förderansätze. In J. Leuder, T. Leuders, S. Prediger und S. Ruwisch, *Mit Heterogenität im Mathematikunterricht umgehen lernen. Konzepte und Perspektiven für eine zentrale Anforderung an die Lehrerbildung* (S. 29–40). Wiesbaden: Springer Spektrum.

Prediger, S., Erath, K., Quasthoff, U., Heller, V. und Vogler, A. (2016). Befähigung zur Teilhabe an Unterrichtsdiskursen: Die Rolle von Diskurskompetenz. Befähigung zu gesellschaftlicher Teilhabe.

Prengel, A. (2014). Inklusion in der Primarstufe. Merkmale, Hintergründe, Bausteine, Probleme. *Grundschule aktuell: Zeitschrift des Grundschulverbandes, 125*, S. 3–6.

Radatz, H. (1995). Leistungsstarke Grundschüler im Mathematikunterricht fördern. In *Beiträge zum Mathematikunterricht*. Hildesheim.

Rathgeb-Schnierer, E. (2006). *Kinder auf dem Weg zum flexiblen Rechnen*. Hildesheim: Franzbecker.

Rathgeb-Schnierer, E. (2010). Lernen auf eigenen Wegen. Eine Herausforderung für den Mathematikunterricht. *Grundschulunterricht Mathematik*(1), S. 4–8.

Rathgeb-Schnierer, E. und Feindt, A. (2014). 24 Aufgaben für 24 Kinder oder eine Aufgabe für alle? *Die Grundschulzeitschrift*, S. 30–35.

Rathgeb-Schnierer, E. und Rechtsteiner, C. (2018). *Rechnen lernen und Flexibilität entwickeln. Grundlagen-Förderung-Beispiele.* Berlin: Springer Spektrum.

Rathgeb-Schnierer, E. und Rechtsteiner-Merz, C. (2010). *Mathematiklernen in der jahrgangsübergreifenden Eingangsstufe. Gemeinsam aber nicht im Gleichschritt.* München: Oldenbourg.

Rechtsteiner, C. (2017). Mittel zum Zweck. Methodenvariation, Mathematikunterricht, Gleichungen. *Grundschule (6)*, S. 13–15.

Rechtsteiner-Merz, C. (2013). *Flexibles Rechnen und Zahlenblickschulung. Entwicklung. Entwicklung und Förderung von Rechenkompetenzen bei Erstklässlern, die Schwierigkeiten beim Rechnenlernen zeigen.* Münster: Waxmann.

Reiss, K., Weis, M., Klieme, E. und Köller, O. (2019). *PISA 2018. Grundbildung im internationalen Vergleich.* Münster, New York: Waxmann.

Renkl, A. (1996). Träges Wissen: wenn Erlerntes nicht genutzt wird. *Psychologische Rundschau, 47*(2), S. 78–92.

Resnick, L. (1983). A Developmental Theory of Number Understanding. In H. Ginsburg, *The Development of Mathematical Thinking* (S. 109–151). New York: Academic Press.

Reusser, K., Pauli, C. und Waldis, M. (2010). *Unterrichtsgestaltung und Unterrichtsqualität Ergebnisse einer internationalen und schweizerischen Videostudie zum Mathematikunterricht.* Münster: Waxmann.

Riegert, J. und Rink, R. (2016). "Wie stark ist eine Ameise?" – Überlegungen zur Gestaltung von mathematischen Lernumgebungen in inklusiven Settings . In I. f. Heidelberg, *Beiträge zum Mathematikunterricht* (S. 787–790). Münster: WTM-Verlag.

Royar, T. (2013). *Handlung – Vorstellung – Formalisierung. Entwicklung und Evaluation einer Aufgabenreihe zur Überprüfung des Operationsverständnisses für Regel- und Förderklassen.* Hamburg: Kovac.

Ryan, R. und Deci, E. (2020). *Intrinsic and extrinsic motivation from a self-determination theory per- spective: definitions, theory, practices, and future directions. Contemporary Educational Psychology.*

Sahan, G. (2021). An Evaluation of Pre-Service Teachers' Competences and Views Regarding Inclusive Education. *International Journal of Education and Literacy Studies, 9*(1), S. 150–158.

Schäfer, J. (2011). *Natürliche Differenzierung im Unterricht.* Von https://www.ph-ludwig sburg.de/fileadmin/subsites/9m-vwrt-t-01/Dekanatssekretariat/Schaefer_Download_Reu tlingerTag2011.pdf abgerufen

Schütte, M. (2009). *Sprache und Interaktion im Mathematikunterricht der Grundschule. Zur Problematik einer Impliziten Pädagogik für schulisches Lernen im Kontext sprachlichkultureller Pluralität.* Münster: Waxmann.

Schütte, S. (November 2001). Offene Lernangebote- Aufgabenlösungen auf verschiedenen Niveaus. *Grunschulunterricht,* S. 4–8.

Schütte, S. (2004). Den Mathematikunterricht aus der Kinderperspektive aufbauen. In W. Haller, und S. Schütte, *Die Matheprofis 1. Lehrermaterialien.* München, Düsseldorf, Stuttgart: Oldenbourg.

Schütte, S. (2008). *Qualität im Mathematikunterricht der Grundschule sichern. Für eine zeitgemäße Unterrichts- und Aufgabenkultur.* München: Oldenbourg.

Schendera, C. F. (2010). *Clusteranalyse mit SPSS.* München: Oldenbourg Verlag.

Schendera, C. F. (2007). *Datenqualität mit SPSS.* München: Oldenbourg.

Scherer, P. (1995). Fördern durch Fordern- aktiv-entdeckende Lernformen im Mathematikunterricht der Schule für Lernbehinderte. *Zeitschrift für Heilpädagogik, 45,* S. 761–773.

Scherer, P. (2002). "10 plus 10 ist auch 5 mal 4" – Flexibles Multiplizieren von Anfang an. *Grundschulunterricht* (Heft 10), S. 37–39.

Scherres, C. (2013). *Niveauanemessenes Arbeiten in selbstdifferenzierenden Lernumgebungen.* Wiesbaden: Springer Spektrum.

Schindler, M. (2017). Inklusiver Mathematikunterricht am gemeinsamen Gegenstand. *Mathematik lehren, 201,* S. 6–10.

Schipper, W. (2009). *Handbuch für den Mathematikunterricht.* Braunschweig: Schroedel.

Schneider, W., Körkel, J. und Weiner, F. (1989). Domain-specific, knowledge and memory performance. *Journal of Educational Psychology, 81,* S. 306–312.

Schneider, W., Sodian, B., Knopf, M., und Weber, A. (2014). *Forschungsdaten der Münchner Longitudinalstudie zur Genese individueller Kompetenzen (LOGIK): Die Entwicklung des Gedächtnisses (Version 1.0.0).* Trier: Forschungsdatenzentrum des Leibniz Institut für Psychologie ZPID.

Schnepel, S. (2019). *Mathematische Förderung von Kindern mit einer intellektuellen Beeinträchtigung.* Münster: Waxmann.

Schoreit, E. (2020). *Vorkurs Statistik Wintersemester 2020/2021.* Von https://moodle-18-21. uni-kassel.de/moodle/course/view.php?id=9552 abgerufen

Schuchardt, K. B., Fischbach, A., Büttner, G., Grube, D., Mähler, C. und Hasselhorn, M. (2015). Die Entwicklung des akademischen Selbstkonzeptes bei Grundschulkindern mit Lernschwierigkeiten. *Zeitschrift für Erziehungswissenschaften, 18(3),* S. 513–526.

Schuster, C., Stebner, F. und Wirth, J. (2018). Förderung des Transfers metakognitiver Lernstrategien durch direktes und indirektes Training. *Unterrichtswiss, 46,* S. 409–435. https://doi.org/10.1007/s42010-018-0028-6.

Schwippert, K., Kasper, D., Köller, O., McElvany, N., Selter, C., Steffensky, M. und Wendt, H. (2020). *TIMSS 2019. Mathematische und naturwissenschaftliche Kompetenzen von Grundschulkindern in Deutschland im internationalen Vergleich.* Münster, New York: Waxmann.

Selter, C. (2007). *SINUS-Transfer Grundschule. Mathematik. Modul G, 7.*

Selter, C., Pliquet, V. und Korten, L. (2016). Aufgaben adaptieren. In *Beiträge zum Mathematikunterricht* (S. 903–906). Münster: WTM-Verlag.

Selter, C., Walther, G., Wessel, J. und Wendt, H. (2012). Mathematische Kompetenzen im internationalen Vergleich: Testkonzeption und Ergebisse. In W. Bos, H. Wendt, O. Köller, und C. Selter, *TIMSS 2011. Mathematische und naturwissenschaftliche Kompetenz von Grundshculkindern in Deutschland im internationalen Vergleich* (S. 69–122). Münster: Waxmann.

Seo, K. und Ginsburg, H. (2003). Classroom context and children's interpretations of the equals sign. In: A. Baroody und A. Dowker, *The Development of Arithmetic Concepts and Skills.* (S. 161–187). London: LEA.

Siebert, H. (1999). *Pädagogischer Konstruktivismus. Eine Bilanz der Konstruk- tivismusdiskussion für die Bildungspraxis.* Neuwied: Kriftel: Luchterhand.

Skorsetz, N. und Bonanati, M. (2020). *Diversität und soziale Ungleichheit. Herausforderungen an die Integrationsleistng der Grundschule* (Bd. Jahrbuch Grundschulforschung). Wiesbaden: Springer VS.

Skorsetz, N., Bonanati, M. und Kucharz, D. (2021). Was ist ein Hindernis? – Fachliche Aushandlungen im Sachunterricht am Beispiel der Mobilitätsbildung. *Zeitschrift für Grundschulforschung, 14*(1), S. 83–98.

Small, M. (2017). *Good questions. Great Ways to differentiate Mathematics. Instruction in the Standard-Based Classroom.* (3. Auflage). New York: Teachers College Press.

Sonnleitner, M. (2021). *Schule entwickeln: Jahrgangsmischung in der Grundschule. Eine empirische Studie zur pragmatisch bedingten Initiierung und Implementierung aus Sicht von Schulleitungen und Lehrkräften.* Bad Heilbrunn: Verlag Julius Klinkhardt.

Spiegel, H. und Walter, M. (2005). Heterogenität im Mathematikunterricht der Grundschule. In K. Bräu, und U. Schwerdt, *Heterogntät als Chance* (S. 219–238). Münster: Lit Verlag.

Stöckli, M. (2019). *Unterrichtsintegrierte Förderung im Mathematikunterricht: Eine empirische Studie in der Primarschule.* Universität Zürich.

Stöckli, M., Moser Opitz, E., Pfister, M. und Reusser, L. (2014). Gezielt fördern, differenzieren und trotzdem gemeinsam lernen. Überlegungen zum inklusiven Mathematikunterricht. *Sonderpädagogische Förderung heute, 59*(1), S. 44–56.

Stabler, E. (2020). Fachintegrierende Leseförderung in der Primarstufe unter besonderer Berücksichtigung von Kindern mit geringen Basisfertigkeiten. In *Inklusiver Leseunterricht* (S. 227–243). Wiesbaden: Springer VS.

Stanat, P., Schipolowski, S., Rjosk, C., Weirich, S. und Haag, N. (2017). *IQB-Bildungstrend 2016. Kompetenzen in den Fächern Deutsch und Mathematik am Ende der 4. Jahrgangsstufe im zweiten Ländervergleich.* Münster, New York: Waxmann.

Stanat, P., Schipolowski, S., Rjosk, C., Weirich, S. und Haag, N. (2017a). *IQB-Bildungstrend 2016. Kompetenzen in den Fächern Deutsch und Mathematik am Ende der 4. Jahrgangsstufe im zweiten Ländervergleich. Zusammenfassung.* Münster: Waxmann.

Stanat, P., Schipolowski, S., Schneider, R., Sachse, K., Weirich, S. und Henschel, S. (2022). *IQB-Bildunstrend 2021. Kompetenzen in den Fächern Deutsch und Mathematik am Ende der 4. Jahrgansstufe im dritten Ländervergleich.* Münster, New York: Waxmann.

Stangl, W. (2020). www.stangl.eu. Von https://arbeitsblaetter.stangl-taller.at/LERNEN/Lernstrategien.shtml abgerufen

Stanislowski, M. und Nuding, A. (2013). *Grundlagen und Grundfragen der Inklusion: Theorie und Praxis des inklusiven Unterrichtens.* Baltmannsweiler: Schneider-Verlag Hohengehren.

Staub, F. und Stern, E. (2002). The nature of teacher's pedagogical content beliefs matters for students' achievement gains: Quasi-experimental evidence from elementary mathematics. *Journal of Educational Psychology, 93,* S. 144–155.

Steinbring, H. (2005). *The Construction of New Mathematical Knowledge in Classroom Interaction – An Epistemological perspective.* Berlin: Springer.

Steinbring, H. (2009). Ist es möglich mathematische Bedeutungen zu kommunizieren? Epistemologische Analyse interaktiver Wissenskonstruktionen. In *Beiträge zum Mathematikunterricht* (S. 107–109). Hildesheim.

Steinbring, H. (2015). Mathematical interaction shaped by communication, epistemological constrains and enactivism. *ZDM Mathematics Education, 47,* S. 281–293.

Steinmayr, R., Weidinger, A., Heyder, A. und Bergold, S. (2019). Warum schätzen Mädchen ihre mathematischen Kompetenzen geringer ein als Jungen? *Zeitschrift für Entwicklungspsychologie und Pädagogische Psychologie,* S. 71–83.

Steinweg, A. S. (2013). *Algebra in der Grundschule, Muster und Strukturen – Gleichungen – funktionale Beziehungen.* Heidelberg: Springer Spektrum.

Stern, E. (2003). Lernen ist der möchtigste Mechanismus der kognitiven Entwicklung: Der Erwerb mathematischer Kompetenzen. In *Jahrbuch 2002/2003* (S. 1–6). Berlin: Max-Planck-Institut für Bildungsforschung.

Streit, C., Rüede, C. und Weber, C. (2019). Zur Verknüpfung von Lernstandeinschätzung und Weiterarbeit im Arithmetikunterricht: Ein kontrastiver Vergleich zur Charakterisierung diagnostischer Experitse. *J Math Didakt, 40,* S. 37–62.

SWK (2022). *Basale Kompetenzen vermitteln – Bildungschancen sichern. Perspektiven für die Grundschule.* Gutachten der Ständigen Wissenschaftlichen Kommission der Kultusminterkonferenz (SWK).

Tarim, K. und Akdeniz, F. (2008). The effects of cooperative learning on Turkish elementary students' mathematics achievement and attitude towards mathematics using TAI and STAD mehods. *Educational Studies in Mathematics, 67*(1), S. 77–91.

Threlfall, J. (2008). Development in oral counting, enumeration, and counting for cardinality. *Teaching and learning early number,* S. 61–71.

Tillmann, K.-J. und Wischer, B. (2006). Heterogenität in der Schule. Forschungsstand und Konsequenzen. *Pädagogik, 11*(H. 3), S. 44–48.

Unteregge, S. (2018). Algebraische Gleichheitsbeziehungen im Kontext des Arithmetikunterrichts der Grundschule. In F. D. (Hrsg.), *Beiträge zum Mathematikunterricht.* Münster: WTM.

Viljaranta, J., Tolvanen, A., Aunola, K. und Nurmi, J.-E. (2014). The developmental dynamics between interest, self-concept of ability, and academic performance. *Scandinavian Journal of Educational Research, 58(6)*, S. 734–756. https://doi.org/10.1080/00313831.2014.904419.

Vock, M. (2017). *Umgang mit Heterogenität in Schule und Unterricht.* Berlin: Friedrich-Ebert-Stiftung.

von Glasersfeld, E. (1998). *Radikaler Konstruktivismus: Ideen, Ergebnisse, Probleme.* . Frankfurt am Main: Suhrkamp.

Voyer, D. und Voyer, S. (2014). Gender Differences in Scholastic Achievement: A Meta-Analysis. *Psychological Bulletin, 140(4)*, S. 1174–1204.

Vygotzky, L. (1938). *Mind and society. The development of higher psychological processes.* Harvard University Press: Cambridge.

Walgenbach, K. (2017). *Heterogenität – Intersektionalität – Diversity in der Erziehungswissenschaft.* Toronto: Budrich.

Walter, D. und Dexel, T. (2020). Heterogenität im Mathematikunterricht der Grundschule mit digitalen Medien begegnen?. *Zeitschrift für Grundschulforschung, 13(1)*, S. 65–80.

Walther, G., Selter, C., Bonsen, M. und Bos, W. (2008). Mathematische Kompetenz im internationalen Vergleich: Testkonzeption und Ergebnisse. In W. Bos, M. Bonsen, J. Baumert, M. Prenzel, C. Selter, und G. Walther, *TIMSS 2007. Mathematische und naturwissenschaftliche Kompetenzen von Grundschulkindern in Deutschland im internationelen Vergleich* (S. 49–85). Münster: Waxmann.

Weber, H. M. und Petermann, F. (2016). Der Zusammenhang zwischen Schulangst, Schulunlust, Anstrengungsvermeidung und den Schulnoten in den Fächern Mathematik und Deutsch. *Zeitschrift für Pädagogik, 62(4)*, S. 551–570.

Weidinger, A., Steinmayr, R. und Spinath, B. (2017). Math grades and intrinsic motivation in elementary school: a longitudinal investigation of their association. *British Journal of Educational Psychology, 87(2)*, S. 187–204.

Weinert, F. E. (1999). Die fünf Irrtümer der Schulreformer. *Psychologie heute*, S. 28–34.

Weinert, F. E. (2001). Schulleistungen – Leistungen der Schule oder der Schüler? In: F. Weinert, *Leistungsmessungen in Schulen* (S. 85). Weinheim: Beltz.

Weinert, F. und Helmke, A. (1997). *Entwicklung im Grundschulalter.* Weinheim: Psychologie Verlags Union.

Wendt, H., Bos, W., Selter, C., Köller, O., Schwippert, K. und Kasper, D. (2016). *TIMSS 2015. Mathematische und naturwissenschaftliche Kompetenzen von Grundschulkindern in Deutschland im internationalen Vergleich.* Münster, New York: Waxmann.

Werner, B. (2018). *Mathematik inklusive. Grundriss einer inklusiven Fachdidaktik* (Bd. 7). Stuttgart: Kohlhammer.

Wernke, S. (2013). *Aufgabenspezifische Erfassung von Lernstrategien mit Fragebögen. Eine empirische Erfassung von Lernstrategien bei Kindern im Grundschulalter.* Münster: Waxmann.

Weskamp, S. (2019). *Heterogene Lerngruppen im Mathematikunterricht der Grundschule. Design Research im Rahmen substanzieller Lernumgebungen.* Wiesbaden: Springer Spektrum.

Winkeler, R. (1978). *Differenzierung: Funktionen, Formen und Probleme. Workshop Schulpädagogik.* Ravensburg.

Winter, H. (1972). *Vorstellungen zur Entwicklung von Curricula für den Mathematikunterricht in der Gesamtschule. In: Beiträge zum Lernzielproblem.* Ratingen: Henn-Verlag.

Winter, H. (1975). Allgemeine Lernziele für den Mathematikunterricht? *Zentralblatt für Didaktik der Mathematik,* 7(4), S. 106–116.

Winter, H. (1987). *Mathematik entdecken. Neue Ansätze für den Unterricht in der Grundschule.* Frankfurt am Main: Cornelsen Verlag Scriptor.

Wirsching, G. (2003). *Faszination Mathematik.* Heidelberg: Spektrum Akademischer Verlag.

Wirtz, M. A. (2020). *Dorsch – Lexikon der Psychologie.* Göttingen: Hogrefe Verlag.

Wirtz, M. und Caspar, F. (2002). *Beurteilerübereinstimmung und Beurteilerreliabilität: Methoden zur Bestimmung und Verbesserung der Zuverlässigkeit von Einschätzungen mittels Kategoriensystemen und Ratingskalen.* Göttingen: Hogrefe.

Wittman, E. C. (1996). Offener Mathematikunterricht in der Grundschule – vom FACH aus. *Grundschulunterricht, 6.*

Wittmann, E. C. (1994). Legen und Überlegen. Wendeplättchen im aktiventdeckenden Rechenunterricht. *Die Grundschulzeitschrift, 72,* S. 44–46.

Wittmann, E. C. (1995). *Aktiv-entdeckendes und soziales Lernen im Rechenunterricht – vom Kind und vom Fach aus* (Bd. Mit Kindern rechnen). Frankfurt: Arbeitskreis Grundschule.

Wittmann, E. C. (1990). Wider die Flut der "bunten Hunde" und der "grauen Päckchen": Die Konzeption des aktiv-entdeckenden Lernens und des produktiven Übens. In E. C. Wittmann, und G. N. Müller, *Handbuch produktiver Rechenübungen* (Bd. 1, S. 152–166). Stuttgart: Kett.

Wittmann, E. C. (1995). Aktiv-entdeckendes und soziales Lernen im Arithmetikunterricht. In G. N. Müller, und E. C. Wittmann, *Mit Kindern rechnen.* (S. 10–41). Frankfurt am Main: Arbeitskreis Grundschule – Der Grundschulverband – e. V.

Wittmann, E. C. (2006). Wider der Flut der „bunten Hunde" und der „grauen Päckchen": Die Konzeption des aktiv-entdeckenden Lernens und des produktiven Übens. In E. C. Wittmann und G. N. Müller, *Handbuch produktiver Rechenübungen.* (Bd. 1 Vom Einspluseins zum Einmaleins, S. 157–171). Stuttgart: Klett.

Wittmann, E. C. und Müller, G. N. (2017). *Handbuch produktiver Rechenübungen I.* Stuttgart: Ernst Klett.

Wittmann, E. C. und Müller, G. (1990). *Handbuch produktiver Rechenübungen.* Klett Schulbuchverlag.

Wittmann, E. C. und Müller, G.-N. (1996). *Handbuch produktiver Rechenübungen. Vom Einspluseins zum Einmaleins* (Bd. 1). Stuttgart: Klett.

Wittmann, E. C. und Müller, G. (2004). *Das Zahlenbuch.* Lehrerband. Leipzig: Klett.

Zerrenner, A. und Lindmeier, A. (2016). Messung fachspezifischer Kompetenzen von Lehrkräften im Mathematikunterricht. In I. f. Heidelberg, *Beiträge zum Mathematikunterricht* (S. 1089–1092). Münster: WTM-Verlag.

Printed in the United States
by Baker & Taylor Publisher Services